空天信息工程概论

陈树新　王锋　周义建　李伟　李超　编著

吴耀光　主审

国防工业出版社

·北京·

内 容 简 介

本书全面、系统地介绍了空天信息系统的基本理论、系统组成和关键技术，重点探讨了各种天基和空基信息的获取、传输、处理与控制过程。全书共分为8章，其主要内容包括空天信息系统相关基础理论研究、空间环境分析、空天侦察预警系统、指挥控制系统、战术数据链、卫星通信系统、卫星导航定位系统以及通信对抗技术等。

本书内容丰富，概念清晰，语言通俗易懂，叙述深入浅出，既注重对新知识、新体系、新应用的介绍，也强调对历史沿革、应用背景和发展趋势的讲解。每章都配备有一定数量的思考题，既便于教师组织教学，又有利于学生自学。

本书可用作电子及信息类专业本科生和研究生的教材，也可供相关专业教学、科研和工程技术人员阅读和参考。

图书在版编目(CIP)数据

空天信息工程概论/陈树新等编著.—北京:国防工业
出版社,2010.8
ISBN 978-7-118-07078-1

Ⅰ.①空… Ⅱ.①陈… Ⅲ.①航空航天工业－信
息系统－概论 Ⅳ.①V1

中国版本图书馆 CIP 数据核字(2010)第 169963 号

※

国防工业出版社出版发行

(北京市海淀区紫竹院南路 23 号 邮政编码 100048)
天利华印刷装订有限公司印刷
新华书店经售

*

开本 710×960 1/16 印张 19 字数 335 千字
2010 年 8 月第 1 版第 1 次印刷 印数 1—4000 册 定价 38.00 元

(本书如有印装错误,我社负责调换)

国防书店:(010)68428422 发行邮购:(010)68414474
发行传真:(010)68411535 发行业务:(010)68472764

前　言

随着航空技术、航天技术和信息技术的发展,空天信息系统成为今天和未来实现信息获取、传输、处理与控制的重要手段和途径,其功能越来越强大,结构越来越复杂,因此,了解掌握空天信息系统基本理论、系统组成和关键技术成为人们关注的焦点,纷纷成立相应的机构,开展相关的研究工作,实施人才的培养计划。空天信息的获取、传输、处理与控制是实施空天一体信息应用的基本保证,是当今人类活动高信息化程度的具体体现。如果按功能来分,空天信息系统可以分为侦察预警系统、指挥控制系统、网络传输系统、导航定位系统、信息对抗系统等。如果按空间位置来分,可以分为地面信息系统、航空空间信息系统、临近空间信息系统、外层空间信息系统等。本书将从功能应用角度,对空天信息系统进行较为深入的分析和研究。

全书共分为8章,重点介绍空天信息系统基本理论、系统组成和关键技术,同时对空天信息系统的最新进展与典型应用和系统进行了分析和介绍。具体章节内容安排如下:

第1章以空天信息系统所涉及的主要概念为研究对象,在给出了空间的具体定义基础上,对相关飞行器进行了归纳和分类。同时利用万有引力定律,推导了不同的宇宙速度。结合信息论的基础知识,探讨了信息方面的相关问题,最后,对各类空天信息系统进行简要介绍。

第2章主要针对空天环境要素进行了分析,重点讨论了太阳电磁辐射、地球大气、地球电离层、地球磁场,以及空间带电粒子辐射的特性,研究了这些因素对空天活动的影响。

第3章从空天侦察和预警需求出发,针对主要的侦察预警装备——雷达进行了讲述,同时,针对最常使用的相控阵雷达、合成孔径雷达和超视距雷达等,从原理和关键技术角度进行了详细介绍。

第4章介绍了指挥控制系统的概念和分类,分析了指挥控制系统的体系结构和软件组成,研究了指挥控制系统的功能、特性和系统中的主要技术,以指挥控制系统为核心介绍了指挥自动化系统的基本概念和功能、性能等知识,并对未来的发展进行了展望。

第5章介绍了战术数据链的作用、概念、功能和特点,以美军和北约国家常见的战术数据链为背景,重点分析了常用数据链、宽带数据链和专用数据链3个方面问题。研究了战术数据链的组成,并且以美军的战术数据链为例,介绍了战术数据链的通信标准和报文标准等,给出了战术数据链的具体应用模式。

第6章介绍卫星通信相关的基本概念、原理、组成和特点,对卫星通信的多址技术进行研究,分析了星载和地球站设备的主要部件和技术指标,最后介绍几个具有代表性的卫星通信系统,以及美军主要卫星通信系统组成、作用和性能指标。

第7章在详细介绍卫星导航定位系统基本概念、原理、组成和分类的基础上,以 GPS 为例,对全球定位系统进行了较为详尽的分析,同时还探讨了 GPS 增强系统、GPS 现代化所涉及到的问题,分别介绍了 GLONASS 系统 GALILEO 系统相关内容,最后对我国卫星导航系统的发展进行了简要的介绍。

第8章主要介绍通信对抗的基本概念和技术体系,然后分别对通信对抗技术体系中的通信干扰技术与抗干扰技术作了详细说明,最后结合各类通信系统,介绍了通信干扰的工作原理和主要技术指标。

全书以电子和信息学科为应用背景,在选材上,强调空天信息系统的基本理论、系统组成和关键技术,以及新近研究成果和应用系统的分析和介绍,在充分提升学生对空天信息系统的认识和理解的基础上,提高学生对实际系统应用和开发能力;在内容编排上,强调对空天信息系统所涉及内容的提炼,坚持以介绍新知识、新体系、新应用为中心,内容基本涵盖了近 10 年来空天信息系统的主要发展和应用成果,以及未来的发展主要趋势,同时注重对必要的历史沿革和应用背景的讲解;在写作上,力求简明扼要,深入浅出,着重理论、体系、应用的阐述。本书全部讲解的参考学时为 64 学时,当然讲授内容也可以根据课程设置的具体情况、专业特点和教学要求自由取舍。本书配有电子教案,欢迎任课教师索取。

本书第1章、第6章、第7章由陈树新博士编写,第4章、第5章由王锋博士编写,第2章和第1章的部分内容由周义建老师编写,第3章由李伟博士编写,第8章由李超博士编写。陈树新规划并统稿全书。

承蒙空军工程大学电讯工程学院院长吴耀光教授审阅全书,并提出了许多宝贵的修改意见,在此表示衷心的感谢。

在本书的编写过程中,始终得到了黄国策教授、程建教授、甘忠辉教授的关心与支持,在此表示衷心的感谢。

由于空天信息系统所涉及到的理论、系统和技术发展迅速,编者水平有限,书中难免存在错误和不足,恳请读者批评指正。

作者

二〇一〇年五月,西安

目　录

第1章 绪 论

空天信息的获取、传输、处理和控制是实施空天一体信息应用的基本保证。从空间构成来看，空与天是空天信息活动的场所，两者有所不同，但没有绝对的界线，可以在不同环境中进行同样的基本活动，只是平台和方法不同而已。从参与空天活动的各类信息来看，它们所关注的内容和形式基本一致，只是获取、传输、处理和控制方式不同，进而所得到的相关性能指标存在差异，因此，对于空与天的不同信息系统，既要强调它们内涵上的相互联系，又不能忽略两者之间存在的差异。

本章在探讨分析空间具体定义的基础上，将对航空和航天飞行器进行归纳和分类，并利用万有引力定律推导三个宇宙速度。结合信息论的基础知识，将探讨信息的定义和信息速率等基本问题。在上述研究基础上，对各类空天信息系统进行介绍。

1.1 空间的定义

气球和飞艇的发明虽然实现了人们"上天"的愿望，但没有得到广泛使用。直到1903年美国莱特兄弟发明了飞机，才使人类进入了航空新时代。如今，军用飞机已成为军队最重要的武器装备，而民用飞机则成了人们最便捷的运输工具。但是，人们并不满足在大气层内的飞行，而是在小心翼翼地飞往太空。苏联著名的宇航员加加林，1961年4月12日首次乘飞船飞向太空，打开了人类宇宙航行的大门。尔后，人们又登上了月球，用无人驾驶飞船探索更遥远的金星、火星、木星、天王星，并继续飞向太阳系的边缘，飞向宇宙的深处。为了区分人们在不同空间的航行，人们通常把贴近地球的、在大气层内的航行活动叫做航空，或者称为大气空间中的活动。同时把太阳系内的航行活动叫航天，把到太阳系之外更远的空间航行活动叫航宇，而后两类航行活动合并在一起统称为宇宙空间的活动。

1.1.1 大气空间

人们普遍认为，大气层的最高限度可达16000km，但由于100km是航天器绕地球运动的最低轨道高度，人们一般以距离地球表面100km（也有80km和

1

120km 等多种提法)的高度作为"空"与"天"的分水岭,100km 以下称为大气空间。

飞机一般都有一个最高飞行高度,即静升限,对于普通军用和民用飞机来说,静升限一般为 18km ~ 20km,这个高度同时也是对流层与平流层分界的高度,通常将这一空间称为航空空间。在飞机最高飞行高度与航天器绕地球运动的最低轨道高度之间有一层空域,对应高度为 20km ~ 100km,这层空域被称为临近空间,该空间自下而上包括大气平流层区域、中间大气层区域和部分电离层区域。随着技术和应用需求的发展,人们将传统的航空空间进一步向上扩展,将临近空间定义为航空空间的超高空部分。图 1 - 1 给出了大气空间具体分布示意图。

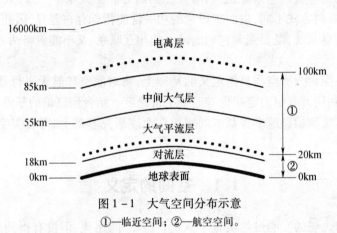

图 1 - 1 大气空间分布示意
①—临近空间;②—航空空间。

大气空间在垂直空间范围内包括对流层和平流层。对流层是地球大气中最低的一层。对流层中气温随高度增加而降低,空气的对流活动极为明显。对流层的厚度随纬度和季节而变化,它集中了大气中约 3/4 的质量和几乎全部水汽,是天气变化最复杂和对航空活动影响最大的层次。风暴、浓雾、低云、雨雪、大气湍流等对飞行构成较大影响的天气现象都发生在对流层中。平流层位于对流层之上,空气稀薄,底部距离地面约 20km,层顶距离地面约 85km,在平流层中,空气的垂直运动较弱,水气和尘埃较少,气流平稳,能见度好。

按飞机的活动特点,航空空间一般分为超低空、低空、中空、高空、超高空。

距地面高度 100m 以下的空间为超低空。超低空飞行,有利于作战飞机的突防、隐蔽地接近目标,但近地障碍严重威胁飞机的飞行安全,油料消耗大,续航能力低,观察地面的角度大,发现和识别目标困难。

距地面高度 100m ~ 1000m 的空间为低空。低空飞行,有利于隐蔽出航和准确突袭地面目标,但续航能力较低,机载电子设备作用距离近,易受高炮等防空火力杀伤。

距地面高度 1km ~ 7km 的空间为中空。这一空间是适合飞机飞行的最佳飞行高度,有利于发挥飞机的战术技术性能,是空中格斗的主要战场。但是,由于在中空飞行容易被雷达发现,且高射炮和地空导弹大多以中空为其主要打击空域,因此,目前作战飞机的机动有向两极空间发展的趋势:向高空发展以增强飞机的生存能力,使对方一般的防空火力"鞭长莫及";向超低空发展以避开对方地面雷达警戒、达到隐蔽突击的效果。

距地面 10km ~ 20km 的空间为高空。飞机在高空飞行,航程和机载电子设备作用距离增大,但投掷普通炸弹的命中率降低,且易过早被敌雷达发现,受地空导弹的威胁较大。

距地面 20km ~ 100km 的空间为临近空间,在这一区间布设的飞行器具有飞行高度高、滞空时间长的独特优势,同时又可以避免目前绝大多数的地面武器攻击,临近空间飞行器可执行快速远程投送、预警、侦察与战场监视、通信中继、信息干扰、导航等任务,在空间攻防和信息对抗中能发挥重要作用,其特殊的战略位置和特点,决定了临近空间信息系统将成为国家空、天、地一体化信息系统不可缺少的组成部分。

1.1.2　宇宙空间

宇宙空间是指地球大气平流层以外的外层空间,根据宇宙空间距离地球的远近,一般将宇宙空间分成近地空间(100km ~ 150km)、近宇宙空间(150km ~ 2000km)、中宇宙空间(2000km ~ 50000km)和远宇宙空间(50000km ~ 930000km)。目前,40% 的航天器和 100% 的洲际弹道导弹与潜射弹道导弹主要运行于近地空间和近宇宙空间,60% 的不载人航天器运行于中宇宙空间。随着人类航天技术的进步,航天活动将会进一步向远宇宙空间发展。

距地球表面 100km 是航天器绕地球运行的最低高度,100km 以上空气稀薄,空气阻力近似于零,无法借助空气产生的升力进行飞行。因此,要进行太空飞行必须使用火箭推进系统。人们将运载火箭从地面起飞到航天器入轨,这段轨道称航天器的发射轨道。发射轨道中火箭发动机的工作段称主动段,从火箭发动机停机到航天器入轨的这段轨道段称自由飞行段。

航天器进入所设计好的轨道执行任务,这个轨道称为运行轨道,完成在轨任务之后,有的要求回收,为此制动发动机工作,航天器脱离运行轨道到地面的轨道称返回轨道。对于星际飞行航天器从一个行星出发,飞向某一行星进行探测或者在此行星上着陆,为此设计执行的轨道被称为行星际飞行轨道。

从地球上看,太阳在空间走过的路线,实际上就是地球绕太阳公转的轨道被称为黄道,黄道与赤道之间有 23.5° 的夹角,这个数值称为黄赤交角。这样,黄道和赤道之间有两个交点。人们规定太阳由南向北经过赤道的这一点叫升交点,在天文上也叫春分点,用符号 γ 表示,太阳经过这一点的日子一般为 3 月 21日,与升交点相对应那一点叫降交点,即秋分点。

航天器在运行轨道上围绕地球飞行时,其运行轨道可以利用倾角(i)、半长轴(a)、偏心率(e)、近地点幅角(ω)、升交点赤经(Ω)和过近地点时刻(t)等要素进行表示。

轨道平面与赤道平面的夹角称为轨道倾角,用 i 表示。当 $i = 0°$ 时,表示轨道面和赤道面重合,因而称为赤道轨道;当 $i = 90°$ 时,轨道面通过南北两极,称为极轨道;当 $i > 90°$ 时,卫星运动方向和地球自转方向相反,称为逆行轨道,太阳同步轨道即具有这个特点。

当 $i \neq 0°$ 时,轨道和赤道也有两个交点,即卫星由南向北经过赤道时的点叫升交点;与之相对,卫星由北向南经过赤道的点叫降交点。由春分点沿赤道向东度量到升交点的这一段弧线,被称为升交点赤经,用 Ω 来表示。

i 和 Ω 决定了轨道面相对于赤道面的位置,或者说决定了轨道面在空间的位置。轨道的形状(圆还是椭圆)和大小则用另外两个量,即偏心率 e 和半长轴 a 来表示,$e = 0$ 时,轨道为圆形;$e < 1$ 时,轨道为椭圆形;$e = 1$ 时,轨道呈抛物线,卫星就能脱离地球引力,进入太阳系飞行。e 越接近 1,椭圆形状越扁。轨道大小则由半长轴表示,a 越大,椭圆越大,卫星飞行一圈的时间越长。

近地点在轨道面的位置是由近地点幅角 ω 来表示,它决定了长半轴的方向,该角是从升交点沿航天器飞行方向起,量到近地点的一段弧线。

航天器轨道在空间的位置完全确定后,要知道什么时候航天器飞行到轨道的什么位置,还需要知道航天器过近地点时刻 t。这个时刻作为航天器在轨道上起算时刻,通过公式即可计算出航天器在某一时刻到达轨道上哪个位置。

综上所述,由椭圆性质知道,距地心最近的点叫近地点,距地心最远的点叫远地点,近地点和远地点距离之和的 1/2 就是半长轴。航天器的椭圆轨道如图 1-2 所示。

在了解了航天器运行轨道轨道要素的基础上,根据所承担的任务不同,航天器轨道有多种形式。

1. 圆轨道和椭圆轨道

根据开普勒定律可知,对应每一轨道高度都有一个确定的圆轨道速度与之对应。以 500km 高的轨道为例,如果入轨速度正好是 7.613km/s,且入轨速度方

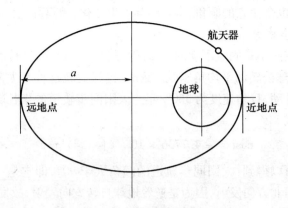

图 1 - 2　航天器的椭圆轨道示意图

向和当地水平线平行,那么就能形成圆轨道。这两个条件(入轨速度大小和方向)只要有一个不满足,就会形成椭圆轨道,严重时还不能形成轨道,而进入大气层损毁。因此,在实际运动的航天器轨道中没有一条是偏心率等于 0 的圆轨道,但为了设计和计算上的方便,把偏心率小于 0.1 的轨道近似地看作圆轨道,或近圆轨道,除此之外,都是椭圆轨道。

2. 顺行轨道和逆行轨道

从北极看,凡飞行方向和地球自转方向相同的航天器轨道,就是顺行轨道,也就是说,航天器从西北向东南飞行,或是西南向东北飞行的轨道叫顺行轨道,与此相反的叫逆行轨道。从轨道倾角定义可知,顺行轨道的倾角小于 90°;逆行轨道的倾角大于 90°。从运载火箭发射方向看,向东北或东南方向发射卫星,形成的轨道将是顺行轨道;而向西北或西南方向发射将形成逆行轨道。

3. 极地轨道

倾角在 90°附近的轨道叫极地轨道,简称极轨道。在这种轨道上运行的航天器每圈都经过南北两极,气象卫星、导航卫星、地球资源卫星常采用这种轨道来实现全球覆盖。

4. 地球同步轨道

地球自转一周的时间是 23h56min4s,运行周期与它相同的顺行轨道就是地球同步轨道。如果这条轨道的倾角为零,且为圆形的,则就是地球同步轨道。在地面上的人看,在这种轨道上运行的航天器是静止不动的,如果是卫星则称为静止卫星。它距地面 35786km,飞行速度为 3.07km/s,习惯上分别称它们为同步高度和同步速度。地球同步轨道的精度要求很高,稍有偏差航天器就会漂离静止位置。当轨道周期比地球自转周期大时,航天器均匀地向西漂移;轨道周期比地球自转周期小时,航天器向东漂移。即使航天器已经静止在某个地理经度的赤道上空,摄动也会使它的倾角、半长轴等发生变化,漂离静止位置。

5. 太阳同步轨道

轨道面在空间不是固定不动的,它绕地球自旋轴转动,当转动的角速度(方向和大小)和地球公转的平均角速度一致时,这样的轨道称为太阳同步轨道,即轨道面要向东转动,且角速度为360°/年。太阳同步轨道的半长轴、偏心率和倾角要满足关系式

$$\cos i = -4.7736 \times 10^{-15} (1 - e^2)^2 a^{\frac{7}{2}} c \qquad (1-1)$$

由关系式可以得到:太阳同步轨道的倾角大于90°,即它是一条逆行轨道,运载火箭需向西北方向发射,因为是逆着地球自转方向发射,故发射同样重量的航天器要选用推力较大的运载火箭;当倾角达到最大时(180°),且是圆轨道($e = 0$)时,太阳同步轨道的高度不会超过6000km。

太阳同步轨道的特点是,航天器在这一轨道运行时,以相同方向经过同一纬度的当地时间是相同的。例如,当航天器由东南向西北方向飞行经过某地上空时为上午10点(当地时间),那么以后航天器只要是同一方向飞过这个地方的时间都是当地时间上午10点。因此,只要选择好适当发射时间,可使卫星飞过指定地区上空时始终有较好的光照条件。对地观测卫星(如气象卫星、地球资源卫星、侦察卫星)一般都采用太阳同步轨道。

6. 星际航行轨道

星际航行轨道是指航天器脱离地球引力进入太阳系航行,或是脱离太阳系引力到恒星际航行的飞行路线,前者称为行星际航行,后者称为星际航行。目前尚未有真正意义上的星际航行,因为距离地球最近的比邻星,以光速飞行也需要4.22年才能到达,何况这么远距离的通信联络等问题目前也解决不了。至今,人类的星际航行局限于在太阳系内,对太阳系内天体进行探测,因而本书涉及的星际航行轨道实质上是行星际航行轨道。

行星际航行轨道可分为靠近目标行星飞行的飞越轨道、环绕目标行星飞行的行星卫星轨道、在目标行星表面着陆的轨道、人造行星(绕太阳飞行)轨道和脱离太阳系轨道。鉴于篇幅有限,这里就不一一介绍了,感兴趣读者可以参阅相关书籍。

1.2　空间飞行器

在地球大气层内或大气层之外的空间飞行的器械统称为飞行器。通常,飞行器可分为航空器、航天器、火箭和导弹等。

在大气层内飞行的飞行器称为航空器,如气球、飞艇、飞机等。主要在大气层之外的空间飞行的飞行器,称为航天器,如人造地球卫星、空间站、航天飞机、载人飞船等。航天器在运载火箭的推动下获得必要的速度进入太空,然后在引力作用下完成与天体类似的轨迹运动,装在航天器上的发动机可以提供轨道修正或改变运行姿态所需的动力。在地面发射航天器或当航天器返回地面时,都要经过大气层。

靠火箭发动机提供推进力的飞行器,称为火箭,它可以在大气层内飞行,也可以在大气层外飞行。它不依赖空气静浮力,也不靠空气动力,而是依靠火箭发动机的推力升空。依靠制导系统控制其飞行轨迹的飞行武器,称为导弹。导弹包括主要在大气层之外飞行的弹道导弹,以及装有翼面在大气层之内飞行的地空导弹、巡航导弹、空空导弹等。有翼导弹在飞行原理上,甚至在结构上与飞机极为相似。导弹的动力装置可以是火箭发动机,也可以是涡轮喷气发功机或冲压发动机,当然,每类导弹都可以根据用途或射程大小再予以细分。由于导弹和火箭通常只能使用一次,人们往往把它们归为一类。鉴于内容限制,本书仅对航空器和航天器进行进一步介绍,而有关火箭和导弹等方面的知识,请读者参阅相关文献。

1.2.1　航空器

任何航空器都需要产生升力以克服自身重力才能升空飞行,按照产生升力的基本原理,可将航空器分为两类,即靠空气静浮力升空飞行的航空器,习惯上称其为轻于空气的航空器,以及靠航空器与空气相对运动产生空气动力,进而升空飞行的航空器,习惯上称为重于空气的航空器。航空器的分类如图 1 - 3 所示。

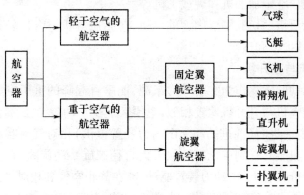

图 1 - 3　航空器的分类

1. 轻于空气的航空器

轻于空气的航空器包括气球和飞艇。其主体是一个气囊,其中充以密度小于外界空气密度的气体(如氢气、氦气或热空气)。由于气球所排开的空气重量大于气球本身的重量,故能够产生静浮力,使气球升空。气球没有动力装置,升空后只能随风飘动或被系留在固定位置上。飞艇装有发动机和螺旋桨,可以按照飞行路线进行控制。

2. 重于空气的航空器

重于空气的航空器是靠自身与空气相对运动产生的升力升空飞行的。这种航空器主要有固定翼航空器和旋翼航空器。固定翼航空器包括飞机和滑翔机,由固定的机翼产生升力。旋翼航空器包括直升机和旋翼机,由旋转的机翼产生升力。此外,还有一种模拟鸟类飞行的扑翼机,很早就被航空先驱们所探索,但至今尚未取得载人飞行的成功。

从上述分类可以看到,飞机是最主要的、应用范围最广的航空器,其特点是装有能够提供拉力或推力的动力装置,能够产生升力的固定机翼,能够控制飞行姿态的操纵面。滑翔机在飞行原理与构造形式上与飞机基本相同,只是它没有动力装置,由弹射或拖曳升空,然后利用气流如上升气流,或通过降低高度,利用位能转变为动能来进行飞行。有些滑翔机装有小型发动机,被称为动力滑翔机,主要是为了在滑翔飞行前获得初始高度。

3. 飞机按用途分类

飞机按用途可分为军用飞机和民用飞机两大类。

军用飞机是按各种军事用途设计的飞机,主要包括歼击机(战斗机)、截击机、歼击轰炸机、强击机(攻击机)、轰炸机、反潜机、侦察机、预警机、电子干扰机、军用运输机、空中加油机和舰载飞机等。

民用飞机泛指一切非军事用途的飞机,包括旅客机、货机、公务机、农业机、体育运动机、救护机和试验研究机等。

4. 旋翼机与直升机

以动力驱动的旋翼作为主要升力来源,能垂直起降的重于空气的航空器称为直升机。旋翼机与直升机比较相似,主要区别在于,前者的旋翼没有动力直接驱动,而靠自身前进时(前进的动力由动力装置提供)相对气流吹动旋翼转动产生升力。直升机装有一副或几副类似于大直径螺旋桨的旋翼,它安装在机体上方近于铅垂的旋翼轴上,由动力装置驱动,能在静止空气和相对气流中产生向上的升力。旋翼受自动倾斜器操纵又可产生向前、向后、向左或向右的水平分力。因此,直升机既能垂直上升下降、空中悬停,又能向前后左右任一方向飞行,可以在狭小的场地上垂直起飞和降落,无需跑道。

1.2.2 航天器

航天器是指在稠密大气层之外环绕地球,或在行星际空间、恒星际空间,按照天体力学规律运行的各种飞行器。航天器可以分为无人航天器与载人航天器。无人航天器又可分为人造地球卫星、空间平台和空间探测器等;载人航天器可分为载人飞船、空间站、航天飞机和正在研制的空天飞机等。

1. 人造地球卫星

在空间轨道上,环绕地球运行不少于一圈的无人航天器叫做人造地球卫星,简称人造卫星。人造卫星是发射数量最多、用途最广的航天器,约占人类发射航天器总数的95%以上。截止2009年7月1日的统计,人类共发射人造卫星5千余颗,目前在轨运行的卫星数量为902颗,其中美国有433颗,俄罗斯85颗,中国55颗。人造卫星种类繁多,分类方法各异。若按用途可分为科学卫星、技术试验卫星和应用卫星,其中应用卫星又可分为民用卫星和军用卫星。

2. 空间平台

空间平台是国外在20世纪80年代追求发展的一种新型无人航天器,它与人造卫星的不同在于可在轨道上进行维修和更换仪器、加注燃料和补给品,是一种介于人造卫星和空间站之间的大型综合系统,它可用作通信、对地观测、微重力生产和天文观测等。空间平台系统易于安装和更换,能适应携带不同的有效载荷,可采用不同的运载工具进行发射,通常可重复使用数十年。

进入20世纪90年代以来,"空间平台热"开始降温。主要原因是美国"自由号"国际空间站计划受挫,经费不断削减,设计一再变更,规模逐步缩小。因此,原先想依托于空间站的一批空间平台计划也随之流产。例如,在美国"地球使命"计划中,曾打算采用若干大型空间遥感平台进行全球观测,现在已改为用多颗卫星联合监测。当然,空间平台受到冷落还有造价昂贵、风险太大和技术上难度高等原因。

3. 空间探测器

空间探测器是以月球和太阳系中的水星、金星、火星、木星、土星、天王星、海王星和冥王星为主要探测目标的无人航天器。按探测目标可分为月球探测器、行星和行星际探测器。

1)月球探测器

为了实现载人登月,美国和苏联在20世纪60年代—70年代初曾发射了一系列月球探测器。这些探测器有的飞掠月球,有的直接撞击月球,更多的是绕月飞行或在月面软着陆。

2004 年,我国正式启动了月球探测工程,并提出我国月球探测工程分为 3 个阶段实施,即一期工程为绕月探测,二期工程为月球软着陆和自动巡视勘察,三期工程为自动采样返回。其第一颗绕月探测卫星"嫦娥一号"于 2007 年 10 月 24 日发射升空,完成了以下 4 项任务:

(1) 获得了月球 0°到南北纬 70°之间的全月面图,该图被认为是世界上最全面、质量最高、准确度最高的一张月图。此外,"嫦娥一号"还完成了原先预定任务之外的南北极 70° ~ 90°的月面图,这在以前是没有的。

(2) 测定了月球表面的多种元素分布以及所含的矿物。

(3) 完成了研究月球各个地方内层土壤的厚度,以此估算月壤中氦 – 3 的资源量和分布特征。这是我国首次尝试,世界上其他国家没有做过。

(4) 完成了月球环境探测,了解了月球表面及空间的数据。

在累计飞行 494 天,其中环月 482 天后,于北京时间 2009 年 3 月 1 日 16 时 13 分 10 秒,"嫦娥一号"在北京航天飞行控制中心科技人员的精确控制下,准确落于月球东经 52.36°、南纬 1.50°的月球丰富海区域。

2)行星和行星际探测器

行星和行星际探测器都能脱离地球轨道,以第 2 宇宙速度飞向预定探测目标。其中,有的成为环绕行星飞行的人造卫星,有的在金星和火星表面着陆,有的匆匆飞过行星,对其进行近距离探测。自 1962 年以来,美国和苏联先后发射了近百个不载人探测器对水星、金星、火星、土星、天王星和海王星进行考察。

4. 载人飞船

载人飞船是能保障航天员在太空执行航天任务,并能使航天员安全返回的航天器。载人飞船可分为环绕地球轨道飞行的卫星式飞船,飞往月球的登月飞船,飞往太阳系各大行星的星际飞船,将来还可能会出现飞往恒星际空间的恒星际飞船。迄今,人类已进入地球轨道,并登上了月球。

我国于 1992 年开始实施载人航天工程,研制出了载人飞船和高可靠运载火箭,开展了航天医学和空间生命科学的工程研究,选拔和培训了第一批航天员,研制出了一批空间遥感和空间科学试验装置,已成功发射 4 艘无人试验飞船和 3 艘载人飞船,从而成为世界上第三个能够独立开展载人航天活动的国家。

5. 空间站

空间站是环绕近地轨道飞行,具备一定试验或生产条件,可供多名航天员生活和进行科学实验的长寿命航天器,又称航天站、太空站或轨道站。空间站在轨道长期运行期间需要进行定期补给,因此,必须发展相应的补给运输系统,以便接送航天员、运送补给品和仪器设备。苏联采用"联盟号"飞船往返接送航天员，用不载人的"进步号"运货飞船运送物资。目前，国际空间站已经可以利用航天飞机往返运送人员和物资。

6. 航天飞机

航天飞机是借助运载火箭或助推器垂直发射，在近地轨道上完成任务后，能像滑翔机那样在跑道上水平着陆的、可重复使用的带翼航天器。它既可载人，也可运货，或是两者兼备。

航天飞机与普通航空飞机的主要区别有 3 点：

（1）飞行空域不同，航天飞机在大气层以外太空中环绕地球轨道飞行，执行特定任务，而普通飞机只能在大气层内飞行；

（2）两者使用的动力装置不同，航天飞机采用火箭发动机，自带氧化剂和燃烧剂，所以能在大气层外飞行，而普通飞机采用的发动机只带燃料，需要汲取大气中的氧作为氧化剂才能助燃，因此，它不能在大气层外飞行；

（3）起飞方式不同，前者垂直起飞，而后者水平起飞。

航天飞机按它和运载器间的关系可分为两类：一类是在发射和上升过程中本身没有动力，只作运载火箭的有效载荷，由火箭发射入轨，如欧洲空间局曾计划研制后又被取消的赫尔姆斯号小型航天飞机；另一类是在发射和上升过程中带有动力，并作为辅助动力和助推火箭一起同时点火，如美国的航天飞机等。

7. 空天飞机

空天飞机是航空航天飞机的简称，是一种装有空气发动机和火箭发动机，能在特定机场水平起降，能在大气层内外飞行的，可重复使用的带翼运载器和航天器的总称。和航天飞机一样，空天飞机也是火箭技术、航空技术和载入飞船技术的综合产物，代表着当代航天技术的最高水平。但它技术复杂，不少关键技术尚在攻关。

20 世纪 90 年代后，NASA 与美空军先后开展了 X - 33、X - 34、X - 37、X - 40 和 X - 43 等试验性空天飞机的发展计划，对相关的技术，特别是动力装置进行了全面试验，对美国空天飞机的发展起到了重要的推动作用。北京时间 2010 年 4 月 23 日 7 点 52 分(美国东部时间 4 月 22 日 19 点 52 分)，美国研制的人类首架太空战斗机 X - 37B 成功发射升空，"阿特拉斯 5 号"火箭执行了此次发射任务。X - 37B 发射后进入地球轨道并在太空遨游，在设计上能够执行最长为期 270 天的太空任务。结束太空之旅后，X - 37B 将进入自动驾驶模式返回地球，最后在加州范登堡空军基地或附近备用基地——爱德华兹空军基地着陆。X - 37B 在战时，有能力对敌国卫星和其他航天器进行军事行动，包括控制、捕获和摧毁敌国航天器、对敌国进行军事侦察等。

1.3 航天飞行的速度要求

人类已经精确掌握了稠密大气层之外环绕地球飞行,开展了行星际空间飞行,并正在探索恒星际空间飞行,而这些飞行的基础是建立在了解掌握地球、太阳系、航天飞行速度等相关知识基础上的。

1.3.1 太阳系

太阳系是46亿年以前由宇宙中星云物质形成的,由太阳和围绕太阳旋转的九大行星及其所属的卫星、几万颗小行星、慧星和流星体所组成。所有的大小行星都围绕着太阳,沿同一方向(逆时针方向——从天球北极看太阳系)运转。大行星的轨道近似于圆形,它们的轨道面几乎在同一平面内,表1-1列出了太阳系一些行星的有关资料。

表 1-1 太阳系

名称	水星	金星	地球	火星	木星	土星	天王星	海王星	冥王星
距太阳的平均距离(天文单位)	0.3871	0.7233	1.0000	1.5237	5.2028	9.5388	19.1910	30.0707	39.5560
恒星周期/年	0.241	0.615	1.00	1.881	11.862	29.458	84.015	164.788	247.697
轨道偏心率	0.2056	0.0068	0.0167	0.0934	0.0484	0.0557	0.0472	0.0086	0.2530
平均轨道速度/(km/s)	47.84	35.01	29.76	24.15	13.04	9.66	6.76	5.47	4.83
直径/km	4878	12400	12756	6800	143640	120500	53400	49600	2700
体积(地球为1)	0.055	0.92	1	0.15	1344.8	766.6	73.5	59.2	<1
质量(地球为1)	0.055	0.815	1.00	0.107	318.35	95.30	14.58	17.26	0.002
密度(水为1)	0.99	0.88	1.00	0.71	0.24	0.12	0.20	0.29	0.90
旋转周期	59d	243d	23h56min4s	24h37min22s	9h50min	10h14min	24h	22h	6d9h
逃逸速度/(km/s)	4.17	10.78	11.19	5.09	60.19	36.28	21.32	23.43	1.20
卫星数量	0	0	1	2	22	21	15	2	1

在表1-1中,行星按离太阳远近排列。可以看出,九大行星显然分为两类:地球、水星、金星、火星是一类,可能冥王星也属于这一类,它们的直径都比较小,

密度比较大,是岩石构成的;而木星、土星、天王星和海王星是另一类,它们的直径比较大,密度比较小,这类行星的大气中有氨和甲烷。因此,整个星球包含大量的氢。

太阳系九大行星中,除水星和金星外,均有自己的天然卫星,目前已发现至少有 64 颗天然卫星,其中地球 1 颗,火星 2 颗,木星 22 颗,土星 21 颗,天王星 15 颗,海王星 2 颗,冥王星 1 颗,所有这些天然卫星都比它们的行星小得多。行星卫星对于航天飞行和宇宙航行都非常有用,例如,月球是离地球最近的一颗天然卫星,月球上的逃逸速度只有 2.36km/s,航天器很容易从月面上起飞,因而可以利用月球作为一个天然理想的航天飞行站。对木星而言,其卫星中的木卫二、木卫三和木卫四都比较大,与月球体积差不多,也可以作为航天飞行站。

从天文上观测到在火星轨道和木星轨道之间有一个小行星带,已知的小行星 95% 位于这条带内。到目前为止,共发现了 6000 多颗,其中最大的小行星的直径约为 1003km,直径小于 1km,根据科学家计算应有 2.50×10^6 颗小行星。因此,小行星带存在以万计的小行星将对到火星以外的航天器飞行带来很大的困难。对小行星的进一步研究,摸清楚它们的运动规律,对将来的航天飞行意义重大。

1.3.2　宇宙速度

俄国科学家齐奥尔科夫斯基根据万有引力定律,提出了第一宇宙速度、第二宇宙速度和第三宇宙速度的概念。由于地球是接近于圆球形的,地球轨道也是接近于圆形。因此,在他计算过程中假设地球是圆球形,地球环绕太阳的轨道也是圆形的,这样做虽然不是十分精确,但实际上这样的假设所导致的误差很小。

万有引力定律指出:任何两个物体之间要相互吸引,其引力的大小和两个物体质量的乘积成正比,与距离的平方成反比。应用万有引力定律对物体绕地球运动进行分析和计算,可以得到

$$v = \sqrt{gR} \cdot \left(\frac{R}{r}\right)^{\frac{1}{2}} \qquad (1-2)$$

式中:v 为物体绕地球的运动速度;R 为地球的平均半径,取 $R = 3671\text{km}$;r 为航天器绕地球的旋转半径,也就是到地心的距离;g 为地表面加速度,即 $g = 9.81\text{m/s}^2$。

式(1-2)表明:r 越大,v 越小,即离地球越远,地球对航天器的引力越小,故物体绕地球旋转的速度也就越小,其相应的周期经过计算整理后为

$$T(r) = \frac{2\pi r}{v} = 2\pi \sqrt{\frac{R}{g}} \cdot \left(\frac{r}{R}\right)^{\frac{3}{2}} \qquad (1-3)$$

由式(1-3)可以看出,航天器绕地球的旋转周期同样是距离的函数,距离越远(即 r 越大)周期越长,一方面是因为旋转半径增加了,另一方面是因为 r 增加引力变小,旋转速度降低,所以引起了旋转周期的增加。

1. 第一宇宙速度

第一宇宙速度 V_1 指物体绕地球旋转,其旋转半径等于地球的半径($r = R$),这时航天器所具有的旋转速度叫第一宇宙速度。V_1 由不使卫星落地,而又能自由地绕地球运转所需的能量决定。根据式(1-2)可以得出

$$V_1 = \sqrt{gR} \cdot \left(\frac{R}{r}\right)^{\frac{1}{2}} = \sqrt{gR} \qquad (1-4)$$

将 $R = 3671\text{km}, g = 9.81\text{m/s}^2$ 代入,则得到

$$V_1 = \sqrt{gR} = \sqrt{3671 \cdot 0.00981} = 7.91 \ (\text{km/s}) \qquad (1-5)$$

而旋转周期为

$$T_1(R) = 2\pi \sqrt{\frac{R}{g}} \cdot \left(\frac{r}{R}\right)^{\frac{3}{2}} = 2\pi \sqrt{\frac{R}{g}} =$$

$$2\pi \sqrt{\frac{6371000}{9.81}} = 5063(\text{s}) = 84.4(\text{min}) \qquad (1-6)$$

中国的返回型遥感卫星在离地面 170km ~ 400km 的高度运行,可以代入式(1-2)估算其速度,应比 7.91km/s 略小,而运转周期比 84.4min 略长,约为 90min。

如果卫星的运转周期 T_2 为 24h(24h = 1440min),其轨道面为赤道面,即在地球上看卫星是静止不动的,这时卫星离地面的高度 h 可作如下计算

$$\frac{T_2(r)}{T_1(R)} = \left(\frac{r}{R}\right)^{\frac{3}{2}} \Rightarrow r = \left[\frac{T_2(r)}{T_1(R)}\right]^{\frac{2}{3}} \cdot R = 6.63 \cdot R$$

所以

$$h = r - R = 5.63 \cdot R = 5.63 \cdot 6371 = 35868(\text{km})$$

这也就是同步卫星轨道高度。

2. 第二宇宙速度

第二宇宙速度 V_2 是指从地球表面发射一个能永远离开地球引力场的物体所需的速度。如果不考虑空气的阻力,只计算引力的作用,从地球表面飞到无限远处的物体对引力场所做的功等于在发射时具有的动能。根据功的定义,即为

作用力与对应方向的移动距离的乘积,因此,引力场所做的功等于从地球到无限远处的距离乘以作用力。由于引力 F 是距离的函数,即 $F = f(r)$,故必须在 $R \sim \infty$ 范围内进行积分。经过推导计算,可以得到

$$\frac{1}{2}V_2^2 = g \cdot R \qquad (1-7)$$

将 $R = 3671\mathrm{km}, g = 9.81\mathrm{m/s}^2$ 代入,则得到

$$V_2 = \sqrt{2gR} = \sqrt{2 \cdot 3671 \cdot 0.00981} = 11.18(\mathrm{km/s}) \qquad (1-8)$$

同样,发射高轨道卫星所需的总能量即从地球发射到 r 轨道并绕地球运转所需的能量,等于从地面提高到 r 轨道所做的功,再加上航天器在轨道上的动能。按照思路之一可以推导出发射时所需要的能量速度为

$$V = V_2 \cdot \sqrt{1 - \frac{R}{2r}} \qquad (1-9)$$

假设要发射同步轨道卫星,即轨道高度约为 36000km,满足 $r = 6.63 \cdot R$,则所需能量的速度为

$$V = V_2 \cdot \sqrt{1 - \frac{R}{2r}} = V_2 \cdot \sqrt{1 - 0.075} = 0.96 \cdot V_2 = 10.75(\mathrm{km/s})$$

可以看出,这个速度要求已经是第二宇宙速度的 96%,所以发射高轨道的卫星将比发射低轨道的卫星要难。而实际上,发射 24h 周期的卫星比发射宇宙火箭更难更复杂些。

3. 第三宇宙速度

第三宇宙速度 V_3 是指物体脱离太阳系引力场所需的最小速度。即在充分的利用了地球绕太阳旋转所具有的能量的情况下,再增加一部分能量就可以使其脱离太阳的引力。由于地球绕太阳旋转为接近于圆形的椭圆轨道,为了简化推导,假设地球绕太阳旋转的轨道是圆形的;同时各行星相互之间的吸引力比起太阳的吸引力要小得多,故计算时忽略不计,只考虑太阳对地球的引力作用。经推导可以得到

$$V_3 = V_2 \cdot \left[1 + \frac{M_S}{M} \cdot \frac{R}{R_S}\left(1 - \frac{1}{\sqrt{2}}\right)^2 \right]^{\frac{1}{2}} \qquad (1-10)$$

式中:M_S 为太阳质量;M 为地球质量;$\dfrac{M_S}{M} = 332488$;R_S 为太阳到地球的距离,取 $R_S = 149457000\mathrm{km}$;$R$ 为地球半径,取 $R = 3671\mathrm{km}$;V_2 为第二宇宙速度,取 $V_2 = 11.18\mathrm{km/s}$。将上述数据代入式(1-10)可以得到

$$V_3 = V_2 \cdot \left[1 + \frac{M_S}{M} \cdot \frac{R}{R_S} \left(1 - \frac{1}{\sqrt{2}} \right)^2 \right]^{\frac{1}{2}} =$$

$$11.18 \cdot \left[1 + 332488 \cdot \frac{3671}{149457000} \left(1 - \frac{1}{\sqrt{2}} \right)^2 \right]^{\frac{1}{2}} = 16.64 (\text{km/s})$$

上述计算得到了最小的脱离太阳系速度这一概念上。这个概念是基于以下两方面条件:一是充分的利用地球在轨道上公转的速度,使宇宙火箭对太阳运动的方向与地球公转运动的方向一致,任何其他宇宙火箭的方向会增大对速度的要求。二是宇宙火箭一开始就加速度到 V_3,而不是先只加速到第二宇宙速度 V_2,等宇宙火箭脱离了地球引力场以后,已经对地球没有相对速度了,然后再加速到它能离开太阳系。如果分两段加速,那么所加的速度总和就不是 V_3,可以证明其值大于 V_3。同时,还因为在地球表面附近加速,火箭喷气留在势能低的地方,而在脱离地球引力场后加速,火箭喷气将留在势能高的地方。

1.4 信息论概述

人类社会的生存和发展,每时每刻都离不开接收信息、传递信息、处理信息和利用信息。当人们跨入 21 世纪,信息不仅在通信和电子行业显得异常重要,且在其他各个行业也得到了广泛的关注。信息不是静止的,它会产生也会消亡,人们需要获取它,并完成它的传输、交换、处理、检测、识别、存储、显示等功能。研究这方面的科学就是信息科学,信息论是信息科学的主要理论基础之一。它研究信息的基本理论,与之对应的是信息技术,它主要研究如何实现、怎样实现的问题。

信息最初的定义是由奈奎斯特(H. Nyquist)等人在 20 世纪 20 年代提出来的。1924 年,奈奎斯特解释了信号带宽和信息速率之间的关系;1928 年,哈特莱(L. V. R. Hartley)最早研究了通信系统传输信息的能力,给出了信息度量方法;1936 年,阿姆斯特朗(Armstrong)提出了增大带宽可以使抗干扰能力加强。

上述成果给香农(C. E. Shannon)的研究工作带来很大的影响,他在 1941 年—1944 年对通信和密码进行了深入研究,利用概率论的方法研究通信系统,揭示了通信系统传递的对象就是信息,并对信息给以科学的定量描述,提出了信息熵的概念。指出,通信系统的中心问题是在噪声环境下如何有效而可靠地传送信息,以及实现这一目标的主要方法。这一成果于 1948 年以"通信的数学理论"为题公开发表。这是一篇关于现代信息论的开创性的权威论文,为信息论的创立作出了重大的贡献,香农因此成为信息论的奠基人。

20 世纪 50 年代,信息论在学术界引起了巨大的反响。1951 年,美国成立了信息论组,并于 1955 年出版了信息论汇刊。60 年代信道编码技术有了很大进展,将代数方法引入到纠错码的研究,人们找到了大量可纠正多个错误的编码,而且提出了可实现的译码方法。同时,卷积码和概率译码的研究也有了重大突破,提出了序列译码和 Viterbi 译码方法。70 年代,有关信息论的研究,已从点与点间的单用户通信推广到多用户系统的研究,有关多接入信道和广播信道模型的研究得到了人们的进一步关注。

在信源编码方面,香农于 1959 年在其发表的学术论文中,系统地提出了信息率失真理论,该理论是数据压缩的数学基础,为各种信源编码的研究奠定了基础。

1.4.1　信源的描述及分类

信源是指信息的来源,是产生消息的源泉。消息是以符号形式出现的,如果符号是确定的,那么该消息就无信息可言,只有当符号的出现是随机的,而且是无法预先确定时,符号才给观察者提供了信息。

按照信源发出的消息在时间上和幅度上的分布情况不同,可以将信源分成离散信源和连续信源两大类:离散信源是指所发出的消息在时间和幅度上都是离散分布的信源,如文字、数字、数据等符号都是离散消息;连续信源是指所发出的消息在时间和幅度上都是连续分布的信源,如语音、图像、图形等都是连续消息。随着数字技术和计算机技术的发展,大量信息以离散形式出现,因此,离散信源成为研究的重点。如果将离散信源进行进一步分类,可以得到

$$
\text{离散信源}\begin{cases}
\text{离散无记忆信源}\begin{cases}
\text{发出单个符号的无记忆信源}\\
\text{发出符号序列的无记忆信源}
\end{cases}\\[2ex]
\text{离散有记忆信源}\begin{cases}
\text{发出符号序列的有记忆信源}\\
\text{发出符号序列的马尔可夫信源}
\end{cases}
\end{cases}
$$

离散无记忆信源:信源发出的各个符号是相互独立的,发出的符号序列中的各个符号之间没有统计关联性,各个符号的出现概率是它自身的先验概率。

发出单个符号的信源:信源每次只发出一个符号代表一个消息。

发出符号序列的信源:信源每次发出一组含两个以上符号的符号序列,用以表示一个消息。

离散有记忆信源:信源发出的各个符号的概率是有关联的。

发出符号序列的有记忆信源:利用信源发出的一个符号序列的联合概率反映有记忆信源的特征。

发出符号序列的马尔可夫信源:信源发出的各个符号出现的概率只与前面一个或有限个符号有关,而不依赖更前面的那些符号,这样的信源可以用信源发出符号序列内各个符号之间的条件概率来反映记忆特征。

从离散信源的统计特性来考虑,它具有以下几个特点:

(1) 组成离散消息的信源的符号个数是有限的。例如,一篇文章尽管词汇丰富,一般所用的词都是从常用 10000 个汉字里选出来的。一本英文书,不管它有多厚,总是从 26 个英文字母选出来,按一定词汇结构、文法关系排列起来的。

(2) 符号表中各个符号出现的概率不同。对大量的由不同符号组成的消息进行统计结果,发现符号集中的每一个符号都是按一定的概率在消息中出现的。例如,英文中每一个英文字母都是按照一定概率出现的,符号"e"出现最多,"z"出现最少。

(3) 相邻符号的出现,有统计相关的特性。通常,每一个基本符号在消息中总是和前后符号有一定的关联性,例如,在汉文中"中"后面出现"国"的概率很大,这也正是计算机汉字"联想输入"的理论基础。

1.4.2 信息量

信息可被理解为消息中包含的有意义的内容,消息可以有各种各样的形式,但消息的内容可统一用信息来表述。传输信息的多少可直观地使用"信息量"进行衡量。

以通信过程为例,虽然消息的传递意味着信息的传递,但对接收者而言,某些消息比另外一些消息的传递具有更多的信息。例如,甲方告诉乙方一件非常可能发生的事情:"今年秋季比去年秋季冷",比告诉乙方一件极不可能发生的事情:"今年秋季比去年冬季冷"来说,前一消息包含的信息显然要比后者少些。因为对乙方(接收者)来说,前一事情很可能发生,不足为奇,而后一事情却极难发生,听后会使人惊奇。这表明消息确实有量值的意义,而且可以看出,对接收者来说,事件越不可能发生,越会使人感到意外和惊奇,信息量就越大。

需要注意:虽然消息是多种多样的,但度量消息中所含的信息量的方法,必须能够用来估计任何消息的信息量,且与消息种类无关。另外,消息中所含信息的多少也应和消息的重要程度无关。由概率论可知,事件的不确定程度,可用事件出现的概率来描述。事件出现(发生)的可能性越小,则概率越小;反之,概率越大。基于这种认识可以得到:消息中的信息量与消息发生的概率紧密相关。消息出现的概率越小,则消息中包含的信息量就越大。且概率为零时(不可能事件)信息量为无穷大;概率为 1 时(必然事件)信息量为 0。

综上所述,可以得出消息中所含信息量与消息出现的概率之间的关系反映如下规律:

(1) 消息 x 中所含信息量 I 是消息 x 出现概率 $P(x)$ 的函数,即

$$I = I[P(x)]$$

(2)消息出现的概率越小,它所含信息量越大;反之信息量越小。且

$$P = 1 \text{ 时 } I = 0$$

$$P = 0 \text{ 时 } I = \infty$$

(3)若干个互相独立事件构成的消息 $X = \{x_1, \quad x_2, \quad \cdots, \quad x_n\}$,所含信息量等于各独立事件 $x_1, x_2, \cdots$ 信息量的和,即

$$I[P(x_1) \cdot P(x_2) \cdots] = I[P(x_1)] + I[P(x_2)] + \cdots$$

基于上述分析,可以采用对数方法来描述信息量。

假设一个离散信源发出的各个符号消息的集合为 $X = \{x_1, x_2, \cdots, x_n\}$,它们的概率分别为 $P = \{P(x_1), P(x_2), \cdots, P(x_n)\}$,$P(x_i)$ 称为符号 x_i 的先验概率。通常,把它们写到一起,称为概率空间

$$\binom{X}{P} = \begin{pmatrix} x_1 & x_2 & \cdots & x_n \\ P(x_1) & P(x_2) & \cdots & P(x_n) \end{pmatrix}$$

显然有 $P(x_i) \geq 0, \sum_{i=1}^{n} P(x_i) = 1$。这时,事件 x_i 的信息量可以定义为事件出现概率对数的负值,表示为

$$I(x_i) = -\log_a P(x_i) \tag{1 - 11}$$

从这个定义,可以注意到以下几方面:

(1) 信息量的多少和事件发生的概率有关。

(2) 信息量用对数表示是合理的,它适合信息的可加性。

(3) 信息量是非负的。

(4) 事件出现的概率越小,它的出现所带来的信息量越大;必然事件 $(P(x_i) = 1)$ 的出现不会带来任何信息。

信息量的单位与所用的对数的底有关,通常底数 a 取以下值

$a = 2$ 时,信息量的单位为比特(bit);

若取自然对数,则信息量的单位为奈特(nat);

若以 10 为对数底,信息量的单位为笛特(det)。

设二进制离散信源,数字 0 或 1 以相等的概率出现,则 $P(1) = P(0) = 0.5$。由式(1-11),则有

$$I(1) = I(0) = -\log_2 \frac{1}{2} = 1(\text{bit})$$

即二进制等概时,每个符号的信息量相等,为 1bit。

同理,对于离散信源,若 M 个符号等概率($P = 1/M$)出现,且每一个符号的出现是独立的,即信源是无记忆的,则每个符号的信息量相等,为

$$I(1) = I(2) = \cdots = I(M) = I = -\log_2 \frac{1}{M} = \log_2 M(\text{bit}) \quad (1-12)$$

式中:M 为信源中所包含符号的数目。

一般情况下,M 是 2 的整幂次,即 $M = 2^K(K = 1,2,3,\cdots)$,则式(1-12)可改写成

$$I(1) = I(2) = \cdots = I(M) =$$
$$\log_2 M = \log_2 2^K = K(\text{bit}) \quad (1-13)$$

该结果表明,独立等概情况下,$M(M = 2^K)$ 进制的每一符号包含的信息量,是二进制每一符号包含信息量的 K 倍。由于 K 就是每一个 M 进制符号用二进制符号表示时所需的符号数目,故传送每一个 $M(M = 2^K)$ 进制符号的信息量就等于用二进制符号表示该符号所需的符号数目。

1.4.3 离散信源的熵

前面定义的信息量是指某一信源发出某一消息所含有的信息量。所发出的消息不同,它们所含有的信息量也就不同,所以信息量 I 是一个随机变量,不能用它来作为整个信源的信息度量。

为此,定义信息量的数学期望为信源的平均自信息量,也就是信息熵 $H(X)$,利用平均意义来表征信源的总体特征,可以表征信源的平均不确定性,则有

$$H(X) = E[-\log P(x_i)] =$$
$$\sum_i P(x_i)I(x_i) = -\sum_i P(x_i)\log P(x_i) \quad (1-14)$$

式(1-14)的单位是比特/符号或比特/符号序列。

熵 $H(X)$ 是在平均意义上来表征信源的总体特性,正如不确定度与信息量的关系那样,信源熵是表征信源的平均不确定度,平均信息量是消除信源不确定

度时所需要的信息的量度。当收到一个信源符号,也就全部解除了这个符号的不确定度,也可以说获得这样大的信息量后,信源不确定度就被消除了。两者在数值上相等,但含义不同。

对于信源,不管它是否输出符号,只要这些符号具有某些概率特性,必存在信源的熵,可以表示成为 $H(X)$,X 是指随机变量的整体。而从另一方面来理解,信息量则只有当信源输出符号而被接收者收到后,才给予接收者的信息度量。

总结前面的描述可以得到信息熵的 3 种物理含义:

(1) 信息熵 $H(X)$ 表示信源输出后,每个消息(或符号)所提供的平均信息量。

(2) 表示信源输出前,信源的平均不确定性。

(3) 熵的出现表明变量 X 的随机特性。

应该注意:信息熵是信源的平均不确定度的描述。一般情况下,它并不等于平均获得的信息量。只有在无噪情况下,接收者才能正确无误地接收到信源所发出的消息,全部消除 $H(X)$ 大小的平均不确定性,这时获得的平均信息量就等于 $H(X)$。

例 1 - 1　设信源符号集 $X = \{x_1, \quad x_2, \quad x_3\}$,每个符号发生的概率分别为 $P(x_1) = 1/2$,$P(x_2) = 1/4$,$P(x_3) = 1/4$,则信源熵为

$$H(X) = \frac{1}{2}\log_2 2 + \frac{1}{4}\log_2 4 + \frac{1}{4}\log_2 4 = 1.5 \text{(比特／符号)}$$

例 1 - 2　对于二元信源,信源 X 输出符号只有两个,设为 0 和 1 时输出符号发生的概率分别为 p 和 q,$p + q = 1$,这时信源的概率空间为

$$\binom{X}{P} = \begin{pmatrix} 0 & 1 \\ p & q \end{pmatrix}$$

可得二元信源熵为

$$H(X) = -p\log_2 p - q\log_2 q =$$
$$-p\log_2 p - (1 - p)\log_2(1 - p) = H(p)$$

从上式可以看到,信源信息熵 $H(X)$ 是概率 p 的函数,这样就可以用 $H(p)$ 表示。p 的取值范围是 $[0,1]$ 区间。这样就可以得到 $H(p)$ — p 曲线,如图 1 - 4 所示。

从图 1 - 4 中看出,如果二元信源的输出符号是确定的,即 $p = 1$ 或 $p = 0$,则该信源不提供任何信息。反之,当二元信源符号 0 和 1 以等概率发生时,信源熵达到极大值,等于 1bit。

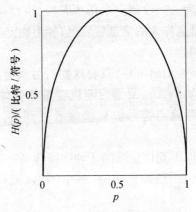

图 1-4 二元信源熵的曲线

1.4.4 信息传输速率

1. 码元传输速率 R_B

码元传输速率简称码元速率,通常又称为数码率、传码率、码率、信号速率或波形速率,用符号 R_B 来表示。码元速率是指单位时间(每秒钟)内传输码元的数目,单位为波特(Baud),常用符号"B"表示。例如,某系统在 2s 内共传送 4800 个码元,则该系统的传码率为 2400B。

数字信号一般有二进制与多进制之分,但码元速率 R_B 与信号的进制数无关,只与码元宽度 T_b 有关。

$$R_B = \frac{1}{T_b} \qquad (1-15)$$

通常,在给出系统码元速率时,有必要说明码元的进制。

2. 信息传输速率 R_b

信息传输速率简称信息速率,又可称为传信率、比特率等。信息传输速率用符号 R_b 表示。R_b 是指单位时间(每秒钟)内传送的信息量。单位为比特/秒(bit/s),简记为 b/s。例如,若某信源在 1s 传送 1200 个符号,且每一个符号的平均信息量为 1bit,则该信源的信息传输速率 $R_b = 1200$b/s。

因为信息量与信号进制数 N 有关,因此,R_b 也与 N 有关。

3. R_b 与 R_B 之间的互换

根据码元速率和信息速率的定义可知,R_{bN} 与 R_{BN} 之间在数值上有如下关系

$$R_{bN} = R_{BN} \cdot \log_2 N \qquad (1-16)$$

应当注意:两者单位不同,前者为 bit/s,后者为 B。

二进制时,式(1 – 16)为

$$R_{b2} = R_{B2} \cdot \log_2 2 = R_{B2} \qquad (1 – 17)$$

即二进制时,码元速率与信息速率数值相等,只是单位不同。

4. 多进制与二进制传输速率之间的关系

根据式(1 – 16)、式(1 – 17),不难求得多进制与二进制传输速率之间具有如下关系:

(1) 在码元速率保持不变条件下,二进制信息速率 R_{b2} 与多进制信息速率 R_{bN} 之间的关系为

$$R_{bN} = R_{BN} \cdot \log_2 N = R_{B2} \cdot \log_2 N = \log_2 N \cdot R_{b2} \qquad (1 – 18)$$

(2) 在系统信息速率不变的情况下,多进制码元速率 R_{BN} 与二进制码元速率 R_{B2} 之间的关系式为

$$R_{B2} = R_{b2} = R_{bN} = \log_2 N \cdot R_{BN} \qquad (1 – 19)$$

或

$$R_{BN} = \frac{R_{B2}}{\log_2 N} \qquad (1 – 20)$$

一般情况下,$N = 2^k (k = 1, 2, 3, 4, \cdots)$,则式(1 – 18)和式(1 – 20)变为

$$R_{bN} = k R_{b2} \qquad (1 – 21)$$

$$R_{BN} = \frac{1}{k} R_{B2} \qquad (1 – 22)$$

为了加深理解码元速率、信息速率以及它们之间的相互关系,下面举例说明。

例 1 – 3 用二进制信号传送信息,已知在 30s 共传送了 36000 个码元。

(1) 问其码元速率和信息速率各为多少?

(2) 如果码元宽度不变(即码元速率不变),但改用八进制信号传送信息,则其码元速率为多少?信息速率又为多少?

解(1)依题意,有

$$R_{B2} = 36000/30 = 1200 (B)$$

根据式(1 – 17),得

$$R_{b2} = R_{B2} = 1200 (b/s)$$

(2) 若改为 8 进制,则

$$R_{B8} = 36000/30 = 1200 (B)$$

根据式(1-18),得

$$R_{b8} = R_{B8} \times \log_2 8 = 3600(\text{b/s})$$

或根据式(1-21),得

$$R_{b8} = \log_2 8 \cdot R_{b2} = 3 \times 1200 = 3600(\text{b/s})$$

两种方法计算结果一致。

1.5 空天信息系统

空天信息系统是支持空天一体信息作战物质基础,是当今战场高信息化程度的具体体现。如果按功能分,空天信息系统可以分为侦察预警系统、指挥控制系统、网络传输系统、导航定位系统,信息对抗系统;按空间位置来分可以分为地面信息系统、航空空间信息系统、临近空间信息系统、外层空间信息系统。

1.5.1 空天侦察预警系统

随着侦察预警技术的发展,侦察预警系统的覆盖面已经十分广泛。太空中有各种类型的卫星侦察系统,高空中有战略侦察飞机和预警指挥飞机组成的战略侦察系统,低空中有电子侦察飞机、无人侦察机等组成的战术侦察系统,地面上有各种电子侦察站组成的地面侦察系统。这些系统互连互通,构成范围广、立体化、多波段、自动化的侦察预警网络。

1. 天基预警侦察系统

天基预警侦察系统主要由各类预警侦察卫星组成,从太空轨道上对目标实施侦察、监视和跟踪,与其他预警侦察方式相比,卫星预警侦察系统的突出优点是覆盖范围广、反应速度快、不受国界和地理条件的限制,能够获取其他预警侦察手段难以获得的情报信息。该系统主要包括导弹预警卫星、成像侦察卫星、电子侦察卫星、海洋监视卫星、气象卫星、测绘卫星等。

1) 导弹预警卫星

导弹预警卫星是目前探测弹道导弹发射的最有效手段,是导弹防御体系的"眼睛",它是通过星载红外探测器,探测洲际弹道导弹、潜射弹道导弹、战区和战术弹道导弹发射时尾焰的红外辐射,并将测得的方位角和辐射强度等有关信息迅速传递给地面中心,从而使地面防御系统能够赢得尽可能长的预警时间,以采取有效的反击措施。目前,世界上仅美俄拥有导弹预警卫星系统。美国"国防支援计划"(DSP)系统就是由导弹预警卫星组成的天基预警系统,俄罗斯的导弹预警卫星则混编在"宇宙"号系列卫星当中。

美国 DSP 卫星已发展了三代,迄今总计发射了 23 颗,目前在轨工作卫星约为 11 颗。DSP 对洲际弹道导弹和潜射弹道导弹可分别提供 25min ~ 30min 和 10min ~ 5min 的预警时间,探测"飞毛腿"一类导弹的发射,并发布预警信息的时间由海湾战争时的 4.5min ~ 6min,缩短为 1min 以内。

美国的"天基红外系统"(SBIRS)于 1992 年 8 月获得批准,是取代现役 DSP 的新一代卫星,1995 年开始列入财政年度开支。SBIRS 团队由美国空军太空与导弹中心的天基红外系统联队领导,洛·马公司为 SBIRS 的主承包商,诺·格公司为载荷集成商,SBIRS 的运行由空军太空司令部负责。该卫星系统拟由两部分组成:高轨道部分包括 4 颗地球同步轨道卫星和两颗大椭圆轨道卫星;低轨道部分包括若干颗近地轨道小卫星,组成一个覆盖全球的卫星网,主要用于跟踪在中段飞行的弹道导弹和弹头,并能引导拦截弹拦截目标。

在卫星高轨道部分,用的扫描型探测器具有比 DSP 快得多的扫描速度,与高分辨力凝视型探测器相结合,可使天基红外系统卫星的扫描速度和灵敏度比 DSP 卫星高 10 倍以上。这些改进再加上能穿透大气层和几乎在导弹刚一点火时就能探测到其发射的本领,将使 SBIRS 卫星对较小导弹发射的探测能力比 DSP 卫星强得多,它可在导弹发射后 10s ~ 20s 内将警报信息传送给地面部队,而 DSP 卫星则需要 40s ~ 50s。卫星低轨道部分,在多个轨道面上的低轨道卫星将成对工作,以提供立体观测,使早期拦截弹道导弹成为可能,同 DSP 系统相比,它可将防区范围扩大 2 倍 ~ 4 倍。

据美国空军与洛·马公司领导的团队在 2009 年 12 月 1 日宣布,已经成功完成了 SBIRS 的第一颗静地轨道卫星(GEO - 1)的热真空试验,这是该项目的一个重要里程碑,它验证了卫星在模拟太空环境中的性能。

2)成像侦察卫星

成像侦察卫星利用光学相机、合成孔径雷达等成像手段,从轨道上对目标实施侦察、监视和跟踪。可见光成像侦察卫星有传输型和返回型两种,返回型卫星对目标照相后,将胶卷投放回地面。传输型卫星对目标照相后,先将图像信息存储起来,然后或在卫星飞经地球站上空时通过无线电手段将图像信息传输到地面,或通过数据中继卫星实时传回地面。

3)电子侦察卫星

电子侦察卫星是用于侦收敌方雷达、通信和导弹遥测信号,获取各种无线电信号参数,并对辐射源进行定位的卫星。它是电子战的重要手段,也是发现敌方军事行动征候的战略战术途径。电子侦察卫星主要用于战略侦察,但在实际使用过程中也常用于战术行动,如在科索沃战争中就使用了多种此类卫星。

4）海洋监视卫星

海洋监视卫星是监视水面舰艇和潜艇活动、侦察舰艇雷达和无线电通信信号的卫星系统。海洋监视卫星是集电子侦察、成像侦察和海洋环境观测等多种功能于一体的探测卫星。因为海流、海浪对舰艇航行影响很大，因此，在海洋监视卫星系统中，必须有海洋环境观测卫星：利用这种卫星可观测海浪高度、海流强度、海面风速、海水温度以及浅海危险物等。卫星上的探测设备包括合成孔径雷达、雷达高度计、微波散射计、微波辐射计等。例如，美国"白云"海洋监视卫星以4星（3主1辅）为一组，4组卫星组成星座的方式工作，其侦测频段宽为（154MHz～10.5GHz），定位精度高（2km），可提供近连续的（每昼夜能对同一海域监测30多次）、宽域的（北纬63.4°～南纬63.4°）海洋监视能力，并能够截获海上舰只和水下潜艇的雷达及通信信号，实现对海上运动目标的跟踪与定位。

5）气象卫星

气象卫星通过接收和测量地球及其大气层的可见光、红外与微波辐射，绘制云图和其他气象资料。为了系统及时地获取全球和局部气象信息，气象卫星可采用两种轨道：一种是800km～1500km的近地轨道；另一种是地球静止轨道。近地轨道卫星每天对全球观测两遍，所获得的全球气象资料主要用于中、长期数值天气预报。一颗静止轨道卫星可以对地球1/5的地区进行连续观测，在静止轨道上放置5颗卫星，就可保证对全球连续的气象观测。气象卫星在多云雾的科索沃战场上发挥了重要的战术支援作用，特别是飞机投放制导炸弹时，必须依赖气象卫星资料。

6）测绘卫星

测绘卫星主要用于地形和地图测绘、重力场和地磁场测量等。它对卫星和导弹发射、武器精确制导都有十分重要的作用。按成果回收方式的不同，测绘卫星分为返回型和传输型两种。近年来，利用小卫星进行测绘成为一种发展趋势。

2. 空基侦察预警系统

空基侦察预警系统将侦察预警装备，主要是雷达装备装载在轻型固定翼飞机、直升机、无人机以及高空系留气球上，用于执行战场监视、边境监视与侦察、地面和空中目标阻拦、对空搜索与营救、反潜作战、海上巡逻、地物成像、环境资源管理等多项任务。

1）空基预警系统

预警机诞生于第二次世界大战后期。初期的预警机仅能探测海上目标，对小型战机的作用距离在100km以内。目前的预警机已发展成为具有预警、指挥、通信和控制综合功能的武器系统。由于地面雷达和舰载雷达受到架设高度的限制,除超视距雷达外,均无法探测到远距离的低空飞行目标,尤其是对巡航导弹和低空入侵飞机的探测更显得无能为力。而预警机位于高空,可居高临下地发现远程低空飞行目标,对己方战机进行引导并与地面防空系统联合作战,具有高度的机动性、续航能力和生存能力。故经济实力较强的国家均在竞相研制或订购这一武器系统,以提高国土防空能力。

目前,使用较多的机载预警系统主要有 E-3 预警机、E-2C 预警机、机载监视和目标截获雷达等。在我国 60 年国庆阅兵过程中,也展示了我国自行研制的"空警-200"和"空警-2000"预警机。

2)空基侦察系统

空基侦察系统是指空中专用情报侦察平台,它是为战略、战术目的服务的一种长期、有效的侦察手段。自第一次世界大战投入使用以来,有人侦察机一直作为航空侦察的主要兵器。它的优点主要体现在以下几个方面:

(1)装载量大。可同时装载诸如照相机、红外传感器、雷达、电子侦察设备等多种侦察设备,可充分发挥各种侦察设备的优势,实现性能互补,达到全天候、全天时远程侦察的目的。

(2)可充分发挥机组人员的主观能动性。机上人员可主动选择侦察地区和目标,减少无用的数据,提高侦察的主动性。

(3)实效性强。无论在和平时期、备战时期或战争时期,可视需要迅速查明所需的战场情况,并将情报实时或近实时地提供给指挥员和作战部队。

(4)机动性强。可随时、多次出动,且再次出动的时间间隔短。

(5)具有不间断性。可对战场目标实施连续侦察,以保证战场情报完整连续实时地传送到指挥员手里。

(6)具有较强的可信度。例如,雷达图像可以清楚地反映敌方后续部队的调动情况,使战场指挥官可随时掌握战场态势,从而合理地调动兵力,阻止敌方第二梯队的进攻,保证战斗获得胜利。

有人侦察机也有局限性,例如,本身目标太大、隐身能力低等。它们一般都不装备武器,自卫能力较差,且多半是单机执行任务,容易受到敌方各种防空火力的抗击,较难飞临敌方纵深广阔地域上空进行侦察。此外,在和平时期飞越别国领空进行侦察,也会引起严重的外交纠纷,使侦察效果受到很大的限制。同时,有人侦察机的研制、装备、运转等费用都较高,因此,各国的装备量都较少。目前,世界上比较具有代表性的有人侦察机是美国的 U-2。

无人侦察机能够深入敌方空域,旋停在目标区的上空或附近,用足够的时间对敌方活动进行探测、识别和跟踪,然后引导杀伤性武器系统对付这些目标。此外,由于大多数无人机系统都可以空运,因而可快速部署到全球任何一个战区。

目前,无人侦察机主要承担的侦察任务有搜集战术和战略情报,与大范围侦察的有人驾驶飞机一起协同作战,完成对某一特定目标探测、定位和识别的任务。其中,美国研制的"全球鹰"无人机将成为美军主要的无人机侦察手段。

1.5.2 指挥控制系统

指挥控制系统又称为指挥自动化系统、C^3I 系统、C^4I 系统或 C^4ISR 系统等。按应用层次划分,指挥控制系统可分为战略指挥控制系统和战术指挥控制系统。其中,战术指挥控制系统又可按军兵种来分。

1. 战略指挥控制系统

战略指挥控制系统是国家级或战区级指挥控制系统,用于实现战略性指挥与控制。下面以美国的战略指挥控制系统为例介绍其功能和作用。

指挥中心是战略指挥控制系统的"大脑",主要包括国家军事指挥中心、备用国家军事指挥中心和国家空中作战中心 3 处。在指挥中心,美国总统兼武装部队总司令利用指挥链逐级向第一线作战部队下达命令,最快只需 3min～6min,若越级向核部队下达命令,最快只需要 1min～3min。此外,只需 40s 便可实现到主要司令部的电话会议。指挥中心是美国军事当局分析判断局势,下达命令的中心,是战略指挥控制系统的核心。

国家军事指挥中心始建于 1962 年,设在五角大楼内。该中心负责平时至三级战备的指挥。中心分设 4 个室,分别是参谋长联席会议室、通信室、当前态势显示室,以及电子计算机和显示设备技术室。备用国家军事指挥中心始建于 1967 年,位于华盛顿以北约 110km 的马里兰州里奇堡地下,工程设施加固,生存能力较强。它与国家军事指挥中心相连,设有军事指挥的重要数据库,当美军进入二级战备时便接替指挥任务。国家空中作战中心是战略指挥控制系统中生存能力最强的一部分,配有大量的先进的电子设备,能同卫星、导弹潜艇、导弹发射中心、国家军事指挥中心、备用国家军事指挥中心等进行通信。

2. 陆军指挥控制系统

陆军指挥控制系统的发展是围绕数字化进行的。美国陆军最先提出战场数字化构想。1995 年 1 月,陆军数字化办公室制定了"美陆军数字化总计划"。该计划对 21 世纪数字化部队的技术、作战和体系结构支持原则进行了详细阐述。1996 年又对该计划进行了补充。

根据该计划,战场数字化分 3 个阶段实施。第一阶段(1994 年—1997 年)使用广泛的信息技术进行"21 世纪特遣部队"高级作战实验。第二阶段(1998 年—1999 年)为验证/鉴定、工程化、研制和发展阶段,先装备一个陆军数字化师,而后进行军级实验。第三阶段(2000 年—2005 年)装备一个陆军数字化军。

数字化部队的指挥控制系统和武器装备最大限度地采用数字化技术,并可指挥控制到数字化士兵等最小作战单元。

3. 海军指挥控制系统

海军指挥控制系统是海军对部队进行战术指挥控制的主要系统,分为岸基指挥控制系统和海上指挥控制系统两大部分。

岸基部分包括海军舰队指挥中心、海洋监视情报系统、岸基反潜战指挥中心等。其中,海军舰队指挥中心能对全球军事指挥与控制系统、海洋监视情报系统、潜艇及其他信息源传输来的信息进行综合和显示,并向海军战术旗舰指挥中心提供有关区域的信息。海洋监视情报系统由数个情报汇集中心组成,其中有几个中心配置在舰队指挥中心内。岸基反潜战指挥中心由很多个节点组成,它们通过海军巡逻飞机给战区和舰队指挥人员提供海洋监视和反潜战信息。

海上指挥控制系统的分系统包括战术旗舰指挥中心、海军战术数据系统、宙斯盾作战系统、联合海上指挥信息系统、协同作战系统等。

4. 空军指挥控制系统

美国空军拥有世界上最先进的各类战术战斗机、战略侦察机、战术侦察与电子战飞机、特种作战飞机、运输机及战略轰炸机等。此外,航天司令部负责为美战略司令部实验并管理空军的洲际导弹、地基导弹、预警雷达和国家的空间发射设施及运载火箭,并负责全球空间监视系统,指挥控制国防部的所有卫星。其指挥控制体系通常为国家指挥控制中心→空军指挥控制中心→战区联合司令部→下属空军作战系统。空军作战指挥控制中心是空军对所属兵种实施作战指挥及控制的机构与场所,它还可担负联合作战某一阶段或某种战役的指挥与控制。

空军战术指挥控制系统通常是指空军部队使用的指挥控制系统。美空军的战术指挥控制系统可分为 3 个主要组成部分:探测预警系统、指挥控制中心和通信系统。

探测预警系统用于监视有关情况,采集敌方各种情报,并发出报警等。其组成包括探测弹道导弹、巡航导弹及飞机的预警卫星、预警飞机及各种类型的雷达。探测地面、海面及水下目标的各种雷达、电子侦察设备、侦察卫星、光学仪器、侦察飞机、遥控飞行器、侦察船及声纳等。

指挥控制中心负责汇总、处理并显示敌我双方的各种情报,包括目标数据、威胁分析、战场态势信息、战备状况及作战计划与方案等,并支持指挥员做出判断、定下决心及实施作战指挥。

通信系统由各种收发信设备、交换设备及信道等组成,用于传输情报、下达作战命令及反馈命令的执行状况。这些设备使探测预警系统、指挥控制中心、作战部队及武器连在一起并构成完整的作战系统。

1.5.3 空天网络传输系统

空天网络传输系统是保障各类信息传输的基础,该传输系统目前以地面光纤网络为基础,卫星通信、短波和超短波通信为辅,未来将以天基通信系统为基础,构成全域覆盖的通信系统。因此,空天信息传输已呈现出由单一化向系统化,进而向一体化发展的显著特征。

1. 航空通信系统的组成

1)地面通信系统

地面通信系统用于保障分布在广大领土范围内的用户之间的通信业务。情报信息的传送、指挥命令的下达大都依赖地面通信系统。地面通信系统通常由以下设备实现:卫星通信系统、对流层散射通信系统、短波通信系统、有线通信系统和光纤通信系统。

2)地空通信系统

地空通信系统是保障飞行、训练的主要通信系统,用以保障对各种遂行飞行任务的飞机进行地空和空空之间的指挥通信,保障各种飞机与陆上和海上的协同通信,保障各种飞机实施陆上和海上的救生通信。此外,防空自动化指挥系统中的地空数据引导传输设备也属于地空通信系统。地空通信系统一般包括下列通信设备:机载通信电台、机载数据传输电台、机场塔台用通信电台、各级指挥所对空指挥用通信电台、各级指挥所对空数据引导通信电台、地面定向用通信电台、着陆雷达引导用通信电台、飞行员用救生通信电台和其他通信电台。

3)空中交通管制通信

为保证空中飞行活动能安全可靠和有效地进行,必须对空域以及空域中的飞行交通活动实施严密的控制。因此,全国性的空域管理系统,负责保障国家的全部航路与飞行业务。而在某些特定空域,或某些特定的军用航线内的空中交通管制系统,则由空军负责管理与控制。

空中交通管制中心对空中态势的了解和对飞机的控制,完全依靠通信系统传递有关飞行计划、飞行活动以及气象等信息。飞机利用所装备的 VHF/UHF 电台及航管应答机,接收地面空中交通管制中心的管理与控制,以避免飞机相撞或因其他自然灾害所造成的严重事故。

2. 数据链

数据链也称为战术数据信息链路,它是采用无线通信装备和数据通信规程,直接为作战指挥和武器控制系统提供支持、服务的数据通信与计算机控制密切结合的系统。它不仅能实现机载、陆基和舰载战术数据系统之间的数据信息交换,而且可构成点对点、一点对多点的数据链路和网状数据链路,使作战平台的计算机系统组成战术数据传输、交换和信息处理网络,为指挥人员和战斗人员同时提供有关的数据和完整的战场态势信息。

美军是从 20 世纪 50 年代开始研究数据链技术,迄今为止已完成 Link4A、Link11、Link16 和 Link22 等系统,目前广泛使用的国防部战术数据链是其数据链的典型标准,它由 Link16、可变信息格式和该系列派生的 Link22 组成。在使用方面归纳起来主要有以下 3 种:

（1）国家使用的数据链。如国防部通用数据链,主要用于传送国防部未经处理的数据,并可支持空对地雷达数据、图像、视频和来自友邻或无人驾驶飞行器的传感信息。

（2）国防部战术数据链。主要用于支持战斗部队战场空间的联合数据链路的需求。

（3）北约战术数据链。包括 Link1/2/3/4/4A/11/16/22 等标准,主要提供分队间的实时战术数据交换。

3. 太空通信系统

卫星通信是现代通信的主要方式之一,它在军事上和航天科技上有特殊的地位,是实现现代信息社会的核心科技内容之一。通信、计算机和图像等信息技术的发展,很多都与它密切相关。自从 1965 年开始投入运行以来,卫星通信已有 30 余年历史,它在全球通信、广播和导航定位等其他应用领域都得到了飞速的发展。

目前,美国拥有世界上最先进、最庞大的军用通信卫星系统。现役的军用通信卫星系统有"舰队卫星通信"（Fltsatcom）、"特高频后继星"（UFO）、"卫星数据系统"（SDS）、"国防卫星通信系统"（DSCS）、"军事星"（Milstar）等。其中,Fltsatcom 系统和 UFO 系统主要为陆、海、空军提供全球战术通信。SDS 是一种中继卫星系统,主要用于近实时地中继转发美国侦察卫星获取的数据。DSCS 为美国防部和陆、海、空三军提供全球战略、战术通信。"军事星"是美国目前最先进的战略和战术通信卫星系统。有重大军事应用价值的商用卫星包括"铱"系统和"跟踪与数据中继卫星"（TDRS）系统。其中,"铱"系统可为国防部 20000个用户提供卫星移动通信服务;TDRS 可为美军侦察卫星传送数据,具有重要的军用价值。

1.5.4　卫星导航定位系统

卫星导航定位系统的建立,最初完全是出于军事目的。随着冷战时代的结束,以及卫星导航定位系统的发展和完善,卫星导航定位中的国际协作活动日益增多,卫星导航定位中的商业化趋势也越来越明显,从而形成今后卫星导航定位技术的发展特点。目前,已经建成或正在建设的卫星导航系统包括以下几种。

1. 美国子午仪卫星导航系统

美国子午仪卫星导航系统,又称为海军导航卫星系统,于1964年在军事上正式投入使用,1967年开始提供民用,目前已停止使用。子午仪系统由空间部分、地面监控部分和用户三部分组成,只能提供二维导航信息,取得一次导航信息需对一颗卫星观测8min~10min,其定位精度优于40m,利用卫星的瞬时位置和测站坐标之间的数学关系,可计算出测站地心坐标。

苏联在20世纪70年代也建成过类似子午仪系统的奇卡达卫星导航系统。奇卡达由6颗导航卫星组成卫星网,轨道高约1000km,与赤道间夹角为83°,绕地球一周的时间为105min,系统工作频率为400MHz和150MHz。

2. GPS

子午仪卫星导航系统实现了全球导航定位,但不能实现连续的实时三维定位。为了克服子午仪卫星导航定位系统的这些局限,美国国防部于1973年正式批准陆、海、空三军共同研制国防卫星导航系统——全球定位系统,即GPS。

GPS计划自1973年起步,1978年首次发射卫星,1994年完成24颗中高度圆轨道(MEO)卫星组网,共历时16年,耗资120亿美元。截至2008年10月15日,在轨工作的GPS卫星共有30颗,其中有6颗标志GPS现代化第一步的BlockIIR－M卫星。

GPS计划的执行机构是设在美国空军系统部航天处的"联合计划办公室"。其人员来自于美国陆军、海军、空军、海军陆战队、国防测绘局、交通部,以及澳大利亚和北约九国的代表。办公室的职责主要是负责GPS计划的管理和协调,并提出有关政策和实施的建议。美国政府为了加强其在全球导航市场的竞争力,已于2000年5月1日午夜撤销对CPS的SA干扰技术,使得实际定位精度提高到20m,授时精度提高到40ns。

为了进一步提高GPS导航精度、可用性和完整性,世界各地大力发展各种差分系统,特别是利用地球静止轨道卫星建立的地区性广域差分增强系统,如WAAS、EGNOS和MSAS等,希望以此来提供附加区域卫星导航测距信号、导航精度校正数据和在轨导航卫星的可用性信息,成为显著提高导航精度和可靠性的重要手段。

3. GLONASS

俄罗斯要用20年时间发射76颗GLONASS,卫星1995年完成24颗中高度圆轨道卫星加1颗备用卫星的组网,耗资30多亿美元,系统运行由俄罗斯国防部控制。GLONASS 空间部分由 24 颗卫星组成,卫星高度为 19130km,位于 3 个倾角为 64.8°的轨道平面内,其周期为 11h15min。

GLONASS 系统计划始于 20 世纪 70 年代,这一系统需要至少 18 颗卫星才能确保向俄罗斯全境提供导航定位服务,如要提供全球定位服务,则需要 24 颗卫星。20 世纪 90 年代,系统所含卫星数量一度达标,但由于经费短缺,部分失效卫星未获更新。2009 年 2 月 12 日,俄罗斯中央机械制造研究所宣布,俄罗斯 2008 年年底发射的 3 颗 GLONASS – M 导航系统卫星已全部开始正常工作。至此,GLONASS 全球卫星导航系统在轨正常工作卫星总数已达 19 颗。目前这一系统使用的卫星有 GLONASS 和 GLONASS – M 两种型号,前者属于上一代卫星,使用寿命仅为 3 年,后者服务寿命为 7 年。新一代导航卫星 GLONASS – K 的研制工作处于收尾阶段,GLONASS – K 是俄罗斯全球卫星导航系统的第三代产品,与前两代卫星相比,它重量更轻,服务寿命至少为 12 年。预计首颗 GLONASS – K 卫星将在 2010 年初发射。届时,卫星导航范围可扩大至整个地球表面和近地空间,定位精度可望提高至 1.5m 以内。

4. 北斗系统

我国卫星导航产业经历了 10 多年的启蒙和培育阶段,目前已初具规模。自主建造的卫星导航系统统称为“北斗”,包括北斗 – 1 系统和北斗 – 2 系统。

北斗 – 1 系统由 2 颗经度上相距 60°的地球静止卫星对用户双向测距,由 1 个配有电子高程图的地面中心站定位,另有几十个分布于全国的参考标校站和大量用户机。系统于 2000 年发射了 2 颗试验卫星,2002 年进入试运行阶段,2003 年正式开通运行,之后又发射了 2 颗备份星,目前在轨卫星总数为 4 颗。总体来讲,北斗 – 1 系统具有以下 3 个主要特点:

(1) 区域覆盖。采用静止轨道卫星,覆盖区域包括我国领土及周边地区。

(2) 采用有源定位导航体制,即用户终端需要发射入站(返程)信号,系统具有定位、授时功能,但不具备测速功能。

(3) 具有短信报文通信功能。

北斗 – 2 系统分两个阶段建设,区域导航系统建设阶段,该系统将在 2010 年完成,目前已发射 2 颗卫星,最终由约 12 颗卫星组成,覆盖亚太地区;全球导航系统建设阶段,该系统将在 2015 年—2020 年建成,最终由约 35 颗卫星组成。其一期系统定位精度为 10m,授时精度为 20ns,整个系统的特点主要表现在以下几个方面:

(1) 由区域覆盖(亚太地区)逐渐转向全球覆盖。

(2) 采用类似于 GPS 系统的无源定位导航体制,将发射 4 个频点的导航信号。

(3) 系统的地球静止轨道(GEO)卫星发射北斗 – 2、GPS、伽利略的广域差分信息和完好性信息,其差分定位精度可达1m。

(4) 继承北斗-1系统的短信报文通信功能,并将扩充通信容量。

5. 伽利略(GALILEO)系统

GALILEO导航卫星系统是一个由欧盟运行管理并控制的全球导航卫星系统,系统与现在普遍使用的GPS相比,其功能将更加先进、更加有效、更为可靠。GALILEO计划的启动不仅使欧洲全面进入建设自主民用的全球卫星导航阶段,也将对全球的信息技术、经济和政治带来深远影响。系统由21颗以上中高度圆轨道核心星座组成,公布的卫星高度约为24000km。卫星位于3个倾角为55°的轨道平面内,另加3颗覆盖欧洲的地球静止轨道卫星,辅以GPS本地差分增强系统,首先满足欧洲需求,以实现米级定位精度。

GALILEO系统计划几经挫折后,终于在2001年4月5日欧盟交通部长会议上获得批准总投资为35亿欧元,主要投资将由欧洲联盟、欧空局提供,并从欧洲工业界和私人投资商中集资。GIOVE-A是第一颗GALILEO在轨验证单元测试卫星,于2005年12月28日成功发射。GIOVE-B的载荷更加先进,于2008年4月27日成功发射。测试卫星之后将是4颗在轨验证(IOV)GALILEO卫星,后者将会非常接近于最终的GALILEO定位卫星的设计。欧洲航天局计划2012年前完成全部星座的部署,并进入工程应用阶段。

1.5.5 空天信息对抗系统

信息对抗包括信息防护和信息进攻两个方面。信息防护是采用各种战术与技术措施来防止或减少敌方获取我方的有关信息,以及防止或减弱敌方对我方信息系统的干扰和破坏。信息进攻是指采用各种手段来破坏或削弱敌方的信息获取与信息利用能力。如果仅考虑空天信息对抗系统,则主要包括以下几种。

1. 机载电子战系统

机载电子战系统是目前作战效益最为突出和最具实力的作战手段,其效能已在海湾战争、科索沃战争和阿富汗战场上得到了充分体现。美军认为,只有提高作战平台的电子战能力,才能确保作战平台的态势感知能力、全球精确打击能力和可持续作战能力,才能提高飞机的战斗力和生存力。机载电子战设备包括电子侦察系统、有源/无源干扰系统、导弹告警系统、反辐射攻击系统、红外告警/红外干扰系统等。美国的F-18、F-16、F/A-18等主要战斗机,分别装有各种先进的干扰机、无源箔条/红外弹投放器、雷达告警接收机、红外告警接收机等。这些系统使飞机具有较强的自卫和攻击能力。

2. 反辐射导弹

反辐射导弹是一种利用敌方雷达等辐射源辐射的电磁波,发现、跟踪并摧毁雷达的导弹,又称反雷达导弹。它是三大类反辐射攻击武器之一,其主要作战对象是敌空中、海上和地面的各种防空雷达,包括预警雷达、目标指示雷达、地面控制截击雷达、空中截击雷达,以及相关的运载体和操作人员。显然,反辐射导弹是雷达面临的最大威胁。

反辐射导弹与其他导弹的区别主要在于导引系统,这个系统实际上是一部无源雷达,主要包括天线、导引头和弹头等部分。在载机发射控制状态,导引头搜索、捕获目标雷达,并向载机提供目标与导弹轴线的角度偏差,以及目标的大致距离。载机判别目标并控制导弹发射。在导弹飞行过程中,导引头继续自动搜索、捕获目标雷达,并自动引导导弹攻击目标。反辐射导弹至今已发展到第三代,并已广泛应用于战场。

目前,第三代反辐射导弹是以美国高速反辐射导弹(HARM)AGM - 88 为代表,还有英国的空射反辐射导弹(A - LARM)、俄罗斯的氚 AS - 17 等。

3. 电子战飞行器

电子战飞行器包括电子战飞机、电子战无人机和电子战直升机。

1)电子战飞机

电子战飞机是专门用于对敌方雷达、电子制导系统和无线电通信设备等实施电子侦察、电子干扰或攻击的作战飞机的总称,包括电子侦察飞机、电子干扰飞机和反雷达飞机等。通常用轰炸机、歼击机、强击机、运输机等改装而成。改装方式有内装式和外挂吊舱式两种。

2)电子战无人机

与有人驾驶电子战飞机相比,电子战无人机具有许多独特的优势:一是具有较完善的隐蔽突防能力;二是能提供高清晰度的图像情报;三是可有效地提高电子干扰效果;四是软硬杀伤结合。此外,无人机还具有构造简单、机动性强、部署快捷灵活、实时性强、可回收、效费比高、可避免飞行员伤亡等优点。在未来信息化战场上,一机多用的无人机是战场信息获取和信息压制的一种理想的平台。各种用途的电子战无人机与各种电子战手段互相结合、互为补充,成为电子战武器系统的一个重要组成部分。

3)电子战直升机

电子战直升机是对敌方雷达、电子制导系统和无线电通信设备等实施电子侦察、电子干扰或反辐射攻击的专用直升机。电子战直升机分为电子侦察直升机、电子干扰直升机和反雷达直升机等。

4. 太空信息作战武器

1)反卫星武器

反卫星武器主要由敌我识别系统、控制系统、动力系统和战斗部等组成,具有自动寻的、跟踪、变轨、变速和自爆等能力。战时根据作战需要,由火箭或飞机发射到地球近地轨道或同步轨道上,跟踪和拦截敌人军用卫星,通过自爆或者吸附方式摧毁敌人卫星,或者事先把它们部署在近地轨道上,战时通过变轨、变速自动拦截敌军卫星。

2)反卫星导弹

反卫星导弹由寻的器、战斗部、制导系统和动力系统等组成,战时由作战飞机高空发射,攻击近地轨道上敌各种军用卫星和其他航天器。

3)空天战斗机

空天战斗机又叫航空航天飞机,升天时不需要助推火箭,可像一般飞机一样起飞和着陆,发射成本比航天飞机少90%左右。它是一种高速的空天两用作战飞机,时速高达 $3Ma \sim 6Ma$,装备有反卫星武器。

1.6 小 结

本章以空天信息系统所涉及的主要概念为研究对象,在给出了空间的具体定义基础上,对相关飞行器进行归纳和分类,利用万有引力定律推导了不同的宇宙速度。结合信息论的基础知识,探讨了信息方面的相关问题,最后,对各类空天信息系统进行介绍。具体来讲,本章所涉及的主要内容包括以下几部分:

(1)从高度上对大气空间进行了划分,并对不同高度大气空间性质进行了介绍,分析了航空空间和临近空间具体特点。给出了宇宙空间的定义,介绍了航天器围绕地球飞行时的轨道参数,对航天器不同的轨道形式进行了分析和介绍。

(2)从多方面因素考虑,对航空器进行了分类。介绍了在轨人造卫星的运行状况,对目前空间平台、空间探测器、载人飞船、空间站、航天飞机和空天飞机进行了初步的介绍。

(3)在简要介绍太阳系组成结构基础上,利用牛顿的万有引力定律,推导了第一宇宙速度、第二宇宙速度和第三宇宙速度。

(4)讲解了信息论基础知识,介绍了信源的描述与分类,给出了信息的具体量度,即信息量的概念,离散信源的平均信息量,也就是熵进行了分析,结合信息传输的概念,对描述信息传输的各类物理量进行了介绍。

(5)对支持空天一体信息作战空天信息系统进行了介绍,从功能角度上介绍了侦察预警、指挥控制、网络传输、导航定位、信息对抗等空天信息系统。

思 考 题

1. 说明大气空间的基本组成,各层具有什么样的特点?

2. 简述航天器轨道的各种形式,并说明其特点。

3. 航空器是如何分类的?

4. 与航空器比较,航天器有什么特点?

5. 上网了解有关空天飞机的相关内容。

6. 设消息由符号 0、1、2 和 3 组成,已知 $P(0) = 3/8$,$P(1) = 1/4$,$P(2) = 1/4$,$P(3) = 1/8$。试求由 60 个符号构成的消息所含的信息量和平均信息量。

7. 如果已知发送独立的符号中,符号"e"和"z"的概率分别为 0.1073 和 0.00063,又知中文电报中,数字"0"和"1"的概率分别为 0.155 和 0.06。试求它们的信息量大小。

8. 每帧电视图像可以认为是由 3×10^5 个像素组成,所有像素均是独立变化,且每一像素又取 128 个不同的亮度电平,并设亮度电平等概率出现。问每帧图像占有多少信息量?若现有一广播员在约 10000 个汉字的字汇中选 1000 个字来口述此电视图像。试问广播员描述此图像所广播的信息量是多少(假设汉字字汇是等概率分布,并彼此无依赖)?若要恰当地描述此图像,广播员在口述中至少需用多少汉字?

第2章 空间环境分析

在近地轨道飞行的航天器,以及在大气空间飞行的航空器,会受到许多环境因素的影响。其中,地球引力分布的不均匀会对航天器运行轨道产生引力摄动。重力梯度会对航天器产生扰动力矩。地球大气是影响低地球轨道航天器工作寿命的主要因素,其不稳定的气象条件是造成航空器飞行事故的原因。空间带电粒子辐射对航天器和航空器使用的电子元器、仪器设备,以及人员均能产生损伤作用。地球电离层可以影响无线电波的传播,因而影响卫星通信、导航和定位。地球磁场将影响航天器姿态控制,以及航空器导航设备。除此之外,还有一些人为或自然因素会影响航天器和航空器的飞行安全。

本章将讨论空间环境的要素、形态及其对空天活动的影响,重点是太阳电磁辐射、地球大气、地球电离层、地球磁场,以及空间带电粒子辐射等对空天活动的影响。

2.1 太阳电磁辐射

太阳是一个中等恒星,它不断地发射出能量为 $4 \times 10^{26} \mathrm{J/s}$ 的电磁辐射,其中包含了从波长小于 $10^{-5} \mathrm{nm}$ 的 γ 射线,到波长大于 10km 的无线电波。太阳不同波长的辐射能量各不相同,可见光与红外光的辐射强度最大,占总通量的 90% 以上,无线电波、X 射线和紫外线占太阳总辐射的比例很小。日地平均距离,被记为 1AU, $1\mathrm{AU} = 1.485978930 \times 10^{8} \mathrm{km}$。

2.1.1 太阳辐射

太阳是一个炽热的气体球,可见的日面叫光球层,近似为 6400K 的黑体,发射出 300nm ~ 2500nm 的辐射。光球层上面是个透明的色球层,温度高达 50000K,发射出 150nm 以下的短波辐射。在色球层之上是日冕,温度高达 $1.5 \times 10^{6} \mathrm{K}$,日冕的高温辐射在 150nm 以下,同时还存在无线电米波发射。此外,太阳的连续辐射谱在不同波段上还分别叠加了吸收线和发射线。在可见光部分叠加的是很弱的吸收线,波长小于 140nm 处有许多强发射线。

地球能量主要来源于太阳。太阳辐射供给了地球热量,加热地球大气。在航天活动中,太阳辐射能是航天器电源的主要能量来源。太阳的可见光和红外辐射、地球对太阳辐射的反射,以及地球大气系统自身的热辐射构成了低地球轨道(LEO)航天器的外热源,直接影响航天器的热设计。

太阳电磁辐射是指在电磁谱段范围内的太阳辐射输出。由于地球围绕太阳在一个椭圆轨道上运行,在一年内日地距离在不断变化,使得地球接收到的来自太阳的总电磁辐射能也在不断变化,其幅度变化约为3.3%。表2-1给出一年不同时期中,地球大气层外垂直于太阳光线的单位面积,在单位时间内所接收到的太阳辐射能的变化情况。

表 2-1　到达地球的太阳辐射能随日地距离的变化

日期	太阳辐射功率/(W/m²)	日期	太阳辐射功率/(W/m²)
1月3日(近日点)	1399	7月4日(远日点)	1309
2月1日	1393	8月1日	1313
3月20日(春分)	1365	9月23日(秋分)	1345
4月1日	1355	10月1日	1350
5月1日	1322	11月1日	1374
6月21日(夏至)	1310	12月22日(冬至)	1398

通常,采用太阳常数来描述太阳电磁辐射。太阳常数是指在距离太阳一个天文单位处,在地球大气层之外垂直于太阳光线的单位面积上,单位时间内接收到的来自太阳的总电磁辐射能,单位为 W/m²。美国国家航空航天局(NASA)所采用的太阳常数值为

$$S = 1353 \pm 21 \ (J/m^2 \cdot s) \tag{2-1}$$

我国航天工业也采用此值作为部颁标准。

对于太阳电磁辐射而言,波长在0.276μm～4.96μm范围内的光谱占总太阳能的99%,在0.217μm～10.94μm范围内占99.9%。实际测量证明,大气内、外太阳电磁辐射谱与5762K黑体辐射非常近似。

2.1.2　太阳黑子和太阳活动

太阳黑子就是在太阳光球层上看到的暗区域。黑子呈现黑子群,主要出现在5°～30°太阳纬度之间。黑子活动又称太阳活动,它呈现出平均11年的变化周期性。但所有的太阳活动周期并不都一样,它基本上是11年的长周期调制。到目前为止,有记录的太阳活动最强的出现在1958年的头几个月内,太阳活

动极小年是 1954 年和 1964 年, 2013 年将处于太阳活动周的高峰期。太阳活动还存在 27 天的周期变化, 最近的研究指出, 在 11 年周期内还存在准周期变化, 最显著的是 13 个月的周期或称 15 个太阳自转周。

太阳活动的另一种现象, 是出现在光球层的小面积上的突然闪亮, 保持可见时间从几分钟到几小时, 这就是太阳耀斑。到目前为比, 有记录的最强烈的太阳耀斑爆发出现于 1989 年 10 月。太阳耀斑释放出的能量约为 10^{25}J, 会引起地球高层大气扰动。

太阳在耀斑爆发期间射电发射大大增强, 并且发射区是可见的。耀斑期间的太阳发射非常复杂, 其射电的总发射量是太阳活动性的标志, 尤其是波长为 10.7cm 的射电发射, 其流量被称为 10.7cm 射电流量, 该流量的观测值是太阳活动预报的重要参考数据之一。用窄波束天线对日面进行扫描, 可绘制出太阳活动区位置。当然, 也可以利用光学方法对太阳活动区进行分辨。

太阳的可见光和红外辐射随太阳活动的变化很小, 但粒子辐射、X 射线、紫外辐射和无线电波随太阳活动则有急剧的变化。

2.1.3 地球大气外的太阳光谱

航天活动关心的是地球大气外的太阳光谱分布。由于测量仪器的影响, 通常只能得到某一波长周围有限波长间隔内的太阳辐射通量平均值。

1. 光压

太阳辐射作用于物体表面而产生的辐射压称为光压, 在近地轨道上运行的航天器要受到太阳光压的作用。

若辐射垂直于物体表面, 单位时间内投射到单位面积上的能量为 S, 则与这部分能量相对应的动量为 S/c, c 表示光速。对于全反射表面, 垂直于太阳辐射方向的表面所受的光压为

$$\frac{2S}{c} = 9.02 \times 10^{-6} (\text{N/m}^2) \qquad (2-2)$$

在地球轨道附近, S 就是太阳常数, 等于 $1353 \pm 21 (\text{J/m}^2 \cdot \text{s})$。

2. 太阳紫外辐射

太阳紫外辐射按波长划分为两个区域: 近紫外 (380nm ~ 310nm)、中紫外 (310nm ~ 170nm) 和远紫外 (170nm 以下)。近紫外光谱的特点与可见光类似, 即在很强的连续发射谱上叠加吸收线。中紫外光谱在 208.5nm 上也是连续谱上叠加吸收线, 但在 208.5nm 以下叠加的吸收线变弱, 并开始出现发射线。波长比 170nm 更短的远紫外光谱仅叠加有发射线。

太阳紫外辐射仅占太阳总辐射量的 8.8%, 但对飞行器外表面材料的影响

十分明显,且太阳紫外光谱辐射通量随太阳活动而变化。

3. 太阳 X 光辐射

太阳 X 光辐射源于太阳高层大气的日冕,它由三部分组成:一部分来自于静日冕;辐射通量另一部分来自长寿命日冕活动区,如位于光球的黑子、耀斑等上空的日冕区域,这部分有 21 天周期;最后一部分是 X 光暴,常伴随着剧烈的太阳活动而生成。

在没有太阳暴发的情况下,太阳 X 光最大通量约为 $5 \times 10^{-6}(\mathrm{J/m^2 \cdot s})$,其最小通量为 $3 \times 10^{-7}(\mathrm{J/m^2 \cdot s})$。在太阳活动最小年,0.1nm ~0.8nm 和 0.8nm ~2nm 的 X 射线通量的波动分别约为 5 倍和 2 倍。随太阳 11 年活动周期的变化,不同波长范围的太阳 X 射线通量的相对变化量:4nm ~6nm 约为 20 倍,0.8nm ~2nm 约为 200 倍,0.1nm ~0.8nm 可达 2 个 ~3 个数量级,0.05nm ~0.3nm 则高达 4 个 ~5 个数量级以上。太阳 X 射线爆发延续的时间尺度为几分钟到几个小时。

4. 地球的反照和热辐射

入射到地球大气中的太阳辐射能,有一部分受到地球大气的散射和云层及地面的反射,重新返回到宇宙空间,这部分辐射被称为反照。辐射到宇宙空间的地球和大气系统的热辐射称为地气系统射出辐射,简称地气辐射。地气辐射和地球反照跟太阳辐射一样都是空天航行器设计中必须考虑的重要因素。

通常,利用地球反照率来描述地球反照的强弱程度。地球反照率是指总入射的太阳辐射被地球大气反射,以及云层、地面反射回空间的比例。地球反照率随太阳天顶角、观测角以及反射面的不同而存在差异。云层的反照率约为 0.10 ~0.80,陆地为 0.05 ~0.45,而水面为 0.03 ~0.20,但对地球反照率影响最大的是云层的分布特性。因此,虽然南北半球的水陆分布存在很大的差异,但其反照率对赤道基本对称,这一特性已被观测结果所证实。从赤道到两极,其反照率约从 0.25 增加到 0.60 全球的反照率平均值为 0.30 ±0.02。

地球反照率还随着时间的变化而变化,其日变化和季变化仅约为 15%,NASA 所采用的地气系统射出辐射平均值为 237 ±7($\mathrm{J/m^2 \cdot s}$),其季节变化约为 ±30%,而短期变化的幅度也基本在这个量级。从赤道到两极,射出辐射约从 250($\mathrm{J/m^2 \cdot s}$)减小到 140($\mathrm{J/m^2 \cdot s}$)。由于地球大气中的水汽、二氧化碳和臭氧等气体的吸收特性,地气系统射出辐射谱中有明显的吸收带结构。

2.2　地　球　大　气

2.2.1　地球大气的分层结构

地球大气是指被地球引力场和磁场所束缚,包裹着地球陆地和水面的气体层。通常,地球大气仅指地球周围的中性大气层,主要集中在 0km ~ 50km 的高度范围之内,约占地球大气总量的 99.9% 左右,而在高度大于 100km 的空间仅占 0.0001% 左右,高度在 90km 以上的大气称为高层大气。地球大气中,N_2、O_2、Ar 和 CO_2 的含量最高,约占大气总量的 99.997% 左右。

中性大气是低地球轨道航天器所遇到的特有空间环境,100km ~ 1000km 高度范围正处于大气的热层和外层大气之中。中性大气对航天器的影响主要有两个方面:

(1) 大气密度对航天器产生阻力,它将导致航天器寿命、轨道衰变速度和姿态的改变;

(2) 高层大气中的原子氧作为一种强氧化剂,与航天器表面材料发生化学效应,从而导致航天器表面材料的质量损失、表面剥蚀,甚至出现物理、化学性能的改变。

随着距地面的高度增加,地球大气根据大气温度或者大气成分的不同,可在垂直方向上划分为若干层。具体情况如图 2 - 1 所示。

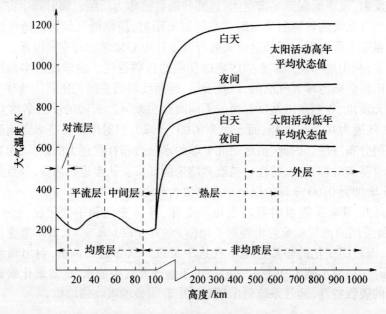

图 2 - 1　大气分层结构的示意图

1. 按温度的垂直分布划分

1) 对流层

对流层大气处于与地球表面辐射、对流平衡状态,湍流是它主要的能量耗散过程。对流层内温度随高度的增加而较均匀地下降,温度递减率大约为

6.5K/km。对流层顶的高度从极地至赤道是倾斜的,极地约为 6km ~ 8km,赤道地区为 16km ~ 18km,极地和赤道对流层顶的大气温度可分别下降到 220K 和 190K。

2)平流层

平流层是指从对流层顶以上至温度出现极大值所在高度的大气层。地球大气中的臭氧主要集中在平流层内,臭氧吸收太阳紫外辐射,平流层内温度随温度升高而增高,平流层顶的高度约在 50km 处,其平均温度约为 273K。

3)中间层

中间层是指从平流层顶以上至温度出现第二极小值所在高度的大气层。中间层内温度随高度升高而下降,其降温的主要机制是二氧化碳发射的红外辐射。中间层顶的高度约在 85km 处,其平均温度约为 190K,高纬地区中间层顶温度有强烈的季节变化,夏季可降至 160K。

4)热层

热层指从中间层顶以上大气温度重新急剧升高,直至包含一部分温度不再随高度变化的高度区间的大气层。在 90km ~ 200km 高度,由于大气吸收太阳辐射总波长小于 200nm 的远紫外辐射,引起大气分子的光化、电离,并伴随着放热过程,使得大气温度随高度有陡峭的增高。在 200km 高度以上,随着高度增加,储存在大气中的热量逐渐减少,热层大气就逐渐趋近于等温状态。太阳活动情况不同,热层顶的高度和温度有较大的变化,热层顶高度大致在 400km ~ 700km 之间变化,热层顶温度大致在 500K ~ 2100K 之间变化。

5)外层大气

热层顶以上的等温大气称为外层大气。由于原子氢和氦的质量较轻,并且它们还具有一定的能量,所以有时它们能脱离地球重力场,逃逸到外空间环境中去,因此外层大气也叫逃逸层。它的低层主要是原子氧,再向上主要是氦,在更高的高度上主要是原子氢。太阳活动和磁暴对外层大气也有较大影响。

2. 按大气成分的均一性质划分

1)均质层

从地面至约 90km 高度的大气层,基本上包含对流层、平流层和中间层都属于均质层。均质层大气通过湍流使大气成分均匀混合,大气成分基本均一,平均摩尔质量为常数。均质层遵从流体静压方程和理想气体状态方程。

2)非均质层

均质层顶之上,大气成分随高度有明显变化的大气层,基本上包含热层和外层大气,这部分属于非均质层。非均质层大气的平均摩尔质量随高度而降低,105km 以下的非均质层大气湍流混合起主要作用,平均摩尔质量的降低是氧分解的结果,这部分大气仍满足流体静压方程和理想气体状态方程。105km 以上的大气在重力场作用下,分子扩散作用超过湍流混合,大气处于扩散平衡状态,每种大气成分的分布遵循各自的扩散方程。大气压力、密度随高度增加以指数形式下降。非均质层下部的主要大气成分是氮气、原于氧和氧气,其上部的主要成分为原子氧、氦和原子氢。

2.2.2　太阳活动对地球大气的影响

太阳是决定地球高层大气性质的最主要的因素。太阳的电磁辐射进入大气以后,其中的紫外、远紫外辐射和波长更短的 X 射线立即被大气吸收,来自外空的高能带电粒子也在这里被大气吸收(主要在极地区域),吸收的能量加热大气,使其达到 1000K ~ 2000K 的高温。因此,当太阳紫外辐射和 X 射线的强度发生剧烈的变化时,高层大气的温度和密度也随之发生剧烈的变化,导致了在太阳活动高年和低年时,高层大气密度有很大的差别。高度越高,差别越大,在200km 高度上可相差 3 倍 ~ 4 倍,在 500km 高度上相差 20 倍 ~ 30 倍,1000km 高度上则可相差 100 倍。太阳光投射角度的不同,还造成高层大气具有季节变化、地方时变化以及随纬度的变化。

由于太阳具有 27 天的自转周期和 11 年的活动周期等变化,受它的调制,地球大气温度和大气成分也有着明显的逐日变化和 27 天变化等,特别具有 11 年的周期变化。反映太阳活动对高层大气影响的重要物理量就是 10.7cm 太阳射电流量。

地球自转导致热层大气存在昼夜变化,在 200km 以下,大气温度和密度的昼夜变化不十分明显。随着高度的增加,大气呈现明显的昼夜变化。一般情况下,大气温度的极大值出现在地方时午后 15 点,极小值出现在凌晨 3 点,而大气密度的极大值出现在地方时午后 14 点,极小值出现在凌晨 4 点。

当太阳爆发时,由太阳风带来的带电粒子碰撞地球磁层,发生磁暴。带电粒子带来的大量太阳辐射能量,使大气温度和密度都急骤增加。高层大气对磁暴的响应滞后时间平均为 6.7h。

地球在黄道面环绕太阳公转,由于黄道面与地球赤道面有倾角,地球每年两次经过太阳赤道面,使得热层大气存在明显的半年变化,10 月份大气温度和密度达到极大值,4 月份次极大,7 月份达到极小值,1 月份次极小。在太阳活动高年,高层大气的半年变化幅度增大。

由于非均质层中的氧原子是太阳光中紫外光部分与氧分子相互作用,并使之分解而形成。因此,在同一高度上,太阳活动高年时,氧原子的密度要比太阳活动低年时高。

2.2.3　大气模式

地球大气状态是千变万化的,描述大气状态和变化过程的模型称为大气模式。它是以数学方程组表示的理论模型,或是以观测资料为基础的统计模型。大气结构参数在不同条件下的时间和空间分布是不一样的。所谓大气结构参数,是指描述大气物理和化学状态的基本参数,如密度、温度、压力和成分等,以及大气运动的空间分布和随时间变化的规律。影响大气结构参数的因素很多,相应关系复杂。因此,在实际应用中,大气模式只能给出近似模型。目前,高层大气模式的最大误差在 20% 左右。

在工程设计中,常遇到标准大气表和参考大气。标准大气是指在遵守理想气体定律和流体静力学方程的条件下,人为假设的一种大气温度、压力、密度的垂直分布模型,它粗略地代表中纬度的年平均大气状态。国际标准化组织(ISO)于 1973 年 9 月把美国 1962 年标准大气 50km 以下部分作为国际标准,代号为 ISO/TC20/SC6。后来,又把美国 1976 年标准大气 50km ~ 80km 部分作为暂定标准,作为 ISO/DIS2533 文件的补遗。

参考大气是以理想气体定律和流体静力学方程为基础,假设代表地球上各种地理条件和季节变化的一组大气温度、压力、密度的垂直分布,参考大气与标准大气模式的不同之处,主要是参考大气考虑了大气随地理纬度和季节的变化,以及随时间和太阳活动的变化,实际上参考大气在某种程度上代表了大气的动态特性。

目前,在航天领域内常见的高层大气模式,主要有 Jacchia 模式、MSIS 模式及 MET 模式。Jacchia 模式是美国马歇尔飞行中心(MSFC)编制的参考大气模式,它使用 1958 年—1975 年共 17 年的卫星阻力资料所编制。因此,这一模式在进行轨道跟踪测量与真实大气拟合得最好。

MSIS 是非相干散射雷达大气模式的英文缩写,它是美国哥达德飞行中心(GSFC)编制的参考大气模式,主要有 MSIS86、MSIS90 等。这个模式考虑了大气成分分布的影响,利用星上质谱仪所测中性大气成分,以及非相干散射雷达所测的温度资料,编制成时间和空间覆盖较宽的模式,它揭示出比卫星阻力模式尺度更小的复杂动力学过程。

MET 是马歇尔飞行中心(MSFC)以 Jacchin70 模式为基础,专门为空间站设计而编制的大气模式,于 1988 年正式应用,称为马歇尔工程热层模型,即 MET 模型,并将此推荐给国际标准化组织(ISO),作为 120km 以上高度的大气模式国际标准。

任何一种大气模式都力图根据使用要求,尽可能反映大气随季节、昼夜、纬度、太阳活动而变化。实际上,高空物理过程相当复杂,要从理论上得到大气主要物理量的真实分布是不现实的,但完全采用实测资料来建立大气模式也是十分困难的。所以,现有模式绝大部分是半经验半理论的。

2.3 地球电离层

电离层是地球大气的一个重要层区,它是由太阳电磁辐射、宇宙线和沉降粒子作用于地球高层大气,使之电离而生成的由电子、离子、中性粒子构成的能量很低的准中性等离子体区域。它处在 50km 至几千千米高度间,温度在 180K ~ 3000K 之间,其带电粒子(电子和离子)的运动受到地磁场的制约。因此,在电波传播领域又称电离层介质为磁离子介质。

2.3.1 电离层结构

描述电离层最基本的参量是电子密度,通常按照电子密度随高度的变化来划分电离层的结构。随着高度的变化,电离层电子密度出现几个极大值区域(又称为层),依次分为 D 层、E 层和 F 层。

电离层电子密度的高度分布随昼夜、季节、纬度和太阳活动而变化。由于白天和晚上的太阳电磁辐射不同,电离层结构也有所不同,在夜间 D 层消失,而 E 层和 F 层电子密度减小,太阳活动高年和低年中,太阳电磁辐射的差异也导致电离层电子密度有很大差别。但共同的特点是在 200km ~ 400km 高度之间电子密度有一个明显的峰值,这是因为在更高的高度上,虽然太阳电磁辐射很强,但大气较为稀薄,因此电子密度较低。在更低的高度上,大气原子和分子的数目虽然多了,但太阳电磁辐射由于高层大气的吸收而减弱,大气密度的增加也导致电离成分和中性成分的碰撞概率增加,从而使电子密度降低。因此,考虑到昼夜情况的不同,图 2 - 2 给出了电离层的结构示意图。

D 层是最低的电离层,一般处于高度为 50km ~ 90km 的区域,主要的电离源是太阳 X 射线。该层的电子密度随高度的变化而迅速变化,具有较大的日变化,地方时午后出现最大值,午夜具有最小值,典型的正午值为 10^2cm^{-3} ~ 10^3cm^{-3}。同时,该层还具有显著的季节变化,最大值出现在夏季,但最小值并非出现在冬季。

E 层处于高度为 90km ~ 130km 的区域,由正常 E 层和偶现 E 层两部分构成。正常 E 层的电子密度严格符合查普曼模式,最大值近中午出现,随季节的变化较大,夏季呈最大。随太阳活动呈正相变化,太阳活动最大时,同一地点白天 E 层的最大电子密度可增加 10% 左右,最大电子密度出现在 110km 高度附

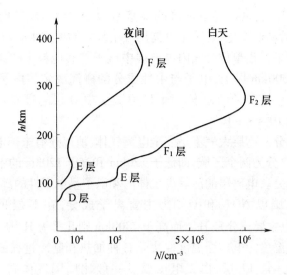

图 2 - 2　常电离层结构示意图(中纬度地区)

近,约为 10^5 cm $^{-3}$,夜间剩余值一般很小,约为(10^3 cm $^{-3}$ ~ 4×10^3 cm $^{-3}$)。偶现 E 层又称为 E_s 层,是出现在高度 100km ~ 120km 的 E 层上的异常电离,它的形态多样,与太阳辐射几乎没有直接关系。E_s 层在不同纬度上具有明显的不同特征,在低纬度主要出现在白天,在中纬度主要出现在夏季,而在极区多出现在夜间。E 层基本上为太阳光电离辐射所控制。

F 层处于高度为 130km 直到几千千米的广大区域,有时可分出 F1 层和 F2 层两部分,上、下两部分呈现不同的变化。F1 层处于 130km ~ 210km 高度上,其最大电子密度约为 2×10^5 cm $^{-3}$,符合查普曼模式,夜间一般失去 F1 和 F2 层的区别。F2 层是电离层的最高电离区域,处于高度 200km 以上区域,其白天的电子密度为 10^6 cm $^{-3}$ 量级,夜间为 5×10^5 cm $^{-3}$ 左右。F2 层不符合查普曼模式,因为它除了受太阳辐射作用外,还受像风、扩散、漂移等动力学效应的强烈影响,F2 层最大电子密度也具有明显的昼夜和季节变化。F 层电子密度有明显的纬度变化,电子密度相差达两个数量级以上。F 层在峰值以上部分的电子密度随高度的减小,电子密度缓慢减小,直至 5000km 高度处的电子密度仍达 10^3 cm $^{-3}$ 左右。

2.3.2　电离层参数与反常现象

在应用中,主要的电离层参数有电子密度、碰撞频率、中性成分、离子成分及电离层温度等。

(1)电子密度。又称为电子浓度,即电离层中单位体积内电子的数量,单位

为 m^{-3} 或者 cm^{-3}。它是描述电离层的最基本参量。由于电子密度随周日、季节、纬度和太阳活动而变化,几乎不可能用一个统一的模式来表示这些变化。

(2)碰撞频率。指单位时间内电离层中电子与其他粒子的碰撞次数之和,单位为 s^{-1}。在 300km 以上,电子与中性成分的碰撞决定了电子的碰撞频率。碰撞频率正比于中性粒子的密度。因此,电离层中 D 层的碰撞频率最高,总有效碰撞频率高达 $10^5 s^{-1} \sim 10^7 s^{-1}$。

(3)中性成分。高层大气不是完全电离气体,所以还有未被电离的气体,即中性大气成分,它分为两个区域,即低于 120km 和高于 120km 的中性大气。

(4)离子成分。电离层的冷等离子体内和电子呈电中性的部分就是离子成分,在低高度区域以 NO^{+1} 和 O_2^+ 为主要离子成分,在 F 层顶以 O^+ 为主。1000km 高度以上主要成分是 H^+,而高于 2800km 则几乎为 H^+ 所独占。

(5)电离层温度。电离层温度取决于各种加热和制冷过程的平衡,以及它的周变化和季变化。F1 层,白天电子温度一般比周围气体高 2 倍。在低于 250km 的区域,引起热电子冷却的主要是中性成分的碰撞。离子的温度在 600km 以上与电子温度相当,且两者都超过中性气体温度。

当然需要注意,电离层除了具有上述正常结构背景以及不均匀结构以外,还有伴随着太阳耀斑、磁暴等全球性扰动过程,进而出现的电离层突然骚扰、电离层暴以及极区反常等现象。

(1)电离层突然骚扰。太阳耀斑爆发几分钟后,电离层的低层,主要是 D 层,经常会出现电离度突然剧烈增强的现象,称为电离层突然骚扰。它造成日照半球上短波与中波信号立即衰落甚至完全中断,长波和超长波的天波相位发生突变,地磁出现扰动。通常骚扰持续时间为几分钟到几小时左右。这种现象几乎牵涉到无线通信和地球物理的一系列电磁现象,它的出现率随太阳活动的增强而增加。

(2)电离层暴。由太阳耀斑引起的一种电离层扰动。太阳耀斑爆发时,由于太阳局部发生扰动,抛射出大量带电粒子流或等离子体"云",这些粒子流到达地球后,破坏了电离层的正常结构,引发电离层暴。通常伴随着磁暴与极光现象的发生,通常发生时间迟于太阳耀斑爆发 36h 左右,持续时间为数小时以至数日。电离层暴发生时,极区的变化最为剧烈,中纬区变化较有规律,F 层最大电子密度下降、最大高度上升,而赤道区的最大电子密度上升。电离层暴涉及范围广,可以遍布全球,在极光带最为严重,电离层暴的强度和出现频率与太阳活动有密切关系。电离层暴对短波通信影响较大,短波吸收加剧甚至中断,造成无线电信号不稳,最高可用频率下降,信号场强大大减弱,以致无法维持通信。

(3)极区反常现象。极区电离层与中、低纬电离层的区别在于极区的太阳光照条件的日变化和季节变化均比较小而且缓慢,容易受到太阳带电粒子流的影响。在极区经常产生极光和磁扰,甚至在磁静时期极区电离层扰动也很大。在磁扰期间,极区电离层有复杂的结构和变化,随磁暴的增长,E_s 层反射更高的频率,F 层回波消失。磁暴最大时,"回波"中断,即出现极盖吸收事件,这是由于太阳耀斑喷发出的质子进入极盖区,使 D 层电离剧增而造成该区对电波的吸收剧烈增强。同时,在夜间还出现极光带吸收事件。

2.3.3 电离层对空天活动的影响

1. 对通信系统的影响

电离层对无线电波存在严重的影响,它对在其中传播的电磁波产生折射、反射、散射、吸收、色散和法拉第旋转等,改变电波传播路径,出现电波时延、信号衰落,使得通信质量下降。电离层内的不规则体使通过的信号产生闪烁,造成经电离层传播的电波幅度、相位、到达角和偏振特性发生不规则的起伏,千兆赫频段的信号幅度起伏可达 10dB,还可以引起电波聚焦或散焦,甚至造成电波信号丢失。局部电离还会改变飞行器上天线的阻抗特性,还可能产生噪声。

2. 对航天器定轨系统的影响

电波在电离层中传播时,由于电离层的运动或其特性随时间的变化,电波在电离层中传播的路径随时间变化,表现为接收站收到的电波信号频率发生偏移。因此,在利用电波的多普勒效应测量来确定航天器的轨道时,必须根据实时的电离层信息来进行修正。

3. 对航天器轨道和姿态的影响

电离层中的电子和离子,对航天器的运动可以产生较小的阻力。当大尺度航天器(如空间站)运行在电离层环境中,会有大面积高负电位,这将增大它们和正离子的作用面积,从而使阻力增大。当航天器横切磁力线飞行时,会产生感生电动势,并通过周围的等离子体形成电流回路又将产生新的阻力。

4. 航天器的充电效应

空间等离子体导致的航天器充电可以分为两种形式:

一种是能量不能穿透航天器表面的等离子体与航天器相互作用而产生的表面充电。在能量和密度大致相近的电子和粒子所构成的等离子体中,电子热运动速度远高于离子,所以运行于其中的航天器的表面将有大量的电子沉积而带负电,其带电电位大致与电子热能相当。由于航天器不同的表面部分可以处于不同的环境及相对运动方向不同的方位中,加之表面材料的性能不同,因而可以使其带有不同的电位,并形成不均匀充电,出现电位差。

另一种等离子体充电形式是内部充电,它是能量高于几十千电子伏的电子入射到航天器上,可以穿透航天器表面,在航天器表面之下聚集并形成充电现象。

不论是航天器表面充电还是内部充电,当充电电位达到一定值时,就会发生静电放电,从而对航天器电子系统产生影响。当航天器表面不是良导体结构时,充电问题最为突出。

5. 对航天器电源系统的影响

运行在 400km ~ 500km 以上高度轨道的航天器的高电压太阳电池阵,由于周围等离子体的高导电性,会使电池阵的裸露导体部分与之构成并联回路,从而造成电源电流的无功泄露,降低了电源的供电效率。在电源功率为 30kW,工作电压为 200V 时,这种电流泄露造成的功率损耗可达 3% 左右。

2.4 地球磁场

地球附近空间充满着磁场。按磁场起源的不同,地球磁场可以分为内源场和外源场两个组成部分。内源场起源于地球内部,包括基本磁场和外源场变化时在地壳内的感生磁场。外源场起源于地球附近的电流体系,包括电离层电流、环电流、场向电流、磁层顶电流及磁层内其他电流。在几百千米到几个地球半径高度的空间,地球磁场大体呈现为偶极子磁场。

由于地球内部磁源分布的变化和影响,存在着南大西洋负异常和东亚大陆正异常等区域。这些地磁异常区,特别是南大西洋负磁异常区,对空天活动有着重要影响。

外源场中的重要部分来自太阳风,即太阳喷发出来的等离子体。由于它具有极高的导电率,在它到达地球附近时,组成太阳风的电子和离子在地磁场的洛伦兹力作用下,向相反方向偏转,形成一个包围地球的腔体,称为磁层。等离子体被排斥在磁层以外,地球磁场则被包围在磁层以内,等离子体和磁层的边界称为磁层顶,地磁场只局限于磁层顶以内的空间。磁层顶上的电流产生的磁场叠加在偶极子磁场上,使磁层顶的形状在向阳面近似为压扁的半球,在日地连线上距离地球最近,约为 10 个地球半径,在背阳方向则近似为圆柱体,磁尾可延伸至 1000 个地球半径的空间。

地磁场是最重要的空间环境参数之一,它控制着近地空间带电粒子的运动,并通过大气增温对航天器轨道运动产生影响。同时,地球磁场对空天活动的影响还表现在产生磁力矩对航天器姿态造成干扰。当航天器具有剩余磁矩 M 时,它将受到磁力矩 $L = M \times B$ 的作用而改变姿态。另一种情况是对于具有导电回路的自旋稳定航天器,当它在地磁场中自旋时,导电回路切割磁力线会产生感应电流,地磁场与感应电流的相互作用将使航天器的姿态受到影响。

1. 基本磁场

地球磁场的主要部分是内源场中的基本磁场。基本磁场是地球固有的磁场,起源于地核中的电流体系。地球基本磁场十分稳定,只有极缓慢的长期变化,年变率在千分之一以下。基本磁场又分为偶极子磁场、非偶极子磁场和地磁异常等几个部分。偶极子磁场是地磁场的基本成分,约占地磁场的90%。可用中心偶极子来粗略描述地球磁场,中心偶极子位于地球的几何中心。但是,如果磁偶极子不在地球几何中心,而在地球的某一位置,则它的磁场比中心偶极子更接近真实的地球磁场,这个偶极子叫作偏心偶极子。

偏心偶极子的偶极矩、偏离地心的距离和偏离方向都缓慢地变化。1996年,偶极子偏离地心的距离约为451km,偏离方向是15.6°N、150.9°E(向着太平洋方向),偏心偶极子的磁轴与地面的交点分别位于75.0°S、120.4°E 和81.0°N、84.7°W,磁矩与中心偶极子相等。1900年以来的磁矩可用经验公式表示为

$$M = (15.77 - 0.003951t) \times 10^{15} (\text{Tm}^3) \qquad (2-3)$$

式中:t 为以年为单位自公元元年算起的时间,1980 年的磁矩为 $7.95 \times 10^{15} \text{Tm}^3$。

偶极子的磁轴垂直面与地表相交的大圆称为磁赤道,实际地磁场的磁赤道是地球赤道附近的一条曲线。磁赤道处的磁场强度为0.3G(高斯),磁场方向大致与地面平行。偶极轴与地面的交点为地磁极,南北半球各有一个,分别称为南磁极和北磁极,实际地磁场的磁极位置在不断地缓慢变化。磁纬从0°增加到90°时,磁场强度约增加1倍。

2. 地磁场模式

地球基本磁场在地球以外的空间是一个位势场(电流为零),磁位势 V 满足拉普拉斯方程,利用级数可以展开为

$$V = a \sum_{n=1}^{\infty} \sum_{m=0}^{\infty} P_n^m(\cos\theta) \left[g_n^m \cos m\lambda + h_n^m \sin m\lambda \right] \left(\frac{a}{r} \right)^{n+1} \qquad (2-4)$$

式中:V 为磁场位势;a 为地球半径,取 6371.2km;r 为到地心的距离;B 为地理纬度;λ 为地理经度;$P_n^m(\cos\theta)$ 为 n 次 m 阶的拟规格化勒让德函数;g_n^m、h_n^m 为基本磁场的高斯系数。

只要给出高斯系数,就可由式(2-4)计算出地球周围空间任意一点的基本磁场。基本磁场模式就是根据大量的空间探测结果,拟合求出的具有一定阶数 N 的高斯系数 g_n^m 和 h_n^m,一套高斯系数即可给出任意一点的空间磁场的强度和方向。选用不同的地磁场探测数据,拟合得到的高斯系数也不同,可以得到不同

的地磁场模式。世界各国科学家根据不同的资料和用途编制了几十种地磁场模式,但以国际地磁和高空物理协会(IAGA)发表的国际参考磁场模式(IGRF)最为系统和完整,是目前被广泛采用的地磁场模式。从 1945 年开始,IGRF 模式每 5 年更新一次系数,如 IGRF90、IGRF95。

3. 地球变化磁场

地球的变化磁场可分为平静变化场与扰动变化场。平静变化包括磁静太阳日变化和年变化等,扰动变化包括磁暴、亚暴、钩扰、太阳扰日变化和地磁脉动等。磁暴是扰动变化中最强烈的一种,是一种全球性的强扰动,扰动变幅最高可达 100γ。地球的变化磁场比较复杂,到目前为止还没有完整的模式可描述,但它在空间环境的扰动中又非常重要,常常是空间环境扰动状态的重要标志。

4. 地磁指数

表示地磁活动性大小的数字叫地磁指数。常用的地磁指数为 K 指数,它是以各地磁台站地磁记录图上,每 3h 间隔内地磁场分量变化幅度最大者为基础,来确定的地磁指数,因此 K 指数也称为三小时变幅指数,共分 10 级,分别用 $0 \sim 9$ 表示,$K = 0$ 表示磁静,$K = 9$ 表示磁场变化很大。

2.5 空间粒子辐射

高能带电粒子辐射是航天器轨道上严重威胁航天活动的重要环境要素,其主要包括地球辐射带、太阳宇宙线和银河宇宙线 3 个来源,这些辐射与太阳活动密切相关。高能带电粒子与航天器上的电子元器件及功能材料发生相互作用,能够产生各种辐射效应,从而对航天器产生不良影响。在载人航天中,空间粒子辐射还能够对航天员的身体造成损伤,甚至威胁航天员的生命安全。

2.5.1 地球辐射带

地球辐射带是指近地空间被地磁场捕获的高强度的带电粒子区域,常称为地磁捕获辐射带。由于地球辐射带是美国学者 Van Allen 首先探测到的,所以也称它为 Van Allen 辐射带(范艾伦辐射带)。

地球辐射带的大致结构如图 2 - 3 所示,可以看到,辐射带的形状大体上近似于在地球赤道上空围绕地球的环状结构,强度明显集中在两个区域,即内辐射带和外辐射带,为对称的两对黑色区域,靠近地球的一对称为内辐射带,远离的为外辐射带。因为组成辐射带的带电粒子是沿着地球磁场的磁力线运动的,所以辐射带的边缘也大体上与磁力线一致。由于磁层顶的不对称性,导致了磁层磁场的不对称性,使得辐射带在向阳面和背阳面也稍有差异。根据来源于不同,还可以分为由于人为核爆炸引起的人工辐射带,以及由自然形成的天然辐射带。

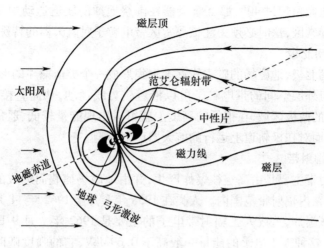

图 2 - 3　地球辐射带的大致结构

1. 内辐射带

内辐射带是靠近地球最近的捕获带电粒子区域,主要由捕获质子(能量为 $0.1MeV \sim 400MeV$)和捕获电子(能量为 $0.04MeV \sim 7MeV$)组成,还有少量的重离子存在。内辐射带在子午平面上的纬度边界大约为 $\pm40°$,其空间范围大致在赤道平面上大约为 $600km \sim 10000km$ 的高度,中心位置随粒子能量大小而异,一般是低能粒子的中心位置离地球远些,高能粒子的中心位置离地球近些。

2. 外辐射带

外辐射带是离地球较远的捕获粒子区域。它在子午平面上纬度范围约 $\pm55° \sim \pm70°$,其空间范围大致在赤道平面上的平均位置离地面约 $10^4km \sim 6 \times 10^4km$,其中心强度位置离地面约 $2 \times 10^4km \sim 2.5 \times 10^4km$ 左右。外辐射带主要由电子和质子组成,但质子能量很低,通常在几兆电子伏以下,而且其强度随质子能量的增加迅速减小,在地球同步轨道高度(36000km)上能量大于 $2MeV$ 的质子通量已比银河宇宙线通量小一个数量级,所以外辐射带主要是一个捕获电子带,电子能量范围为能量为 $0.04MeV \sim 4MeV$。

3. 南大西洋异常区

由于实际的地磁场偏离偶极子磁场,在磁场强度低于偶极子磁场的区域称为负磁异常区。其范围从东经20°至西经100°,北纬10°至南纬60°,其中心位置在西经40°左右,这一区域位于南大西洋上空,因此称为南大西洋负磁异常区。

在负磁异常区,内辐射带下边界离地面的高度比较降低,在南大西洋上空,内辐射带下边界下降到最低点,离地面的高度在 200km 左右,在此高度上即可遇到高通量的高能粒子,故常称此区域的辐射带为南大西洋异常区(SAA)。只要航天器轨道倾角超过 40°,那么航天器在围绕地球的轨道运动中就会不断穿越南大西洋异常区,这时必须关注该异常区带电粒子对航天器的特殊影响。

4. 地磁南北极

在地磁南北极,地磁场的磁力线逐渐聚集形成一个类似漏斗的形状,导致能量较低的来自外层空间的带电粒子可以沿着磁力线运动,从而直接进入极区。因此,在地球的两极区域,在很低的高度上就可以出现能量较低、通量较大的辐射带粒子,从而对在极轨道上运行的航天器产生影响。

5. 人工辐射带

人工辐射带主要是由高空核爆炸产生,并由地磁场捕获而形成的人工电子带,主要集中在内辐射带范围内。人类在 1958 年 8 月至 1962 年 11 月期间进行了多次高空核爆炸,造成人工辐射带电子的主要是 1962 年 7 月 9 日的"Strarfish"核爆炸。这种人工电子的能量一般高于 0.69MeV,它的强度随时间不断减少,到目前早已衰减完。

6. 天然辐射带

除去人工辐射带的粒子之外,自然形成的辐射带称为天然辐射带。目前,人工辐射带的粒子已经衰变完了,剩下的只是天然辐射带。

7. 辐射带模型

航天工程非常关心辐射带的粒子辐射强度。从 20 世纪 60 年代初开始,为适应航天器设计的需要,美国航空航天局戈达德航天飞行中心就根据卫星空间探测数据,开始编制地球辐射带模型,包括辐射带电子和质子模型。随着探测资料覆盖时间、空间和能量范围不断发展,辐射带模型也在不断改进和完善,形成了一系列的辐射带电子模型和辐射带质子模型。

电子模型命名为 AE,目前,从最早的 AE1 已经发展到了最新的 AE8。质子模型定名为 AP,从最早的 AP1 发展到了目前最新的 AP8,它们给出了不同辐射带空间范围,以及不同粒子能量情况下的辐射带电子模型和辐射带质子模型。

AE8 是目前美国国家空间科学数据中心编制的最新的辐射带电子通量模式,该模式所能处理的空间范围从近地空间到几万千米高空,内辐射带电子的能量范围为 0.04MeV ~ 4.5MeV,外辐射带电子能量范围为 0.04MeV ~ 7MeV。同时,AE8 又分为两部分,即对应于太阳活动低年的 AE8MIN 和对应于太阳活动高年的 AE8MAX。

AP8 是目前美国国家空间科学数据中心最新的辐射带质子通量模式,该模式处理的空间范围接近 AE8 的范围,辐射带质子能量范围为 0.01MeV ~

400MeV。该模式也分为两部分,即 1964 太阳活动低年的 AP8MIN 和 1970 太阳活动高年的 AP8MAX。

尽管地球辐射带模型已经过一系列发展和改进,但它们仅仅是对辐射带真实情况的近似,只能反映平均和静态的辐射带,而不能反映辐射带瞬时的扰动变化。模型所用的资料都是 20 世纪 70 年代以前的探测数据,这些数据距今已有 40 年之久,显得比较陈旧。构造模型所使用的卫星轨道有限,即使是最新最完善的 AP8 和 AE8 模型也只用了 24 颗卫星的轨道探测数据,因此,有许多近地空间的区域没有覆盖到。同时,粒子能最范围和观测时间并不完全,目前已有的辐射带模型仍然具有一定的局限性,需要进一步发展和完善。

8. 辐射带粒子的扰动变化

辐射带模型仅仅是地球辐射带的平均和静态模型描述,实际上辐射带粒子的强度与太阳活动密切相关,它受到太阳活动的强烈调制。

由于太阳活动的影响,外辐射带的带电粒子(主要是捕获电子)强度有着较大的变化。在地球同步轨道高度 36000km 附近,能量大于 1.9MeV 的电子强度可变化一个数量级。由于太阳风压缩地球磁场,使得在离地心 5 个地球半径以外直到地磁场边界区域内的地磁场有很大的畸变,在考虑地球的自转,由此产生了地球同步轨道高度上电子强度的昼夜变化,使其强度变化有可能达 1 个 ~2 个数量级。此外,还有 27 天变化和 11 年变化等,这是受太阳活动调制的结果。

虽然受到地球磁场的屏蔽作用,但内辐射带的粒子强度也同样受到太阳活动的影响。例如,在 800km 左右的高度上,1MeV 能量的电子通量在太阳活动极大年约为 $3 \times 10^{10} (cm^3 \cdot d)^{-1}$,在太阳活动极小年的通量约为 $1.5 \times 10^{10} (cm^3 \cdot d)^{-1}$。而对于能量为 0.1MeV 的电子,在太阳活动极大年通量约为 $4 \times 10^{12} (cm^3 \cdot d)^{-1}$,在太阳活动极小年的通量约为 $1.2 \times 10^{12} (cm^3 \cdot d)^{-1}$。内带捕获质子受太阳活动的影响比捕获电子小,能量高的粒子受到的影响比能量低的粒子小。

在大的太阳活动以及太阳质子事件期间、大地磁暴之后,辐射带的粒子通量出现明显的瞬时扰动。外辐射带的电子扰动最为明显,电子通量可增加 1 个 ~2 个数量级,大量观测事实表明,内辐射带的质子和电子通量也受这些扰动事件的影响。

2.5.2　太阳宇宙线

太阳宇宙线是在太阳光球层表面上突然爆发并释放出巨大能量,发生太阳耀斑时,从日面上喷射出的高能、高通量带电粒子流。由于这些带电粒子的绝大部分是由质子组成,因此又常称为太阳质子事件,太阳表面宁静时不发射太阳宇宙线。

太阳宇宙线粒子的能量范围一般从 10MeV 到几十 GeV。10MeV 以下的太阳粒子称为磁暴粒子,能量低于 0.5GeV 的太阳质子事件称为"非相对论质子事件"。能量高于 0.5GeV 的太阳质子事件称为"相对论质子事件",因为能在地面观测到,又称"地面宇宙线增强事件",简称 GLE 事件。

太阳宇宙线主要由质子组成。此外,还有氦核,约占 3% ~15% ,也有原子序数 Z 大于 2 的重核存在,其中 $Z = 6$、7、8 的重核通量占总粒子通量的 0.05%。每次太阳爆发所产生的太阳宇宙线事件,其强度和能谱都不完全相同,根据地面中子堆、电离层极盖吸收和卫星观测记录,按其强度可将太阳宇宙线事件分为 8 级。

不同的太阳宇宙线事件,从太阳到地球的传播事件是不同的。相对论事件的传播一般小于 1h,强度增加到它的最大值只需 30min ~20min。非相对论事件传播事件从几十分钟到几小时不等。对每一事件,不同的能量的带电粒子都有一个强度和时间的关系,如图 2 - 4 所示。太阳宇宙线事件的整个过程持续时间大约为几小时到几十小时。

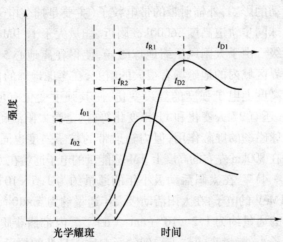

图 2 - 4　太阳宇宙线强度随时间的变化示意图

在图 2 - 4 中,t_0 表示滞后时间,是从太阳上耀斑出现极大值开始,至第一批粒子到达地球附近探测器的时间;t_R 是上升时间,是特定能量 E 的粒子从它们到达探测器开始至达到各自的最大强度需要的时间;t_D 是衰减时间,从强度最大值衰减到 $1/e$ 的时间。t_R 和 t_0 都是能量的函数,强度 I 随时间 t 的衰变关系为指数形式

$$I = I_{\max}(E)\exp\left(-\frac{t}{t_0}\right) \qquad (2-5)$$

太阳质子事件的发生带有很大的随机性,高能粒子的源又局限于太阳表面的局部区域,从太阳到地球的传播过程又受到太阳风和行星际磁场的强烈调制

作用。因此,表现出很强的空间分布不均匀性和突发性。

太阳宇宙线在离开太阳时是各向异性的,但在行星际电磁场和等离子体的调制作用下,对一般低能事件,在到达地球附近时已趋于各向同性。对某些相对论事件,虽然在事件开始时有较明显的各向异性,但经过很短时间(0.5h～1h)的调制,也很快达到各向同性。通常,能量超过 10MeV 的太阳质子均能进入地球同步轨道高度,当出现磁扰时,甚至低于 3MeV 能量的质子也能进入地球同步轨道高度。通常,将太阳宇宙线进入行星际空间受到太阳风和行星际磁场的作用,强度和方向都会发生变化,称为传播效应。

太阳质子事件的发生,具有偶发性的特点。统计结果表明,在太阳活动峰年附近,质子事件出现较多,对于 1 级以上的事件,每年约有 10 个,平均每月 1 次。由于它的偶发性,有时几个月没有 1 次,有时一个月中出现多次。在太阳活动低年附近,太阳质子事件出现较少,一般一年只有 3 次～4 次,甚至还要少。

2.5.3　银河宇宙线

银河宇宙线是来源于太阳系以外银河的通量很低但能量很高的带电粒子,其粒子能量范围一般是 $10^2\text{MeV}～10^9\text{GeV}$,大部分粒子能量集中在 $10^3\text{MeV}～10^7\text{MeV}$,在自由空间的通量一般仅有 $0.2(\text{cm}^3\cdot\text{sr}\cdot\text{s})^{-1}～0.4(\text{cm}^3\cdot\text{sr}\cdot\text{s})^{-1}$。银河宇宙线几乎包含元素周期表中所有元素,但主要成分是质子,约占总数的 84.3%,其次是 α 粒子,约占总数的 14.4%,其他重核成分约占总数的 1.3%。

进入日层前尚未受太阳风影响时,银河宇宙线强度可认为是均匀和恒定的,即不随时间和空间变化。但进入日层后,由于受到随太阳风向外运动的行星际磁场排斥作用,在日层边缘的银河宇宙线强度最大,向内逐渐降低,呈现一个强度梯度。太阳活动高年,由于行星际磁场排斥作用增强,使得在内日层(包括离太阳一个天文单位的地球轨道上)银河宇宙线强度比太阳活动低年时弱,呈现出与太阳活动的负相关。在地球附近,银河宇宙线的各向同性通量在太阳活动低年为 $1.3\times10^8(\text{cm}^3\cdot\text{a})^{-1}$,在太阳活动高年为 $7\times10^7(\text{cm}^3\cdot\text{a})^{-1}$。

银河宇宙线的强度变化有周期性和非周期性两种。前者如半日变化、太阳日变化、27 天变化、11 年和 22 年变化等,这些变化以 11 年变化最为显著,变化幅度小于 50%。非周期变化主要指宇宙线暴等。

2.6　空间辐射效应

由于航天器运行的近地空间存在看来源于地球辐射带、银河宇宙线和太阳宇宙线的大量高能带电粒子,包括高能电子、质子和重核离子,它们与航天器上所使用的电子元器件和功能材料的相互作用,引发特殊的空间辐射效应,如总电离剂量效应、单粒子效应等,从而对航天器产生严重的不良影响,甚至威胁航天器的安全。近年来,为了提高卫星的性能,各种大规模、超大规模微电子器件和新型功能材料在航天器上得到广泛应用,使得航天器的空间辐射效应日益突出,各国航天器不断发生由于空间辐射引起的在轨故障。因此,目前空间带电粒子辐射已经成为各国航大界普遍关注的空间环境因素,空间辐射效应也成为了航天器设计中考虑的重要问题之一。

空间高能带电粒子对航天器的影响主要表现在两个方面:

(1)对航天器的功能材料、电子元器件、生物及航大员的总剂量效应;

(2)对大规模集成电路等微电子器件的单粒子效应。此外,太阳质子事件、沉降粒子的注入,使电离层电子密度增加,造成通信、测控和导航等的严重干扰。

2.6.1　总剂量效应

带电粒子入射到物体(吸收体)时,会将一部分或全部能量转移给吸收体,带电粒子所损失的能量也就是吸收体所吸收的辐射总剂量。当吸收体是航天器上电子元器件和功能材料时,它们将受到总剂量辐射损伤,这就是总剂量效应。辐射剂量的单位是 rad(拉德),1g 物质在辐射中吸收 100erg 的能量被称为 1rad。

空间带电粒子对航天器的总剂量损伤主要通过两种作用方式:一种电离作用,即入射粒子的能量通过吸收体的原子电离而被吸收,高能电子大都产生这种电离作用;另一种是位移作用,即入射的高能粒子击中吸收体的原子,使其原子的位置移动而脱离原来所处晶格中的位置,造成晶格缺陷,高能质子和重离子即产生电离作用,又产生位移作用。

空间带电粒子中对辐射剂量贡献较大的主要是能量不太高、通量不太低、作用时间较长的粒子成分,主要是内辐射带的捕获电子和质子、外辐射带捕获电子、太阳耀斑质子等,而辐射带捕获电子在吸收材料中引起的辐射在屏蔽厚度较大时,其辐射剂量不容忽视。吸收体所吸收的空间带电粒子辐射总量,等于各辐射分量分别对剂量的贡献之和。

总剂量效应将导致航天器上的各种电子元器件和功能材料等的性能漂移、功能衰退,严重时会完全失效或损坏。例如,玻璃材料在严重辐照后会变黑、变暗,胶卷变得模糊不清;人体感到不舒服、患病,甚至死亡;太阳电池输出降低,各种半导体器件性能衰退,如双极晶体管的电流放大系数降低、漏电流升高、反向击穿电压降低等,单极型器件(MOS 器件)的跨导变低、阀电压漂移、漏电流升高等;运算放大器的输入失调变大、开环增益下降、共模抑制比变化等;光电器件及其他半导体探测器的暗电流增加、背景噪声增加等;太阳电池的输出功率下降等。这些器件的性能衰退甚至损坏,严重时将使航天器电子系统不能维持正常工作状态,对航天器造成严重的影响。

不同的材料和电子元器件总剂量效应的表象存在着很大的差异,它们耐受带电粒子总辐射的能力也各不相同。在航天工程中,为了描述航天器在轨运行时所遭受的空间带电粒子总剂量辐射水平,通常给出空间辐射剂量与屏蔽厚度之间的关系,称为深度剂量表或深度剂量曲线。通常,利用球心模型深度剂量曲线来描述在轨运行期间所吸收的辐射剂量值。

由于航天器的实际结构相当复杂,只用简单的球心屏蔽模型来考虑航天器内某一位置对空间带电粒子辐射的屏蔽显然过于简单和粗略,只能作为一种定性分析与粗略估计的手段。目前,我国已经可以对航天器进行二维辐射屏蔽分析,利用航天器在计算机中建立的实际 CAD 模型,使航天器内各剂量点的空间辐射剂量的计算更加具有真实性和工程性。吸收的辐射球心模型如图 2 - 5 所示。

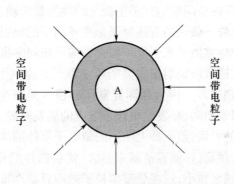

图 2 - 5 吸收的辐射球心模型

2.6.2 单粒子效应

单粒子效应是一个针对逻辑器件和逻辑电路的带电粒子辐射效应。当空间高能带电粒子轰击到大规模、超大规模微电子器件时,造成微电子器件的逻辑状态发生改变,从而使航天器发生异常和故障。它包括单粒子翻转、单粒子锁定、单粒子烧毁以及单粒子栅击穿等多种形式。

单粒子翻转是指当高能带电粒子入射到微电子器件的芯片上时,在粒子通过的路径上将产生电离,电离形成的部分电荷在器件内部的电场作用下被收集。当收集的电荷超过能够改变器件状态的临界电荷时,器件就会发生不期望的电状态翻转。例如,存储器单元存储的数据从"1"翻到"0",或从"0"翻到"1",导致电路逻辑功能混乱,从而使计算机处理的数据发生错误,或指令流发生混乱导致程序"跑飞"。单粒子翻转不会使逻辑电路损坏,因此常称它为软错误。虽然单粒子翻转并不产生硬件损伤,但会导致航天器控制系统的逻辑状态紊乱,从而可能对航天器产生灾难性后果。单粒子翻转现象早在20世纪70年代就已经在卫星上观测到,在以后直到现在的各种航天器中仍然屡见不鲜,并出现过多颗卫星因为发生单粒子翻转而导致卫星失控和损坏的事件。

单粒子锁定与CMOS器件特有的器件结构有关。目前,使用较多的硅晶CMOS器件,其自身具有一个固有的pnpn四层结构,即存在一个寄生可控硅。当高能带电粒子轰击该器件,并在器件内部电离产生足够的电荷时,就有可能使寄生的可控硅在瞬间触发导通,从而引发单粒子锁定。

单粒子烧毁是指具有反向偏置pn结的功率器件,在受到带电粒子的辐射时,将在pn结耗尽区由于电离作用而产生一定数量电荷,这些电荷在pn结耗尽区强大的反向电场下加速运动,最终产生雪崩效应,从而导致pn结反向击穿,并在强大的击穿电流作用下烧毁。

引发单粒子效应的空间带电粒子主要是线性能量传输值较高的质子和重核离子。一般认为,单粒子效应的直接原因是重核离子的辐射,而质子通过与器件芯片发生核反应,产生重离子来引发单粒子效应。银河宇宙线、太阳宇宙线中的高能质子和重离子,还有内辐射带中高能质子都是在空间引发航天器电子器件单粒子效应的重要辐射源。南大西洋异常区和极区是发生单粒子效应的高发区,太阳质子事件爆发期间,是发生单粒子效应的高发时段。

随着航天事业的发展,航天器上使用的微电子器件的体积越来越小、功耗越来越低、集成度越来越高、存储容量越来越大,使得器件的每一次状态改变所需的能量和电荷变得越来越小,这将导致单粒子效应日益严重。因此,在航天器上使用的微电子器件如何提高抗单粒子效应的能力,已经成为目前各国航天界普遍关注的热点问题。

2.7 小 结

本章主要针对空天环境要素进行了分析,重点讨论了太阳电磁辐射、地球大气、地球电离层、地球磁场,以及空间带电粒子辐射等的特性,研究了这些因素对空天活动的影响。具体来讲,本章所涉及的主要内容包括以下几个方面:

(1)对于太阳电磁辐射波长在 $0.276\mu m \sim 4.96\mu m$ 范围内的光谱占总太阳能的 99%,在 $0.217\mu m \sim 10.94\mu m$ 范围内占 99.9%,由于地球围绕太阳在一个椭圆轨道上运行,在一年内日地距离在不断变化,使得地球接收到的来自太阳的总电磁辐射能也在不断变化,但影响更大的是来自太阳活动,它具有很强的周期性。

（2）地球大气根据大气温度或者大气成分的不同，可在垂直方向上划分为若干层，太阳则是决定地球高层大气性质的最主要的因素。描述大气状态和变化过程的模型称为大气模式。它是以数学方程组表示的理论模型，或是以观测资料为基础的统计模型。

（3）电离层是由太阳电磁辐射、宇宙线和沉降粒子作用于地球高层大气，使之电离而生成的由电子、离子，以及中性粒子构成的能量很低的准中性等离子体区域。通常，电离层可以划分为 D 层、E 层和 F 层，它对空天活动中的通信和电子设备将产生严重的影响。

（4）地球磁场起源的不同可以分为内源场和外源场两个部分：内源场起源于地球内部，它包括基本磁场和外源场变化时在地壳内的感生磁场；外源场起源于地球附近的电流体系。

（5）空间粒子辐射是影响空天活动的重要环境要素，其主要包括地球辐射带、太阳宇宙线和银河宇宙线 3 个来源，这些辐射与太阳活动密切相关。地球辐射带是指近地空间被地磁场捕获的高强度的带电粒子区域，太阳宇宙线是在太阳光球层表面上突然爆发产生，携带有巨大的能量，银河宇宙线则是来源于太阳系以外银河的通量很低但能量很高的带电粒子。

（6）空间高能带电粒子对空天活动的影响主要表现在两个方面：①对飞行器的功能材料、电子元器件、生物及航天员的总剂量效应；②对大规模集成电路等微电子器件的单粒子效应。

思 考 题

1. 太阳黑子和太阳活动有什么特点？
2. 简述地球大气的分层的结构和特点。
3. 简述电离层中电子密度的高度分布随昼夜、季节、纬度和太阳活动而变化情况。
4. 上网了解电离层对空天活动影响的具体案例。
5. 什么是 Van Allen 辐射带？它是如何形成的？
6. 什么是单粒子效应？对航天工程有何影响？

第3章 空天侦察预警系统

侦察(Reconnaissance)即通过视觉观察方法或其他探测方法,获取敌方或潜在敌方活动和资源方面的具体信息,或及时获取某一特定区域的气象、水文和地理资料。一般来说,侦察有与执行任务有关的时限性要求。预警是指不论是和平时期,还是战争时期都保持常备不懈,全天候昼夜监视,在尽可能远的警戒距离内,对目标精确定位,测定有关参数,并识别目标的性质,为国家决策当局和军事指挥系统提供尽可能多的预警时间,以便有效对付敌方的突然袭击。空天侦察预警系统是指对空间目标的侦察和预警,基于的平台可以是地基,也可以是航空平台、临近空间平台,甚至可以是星载平台,可以使用雷达,也可使用红外探测、激光探测、光学成像等。其中,雷达由于全天时、全天候的成像功能而备受军事领域关注。

本章在介绍雷达基本概念的基础上,介绍了空天侦察预警系统中最常见的相控阵雷达、合成孔径雷达和超视距雷达等的原理和典型应用。

3.1 概　述

雷达是集中了现代电子科学技术各种成就的高科技系统。众所周知,雷达已成功地应用于地面(含车载)、舰载、机载方面,这些雷达已经和正在执行着各种军事和民用任务。近年来,雷达应用已经向外层空间发展,出现了空间基(卫星载、航天飞机载、宇宙飞船载)雷达。目前,正在建立比地面预警雷达、机载预警雷达和超视距预警雷达更优越的星载预警侦察雷达,未来雷达在军事上的应用也必将越来越广泛。

3.1.1 雷达基本概念

雷达(Radar),是美国海军在第二次世界大战期间使用的一个保密代号,是"RAdio Detection And Ranging"缩写的音译。按照 IEEE 的标准定义,雷达是通过发射电磁波信号,接收来自其威力覆盖范围内目标的回波,并从回波信号中提取位置和其他信息,以用于探测、定位以及有时进行目标识别的电磁系统。

雷达的基本功能是利用目标对电磁波的散射而发现目标,并测定目标的空

62

间位置。近年来,雷达的功能已超出了"无线电检测和测距"的含义,它还可以提取有关目标的更多信息,如测定目标的属性、目标的识别等。

　　图 3－1 为雷达原理和基本组成图。由图 3－1 可知,由雷达发射机产生的电磁能,经收发转换开关之后,便传输给天线。收发转换开关的作用是使单个天线既能发射,又能接收电磁波。天线起着将电磁能耦合至大气中的转换作用。电磁波在大气中以光速传播。雷达天线通过机械和电气的组合,可将天线有效地指向特定方向。

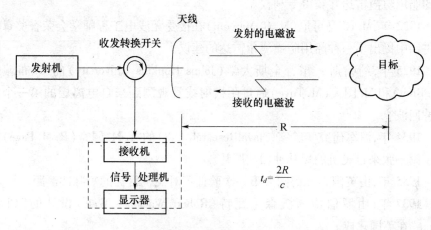

$$t_d = \frac{2R}{c}$$

图 3－1　雷达原理和基本组成

　　可证明,从雷达发射电磁波到距离 R 处的目标发射回信号之间的延迟时间的关系为

$$t_d = \frac{距离}{速度} = \frac{2R}{c}$$

式中:c 为光速。

　　反射回的能量称为后向散射,以区别于前向散射或电磁波在其他方向的散射。

　　雷达接收机将收到的微弱回波信号予以放大,再将包含在射频中的信息转换为视频或基带信息。经接收机处理的信号再加到雷达显示器或显示装置。

　　雷达是通过观测物体对电磁波信号的反射回波来发现目标。目标对雷达信号的发射强弱程度可用目标的雷达截面积(RCS 又称雷达散射截面)来描述。通常,目标的雷达截面积越大,则反射的雷达信号功率越强。雷达截面积与目标自身的材料、形状和大小等因素有关,也与照射它的电磁波的特性有关。目标的雷达截面积的大小影响着雷达对目标的发现能力,通常,雷达截面积越大的目标,越可能在更远的距离被雷达发现。

3.1.2　现代雷达发展史上的一些重大事件

首先,回顾一下现代雷达发展史上的一些重大事件:

1886 年—1888 年,海因里奇·赫兹(Heinrich Hertz)验证了电磁波的产生、接收和散射。

1903 年—1904 年,克里斯琴·赫尔斯迈耶(Christian Hulsmeyer)研制出原始的船用防撞雷达并获得专利权。

1922 年,M. G. 马可尼(M. G. Marconi)在接受无线电工程师学会荣誉奖章时的讲话中提出了一种船用防撞测角雷达的建议。

1925 年,约翰斯·霍普金斯大学(Johns Hopkins University)的 G. 布赖特(G. Breit)和 M. 图夫(M. Tuve)通过阴极射线管观测到来自电离层的第一个短脉冲回波。

1934 年,海军研究实验室(NavalResearch Lab)的 R. M. 佩奇(R. M. Page)拍摄了第一张来自飞机的短脉冲回波照片。

1935 年,由英国人和德国人第一次验证了对飞机目标的短脉冲测距。

1937 年,由罗伯特·沃森·瓦特(Robert Watson – Watt)设计的"Chain Home"在英国建成。

1938 年,美国陆军通信兵的 5CR – 268 成为首次实用的防空火控雷达,后来生产了 3100 部。该雷达探测距离大于 100 公里,工作频率为 200MHz。

1941 年 12 月,那时已生产了 100 部 SCR – 270/271 陆军通信兵预警雷达。其中,一部雷达架设在檀香山,它探测到了日本飞机对珍珠港的入侵。但是,将该反射回波信号误认为是友军飞机,铸成了大悲剧。

20 世纪 30 年代,除英国、美国外,法国、苏联、德国和日本同时致力于雷达的研制。

从 20 世纪 50 年代末以来,由于航天技术的飞速发展,飞机、导弹、人造卫星以及宇宙飞船等均采用雷达作为探测和控制手段。尤其是 20 世纪 60 年代中研制的反洲际弹道导弹系统提出了高精度、远距离、高分辨力和多目标测量的要求,使雷达技术进入蓬勃发展的时期。

当前,对于雷达的一个重要要求是多功能与多用途。在现代雷达应用中,由于作战空间和时间的限制,加之快速反应能力和系统综合性的要求,雷达必须具备多功能和综合应用的能力。例如,要求一部雷达能同时对多目标实施搜索、截获、跟踪、识别及武器制导或火控等功能。

3.1.3　雷达的主要性能参数和技术参数

雷达的性能参数和技术参数决定雷达能否满足需求,下面就对雷达主要的战术性能参数和技术参数予以介绍。

1. 雷达的主要战术性能参数

1）雷达的探测范围

雷达对目标进行连续观测的空域叫做探测范围,又称为威力范围,它决定于雷达的最小探测距离和最大作用距离,以及仰角和方位角的探测范围。

2）测量目标参数的精确度或误差

雷达测量精确度或误差通常可分为系统误差、随机误差等。所以,实际中往往对测量结果规定一个误差范围。

3）分辨力

分辨力指对两个相邻目标的区分能力。两个目标在同一角度但处在不同距离上,其最小可区分的距离称为距离分辨力。其定义如下:在匹配滤波的雷达中,当第一个目标回波脉冲的后沿与第二个目标的回波脉冲的前沿相接近以致不能区分出是两个目标时,作为可分辨的极限,这个极限间距就是距离分辨力,一般认为,脉冲宽度越小,距离分辨力越好。

两个目标处在相同距离上,但角位置有所不同,最小能够区分的角度称为角分辨力(在水平面内的分辨力称为方位分辨力,在铅垂面内的分辨力称为俯仰角分辨力)。它与波束宽度有关,波束越窄,角分辨力越高。

4）数据率

数据率是雷达对整个威力范围完成一次探测(即对这个威力范围内所有目标提供一次信息)所需时间的倒数,即单位时间内雷达对每个目标提供数据的次数,它表征着搜索雷达和三坐标雷达的工作速度。

5）抗干扰能力

雷达通常在各种自然干扰和人为干扰(ECM)的条件下工作,其中主要是敌方施放的干扰(无源干扰和有源干扰)。这些干扰最终作用于雷达终端设备,严重时能使雷达失去工作能力。所以,近代雷达必须具有一定程度的抗干扰能力。

6）工作可靠性

雷达要能可靠地工作。硬件的可靠性通常用两次故障之间的平均时间间隔来表示,称为平均无故障时间,记为 MTBF。这一平均时间越长,可靠性越高。可靠性的另一标志是发生故障以后的平均修复时间,记为 MTTR,它越短越好。在使用计算机的雷达中,还要考虑软件的可靠性。军用雷达还要考虑战争条件下雷达的生存能力。

7）体积和重量

总的说来,希望雷达的体积小、重量轻。体积和重量取决于雷达的任务要求、所用的器件和材料。机载和空间基雷达对体积和重量的要求很严格。

8）功耗及展开时间

功耗指雷达的电源消耗总功率。展开时间指雷达在机动中的架设和撤收时间,该指标对雷达的机动性十分重要。

9）测量目标坐标或参数的数目

目标坐标是指目标的方位、斜距和仰角（或高度）。目标的参数除目标的坐标参数以外,还指目标的速度和性质（机型、架数、敌我）。对于边扫描边跟踪雷达,还要对多批目标建立航迹,进行跟踪。此时,跟踪目标批数,航迹建立的正确率也是重要的战术参数。

2. 雷达的主要技术参数

1）工作频率及工作带宽

工作频率及工作带宽由测量精确度和功能等要求来决定。工作带宽主要根据抗干扰的要求来决定。一般要求工作带宽为 5% ~ 10%,超宽带雷达为 25%以上。

2）发射功率

发射功率的大小影响作用距离,功率大则作用距离大。发射功率分脉冲功率和平均功率:雷达在发射脉冲信号期间所输出的功率称脉冲功率;平均功率是指一个重复周期内发射机输出功率的平均值。

高频大功率的产生受到器件、电源容量和效率等因素限制。一般远程警戒雷达的脉冲功率为几百千瓦至兆瓦量级,中、近程火控雷达为几千瓦至几百千瓦。

3）调制波形、脉冲宽度和重复频率

早期雷达发射信号采用单一的脉冲波形幅度调制,现代雷达则采用多种调制波形以供选择。

脉冲宽度指发射脉冲信号的持续时间,用 τ 表示。它的大小不仅影响雷达探测能力,还影响距离分辨力。早期雷达的脉冲宽度是不变的,现代雷达常采用多种脉宽的信号以供选择。

脉冲重复频率指雷达每秒钟发射的射频脉冲的个数,用 prf 表示。脉冲重复频率的倒数叫做脉冲重复周期,它等于相邻两个发射脉冲前沿的间隔时间。雷达的脉冲重复频率一般在 50Hz ~ 2000Hz 之间。它们既决定了雷达单值测距范围,又影响不模糊测速区域大小。为了满足测距测速的性能要求,现代雷达常采用多种重复频率或参差重复频率。

4）天线的波束形状、增益和扫描方式

天线波束形状一般用水平和垂直面内的波束宽度来表示。米波雷达的波束宽度在 10 度量级,而厘米波雷达的波束宽度在几度左右。

天线的增益近似表示式为

$$G_t = 4\pi A_e / \lambda^2$$

式中:A_e 为天线的有效截面积。

天线的增益越大,则雷达作用距离越远。

搜索和跟踪目标时,天线的主瓣在雷达的探测空域内以一定的规律运动,称为扫描。它可分为机械扫描和电扫描两大类。按照扫描时波束在空间的运动规律,扫描方式大致可分为圆周扫描、圆锥扫描、扇形扫描、锯齿形扫描和螺旋扫描等。

5）接收机的灵敏度

接收机的灵敏度是指雷达接收微弱信号的能力。它用接收机在噪声电平一定时所能感知的输入功率的大小来表示,通常规定在保证 50% ~90% 发现概率条件下,接收机输入端回波信号的最小功率作为接收机的最小可检测信号功率。这个功率越小,接收机的灵敏度越高。

6）终端装置和雷达输出数据的形式

最常用的终端装置是显示器。根据雷达的任务和性质不同,所采用的显示器形式也不同。例如,按坐标形式分,有极坐标形式的平面位置显示器、直角坐标形式的距离—方位显示器、距离—高度显示器,或是上述两种形式的变形。

7）电源供应

功率大的雷达,电源供应是个重要的问题。特别是架设在野外无市电供应的地方需要自已发电。电源的供应除了考虑功率容量外,还要考虑频率。地面雷达可以用 50Hz 交流电,为了减轻重量,船舶和飞机上的雷达采用高频的交流电源,最常用的是 400Hz。

3. 雷达战术、技术性能与技术参数的关系

为了保证雷达的战术、技术性能得到满足,必须合理地选择雷达的基本技术参数。下面以波长、脉冲重复频率、脉冲宽度、天线方向图和功率增益系数等技术参数的选择为例,以说明它们对雷达战术、技术性能的影响,从中可了解到选择技术参数时会遇到许多互相矛盾的要求。因此,在设计时需要进行综合分析和权衡,合理地折中解决。

1）工作波长 λ 的选择

从提高接收机灵敏度来看,必须考虑所选波长下的接收机内部噪声和大气噪声大小以及电磁波在大气中的衰减,希望波长选择得长一些。在天线有效面积一定的情况下,λ 越短,G 就越高。在 G 一定的情况下,λ 越短,天线的尺寸越小,便于架设撤收,机动性能好。

从雷达的用途来看,雷达的用途与波长有关,因为目标的散射性能与波长有关。目标对电磁波的散射情况如下:当目标尺寸远大于波长时,目标对电磁波以散射为主,以绕射为辅,目标的有效散射面积当目标尺寸远小于波长时,目标对电磁波以绕射为主,以散射为辅。因此,用于探测炮弹、潜艇的潜望塔等目标的雷达,用于测雨的气象雷达(以雨滴为目标),其工作波长相对要短。从反隐身角度看,波长在两个极端即米波或毫米波较好。

2)脉冲重复频率的选择

我们知道,天线扫描引起的干扰背景起伏会影响系统性能。在其他参数保持一定时,为了减小天线扫描引起的背景起伏,希望能选择得高一些。对于动目标显示雷达,为使第一盲速超过被探测动目标的最大速度,亦希望 prf 选择得高一些。

为了保证测距的单值性,脉冲重复率又不能选择得太高,应予折中考虑,也可采用参差脉冲重复频率的方法。

在雷达脉冲重复频率和脉冲功率不变的情况下,为了提高发射机平均功率(不超过允许值)来增加雷达作用距离,亦希望选用较宽的脉冲。但是,为了减小杂波干扰强度,提高雷达抗杂波干扰能力,则希望脉冲宽度选择得窄一些。同时,为了提高雷达距离分辨力,亦希望脉冲宽度选择得窄一些。

3)天线的方向图的选择

天线方向图可从水平波束、垂直波束宽度和旁瓣电平几方面来考虑。

水平波束的选择:以地面对空搜索雷达为例,它通常采用最大值法来测定目标方位角。为了提高方位角分辨力和减少测角误差,提高天线增益,减小干扰强度。希望水平波束选择得窄一些。但为了提高目标发现概率,要求天线每扫描一周能接收到足够多的回波脉冲数(一般要求远大于 10),则希望水平波束选择得宽一些。当天线扫描速度保持一定时,为了减小天线扫描所引起的干扰背景起伏和减小天线尺寸,也希望采用较宽的水平波束。以地面对空搜索雷达为例,其水平波束宽度大约为 1°左右。

垂直波束的选择:为了最有效地利用雷达发射功率,对于飞行高度为 h 的动目标,只要它位于雷达威力范围内,不论其距离远近,由该目标所反射回来的回波功率最好保持恒定。而当目标在最大高度上飞行时,其回波功率也不应小于接收机所必须的最小接收功率。

3.1.4　雷达在现代战争中的作用

雷达的成长过程及其在特殊工作环境下的生成能力,充分表明了它能满足许多重大社会、经济和军事的需要,特别是在军事应用中,几乎所有的新式武器系统中都集成有雷达,用其作为获取目标信息的传感器或用作武器控制的有力手段。雷达在现代战争中的作用主要表现在以下几个方面。

1. 雷达是防空系统中的主要探测手段

当今世界上建立了为数众多的对空情报雷达网。各国在雷达网的部署中,均注意从雷达装备的种类及性能、国家的政治、经济、军事及地理环境等诸多因素进行综合考虑,提出了相应的布网原则,并根据各种因素的变化注意不断调整和加强各自的雷达网。

最早的雷达网的形成,可以追溯到第二次世界大战以前,由英国东海岸部署的 38 部雷达站和 1200 多个监视哨组成的对空情报勤务网。由于他们在第二次世界大战保卫英伦三岛的防空作战中发挥了杰出的作用,从而被世人誉为"雷达赢得了战争的胜利"。

目前,世界上的雷达网以美国和苏联最具有特色。美国的部署基本原则:要求提前发现,保障积极打击;严密立体防空,实施重点防卫;防空、防天结合,进行统一指挥。这些原则,比较恰当地体现了美国积极防御的防空、防天作战指导思想。基于此部署原则,美国雷达网的部署采用了线面结合型结构,它的防空任务由轰炸机预警系统负责。情况统一报到北美航空空间防御司令部。美国的防空情报雷达集中部署在两条"线",一个"面"和东、西海岸预警机巡逻的两个"边"上。

远程预警线(北方预警系统),建在距美国北部边境 1600km,雷达站综合配备高、中、低空监视雷达,能对时速 960km 的飞机楒供 3 小时的预警时间。

近程预警线(原松树线的更新)是监视北方的第二条线。目前,在近程预警线上共有 24 个雷达站,配置各种用途的雷达约 100 部。

一个"面"指的是军民联合监视系统。它负责美国本土大陆地区的主要防空任务。在军民联合监视系统这个"面"里,还包括 4 部 AN/FPS-118 后向散射超视距雷达,主要用来与空中预警机配合,实现提前发现和境外拦截空中目标;同时,可与大型相控阵雷达协调,遂行战略预警任务。

空中预警机主要负责美国本土两个"边"的防空巡逻和预警指挥任务。两个"边"共配置 E-3A 空中预警机 34 架。现已更新为 E-3B 和 E-3C 预警机。目前配备 E-3B 24 架,E-3C 10 架。它们在 9000m 高度飞行时,对高中空目标可探测、跟踪 600km,对低空目标可达 350km。

苏联的防空雷达网部署与美国的大相径庭。苏联基本是采用区域防空与要地防空相结合的体制,其雷达部署呈多层次、大纵深、交错密集配置。

苏联的预警系统也是由轰炸机预警系统和弹道导弹预警系统组成。其轰炸机预警系统,是世界上规模最大的雷达防空系统。它拥有各种防空雷达7000部,部署在1200个阵地上,形成覆盖苏联地面与空中的星罗棋布的防空雷达网。7000部雷达根据防御地区的轻重缓急交错配置,其中约有5880部部署在欧洲地区。若以欧洲部分560万平方千米计算,其部署密度大概每952平方千米就配置一部雷达。

为提高雷达网的低空防御性能,弥补地面雷达探测低空目标能力的不足,苏联从20世纪60年代末开始部署空中预警机,现装备图-126"苔藓"预警机和伊尔-76预警机各12架,主要用于在西部沿海和北部方向陆基雷达探测距离之外担负巡逻和指挥任务。

2. 雷达是防天系统中的重要探测手段

在现代高技术战争年代,大系统对抗的趋势令人瞩目。传统的单一兵种、单一手段的局部对抗形式几乎消失,而取而代之的是按照统一目的和计划,将作战系统中所包含的各分系统有机组织起来所形成的全球大系统整体较量。在未来的军事对抗空间中,除了陆、海、空、天四维一体化的"地理作战空间"外,控制电磁频谱的"第五维空间"的作用越来越显得必要,它必将成为其他四维空间的关键纽带,争夺"制电权"可谓是争夺控制现代战争的"制高点"。大系统对抗思想在空中防御上的具体体现,就是外层空间、弹道导弹中末段、防空三合一的现代全球全空域防御观的形成,而雷达在此防御大系统中又充当了十分重要的角色。

为了达到防空与防天相结合,美国已建立了弹道导弹预警系统,归北美航空空间防御司令部和空军航天司令部共同指挥控制,所获空中情报汇总到北美航空空间防御司令部。弹道导弹预警系统的部署主要有3个部分。最北部有北方弹道导弹预警网,由3个雷达站和2部大型相控阵雷达组成。

1983年,美国又企图实现所谓的"星球大战",即战略防御SDI(Strategic Defence Intiative)新概念,其目的在于建立基于新型雷达、计算机、通信的防御领选技术。其具体建设设想是建立一个由HF超视距后面散射(OTH-B)雷达、13部远程雷达、39部无人值守新型低空补盲雷达为主体的雷达网。

当今世界上,有20多个国家正在发展弹道导弹武器,其中已有6个~7个国家的这类武器可以直接击中美国本土上的目标。据此,美国于1993年又具体针对远程战略导弹防御问题,提出了战区高空区域防御计划THAAD(Theater High-Altitude Area Defense),这是1992年度开始的SDIO规划的具体实施方案,目的在提高对战略、战术导弹的远距离拦截能力和增强高空防御能力。该计划原打算用4年~5年时间,总经费为15亿美元。1995年已通过第一次飞行试验。

苏联的弹道导弹预警系统由远程预警雷达系统和预警卫星组成。远程预警雷达系统分两层部署,第一层是 4 部后向超视距雷达;第二层为沿国境周边部署的 11 部大型相控阵雷达("鸡笼"6 部,"鸡棚"5 部)。

此外,苏联于 1982 年基本完成了预警卫星网的实战部署,共部署非同步卫星 9 颗。据报道,20 世纪 90 年代苏联就已开始部署使用地球同步预警卫星网,以探测潜地导弹的发射。

3. 雷达是反导弹武器系统中的重要组成部分

反导武器系统通常是由提供早期预警和指示的雷达、作战指挥控制中心、目标截获跟踪制导雷达、数据链和导弹系统组成。雷达在对入侵导弹的发现、跟踪以及引导导弹拦截的全过程中均起着重要的作用。

在第二次世界大战期间,美国已研制 SCR - 584 枪炮反飞机目标截获跟踪雷达,基本上满足了当时的军事应用要求。随着导弹技术的发展,世界各国均注意反导弹目标截获跟踪雷达的研制。早期的代表系统如美国的 MPQ - 35、MPQ - 50 "霍克"导弹系统。现代的反导拦截系统大致可分为三大类,或者说是按三个防御层面进行研制的。

第一类用于近程低空点防御,以低空飞行的作战飞机、直升机、无人机、巡航导弹、反舰导弹,反辐射导弹为作战对象。现役先进系统有以色列的"闪电"(RelamPago)、英国的"长剑"(Rapier)和"海狼"(Sea - wolf)、法国的"西北风"(Mistral)、俄罗斯的 SA - 15 等地(舰)空导弹系统,以及其他高炮、弹炮结合武器系统。

第二类反导系统用于中程高空点防御。本层次防御的任务是在上一层拦截时,随机准备拦截突破上层防御的弹道导弹;不过更多的是摧毁来袭巡航导弹、轰炸机、攻击机、侦察机、无人机,以及危及自身安全的反辐射导弹、空地(舰)导弹等。现役的代表性型号有俄罗斯的 C - 300、SA - U,美国的第二次改型"爱国者"(PAC - 2),印度的"阿卡什"(AKash)。在研的有法、意等国的"中程地(舰)空导弹系统"(SAMP/T、SAMP/N),德国的战术防空系统(TLVS),美国的"增强拦截弹"(Erint)、"军属地空导弹系统"(MEADS)等。这些系统抗多目标饱和式攻击能力强,反干扰性能好。

第三类反导系统用于远程高空面防御。当来袭战术弹道导弹尚处于助推段时,便于探测、拦截和摧毁,使不致对已方造成破坏,错失防御良机。美国的 THAAD(战区高空区域防御系统)和以色列的"箭"(Arrow),是用于这种防御的典型地空导弹。人类历史上首次为战术反导研制的这两种型号,以拦截战术弹道导弹为主,亦可拦截巡航导弹、反辐射导弹、无人机、隐身飞机。

4. 雷达是局部高科技战争中摧毁敌方火力点的耳目

在现代局部高科技战争中,雷达在探测敌方火力点(炮位阵地、低空飞机、武装直升机)和对战区内所有参与者(武器、人员、地形地物)实施定点侦察监视等方面的作用也普遍受到重视，而且成为当前军用雷达的一个重点发展领域。这类用于战场侦察的雷达按用途可细分为以下4种。

（1）火炮侦察雷达。这类雷达有着独特的工作特性、探测特性和火炮控制特性，系统设计复杂，自适应程度和目标参数测量精度高，目标测量反应时间快，可保证根据所得的目标数据，指挥控制反击武器摧毁敌火炮阵地。美国的 AN/IPQ－36 是 20 世纪 80 年代用于局部战争中杰出的相参距离门脉冲多普勒电子扫描炮位侦察雷达。

（2）小型战场监视侦察雷达。主要用于对兵营、车站、桥梁以及兵员活动进行监视侦察。

（3）机载战场监视雷达。美国已成功用了海湾战争的 E－8A "联合星" 预警机，其全称为 E－8A 联合监视与目标攻击雷达系统（JSTARS）飞机。它是一种空地相互联系的具有侦察、探测、情报分发和攻击控制的新型雷达系统，把雷达发现目标、识别目标和指示目标结合起来，并与陆军战场情报搜集、整理和情报分发系统相连接，直接引导空中飞机发射空地导弹、制导地面陆军战术导弹和多管火箭发射系统攻击敌坦克群、装甲车队及行军分队等。

（4）小型战场侦察卫星雷达系统。随着海湾战争的实践检验，人们已识别到这是一个值得研究考虑的重要领域。应当说，卫星成像雷达、机载监视雷达、机载搜索雷达、地（海）面监视雷达，对掌握海湾战场整个战区情况起到了关键作用，不仅支援了 "爱国者" 反导系统，同时为多国部队实施大规模空袭扫清了道路。

5. 雷达仍是强有力的战略威慑力量之一

战略力量的发挥，在相当大程度上取决于 C^3I 的性能，C^3I 的功能好坏，则取决雷达提供目标信息数据的精度。20 世纪 80 年代以来，美国提出了 "多层次威慑竞争" 战略，苏联则提出了 "直接对抗" 战略。

在战略远程威慑与反威慑的作战中，不管是陆基雷达、机载预警雷达、天基成像雷达、舰载雷达均应具有对弹道导弹中末端多目标截获、跟踪和识别的能力，以及抗核爆炸、ECCM 能力。大量各种功能雷达的同时使用，才能有效地支援反弹道导弹功能的实现，才能保证成功率在 90% 以上。不言而喻，这一指标完全落在多功能雷达的设计性能之上。雷达已经成为战略威慑手段中必不可少的目标信息获取设备。

3.2 相控阵雷达

20 世纪 50 年代的末期，人造地球卫星上天、洲际导弹的出现提出了监视外空目标的迫切需求。监视外空目标的雷达作用距离与监视飞机的雷达作用距离相比,将成数量级的提高。例如,监视外空目标的雷达作用距离需达 3000km 以上。观测卫星和导弹的需要,对相控阵雷达的发展起了很大的推动作用。

相控阵雷达天线波束的扫描由计算机控制,具有很大的灵活性。天线波束在空间的扫描几乎是无惯性的,这给相控阵雷达带来了很多新的功能。例如,相控阵雷达具有边扫描边跟踪的能力,可以利用时间分割技术实时跟踪多个目标。

目前,三坐标雷达为适应复杂的目标环境和使用条件开始使用相控阵技术。超远程雷达是对空间目标进行监视及对远程战略目标进行预警的大型雷达,目前主要基于相控阵技术,这从其分类可窥见一斑,超远程雷达主要有以下 4 种:超远程相控阵预警雷达、采用相控阵技术的机载预警雷达、超视距雷达和星载相控阵预警雷达。可见,相控阵技术对空天侦察和预警有着极为重要的作用,也是未来重要发展趋势之一。

3.2.1 基本原理

相控阵天线是从阵列天线发展起来的。阵列天线通常由多个偶极子天线单元组成。偶极子天线是一种很简单的天线,它具有近似的无方向性天线方向图,因而天线增益很低,在自由空间内增益往往只有 6dB 左右。为了获得较高的天线增益,可将多个偶极子天线单元按一定的规则排列在一起,形成一个大的阵列天线。最初在通信领域,为了改变大的阵列天线方向图的波束指向,通过改变阵列中各天线单元的信号相位关系,实现了最初的相控阵天线。目前,这一原理逐渐被广泛应用于雷达中,直至今天形成了相控阵雷达蓬勃发展的局面。

相控阵天线有多种形式,如线阵、平面阵、圆阵、圆柱形阵、球形阵和共性阵等。本部分就基于线阵给出相控阵天线的基本原理。

线阵,就是所有单元都排列在一条直线上。如图 3 - 2 所示,线阵由 N 个相距为 d 的阵元组成。假设各辐射元为无方向性的点辐射源,而且同相等幅馈电(以零号阵元为基准相位)。在相对于阵轴法线的 θ 方向上,两个阵元之间波程差引起的相位差为

$$\varphi = \frac{2\pi}{\lambda} d\sin\theta \qquad (3-1)$$

则 N 个阵元在 θ 方向远区某一点辐射场的矢量和为

$$E(\theta) = \sum_{k=0}^{N-1} E_k e^{jk\varphi} = E \sum_{k=0}^{N-1} e^{jk\varphi} \qquad (3-2)$$

式中:E_k 为各阵元在远区的辐射场。

当 E_k 均等于 E 时,式(3-2)才成立。实际上,远区 E_k 不一定均相等,因各阵元的馈电一般要加权。为讨论方便,假设远区各阵元的辐射场强近似相等,E_k

73

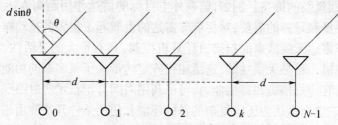

图 3-2　线阵列天线示意图

可用 E 表示。显然,当 $\theta=0$ 时,电场同相叠加而获得最大值。

根据等比级数求和公式和欧拉公式,式(3-2)可写为

$$E(\theta) = E\frac{\mathrm{e}^{\mathrm{j}N\varphi}-1}{\mathrm{e}^{\mathrm{j}\varphi}-1} = E\frac{\mathrm{e}^{\mathrm{j}\frac{N}{2}\varphi}(\mathrm{e}^{\mathrm{j}\frac{N}{2}\varphi}-\mathrm{e}^{-\mathrm{j}\frac{N}{2}\varphi})}{\mathrm{e}^{\mathrm{j}\frac{\varphi}{2}}(\mathrm{e}^{\mathrm{j}\frac{\varphi}{2}}-\mathrm{e}^{-\mathrm{j}\frac{\varphi}{2}})} = E\frac{\sin(N\frac{\varphi}{2})}{\sin(\frac{\varphi}{2})}\mathrm{e}^{\mathrm{j}\frac{N-1}{2}\varphi} \quad (3-3)$$

将式(3-3)取绝对值并归一化后,得到阵列的归一化方向函数为

$$F_a(\theta) = \frac{|E(\theta)|}{|E_{\max}(\theta)|} = \frac{\sin\left(\frac{N}{2}\varphi\right)}{N\sin\left(\frac{\varphi}{2}\right)} = \frac{\sin\left(\frac{\pi Nd}{\lambda}\sin\theta\right)}{N\sin\left(\frac{\pi d}{\lambda}\sin\theta\right)} \quad (3-4)$$

当各个阵元不是方向性的,而其辐射方向图为 $F_e(\theta)$ 时,则阵列方向图(图 3-3)变为

$$F(\theta) = F_a(\theta)F_e(\theta) \quad (3-5)$$

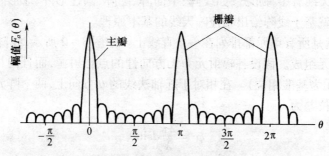

图 3-3　阵列方向图

式中:$F_a(\theta)$ 为阵列因子,有时简称为阵因子;$F_e(\theta)$ 为阵元因子。

当式(3-5)中 $\frac{\pi Nd}{\lambda}\sin\theta=0,\pm\pi,\pm2\pi,\cdots,\pm n\pi$($n$ 为整数)时,$F_a(\theta)$ 的分子式项为 0;而当 $\frac{\pi d}{\lambda}\sin\theta=0,\pm\pi,\pm2\pi,\cdots,\pm n\pi$ 时,由于分子和分母均为 0,所以 $F_a(\theta)$ 值不确定。利用罗比塔法则,当 $\sin\theta=\pm n\lambda/d,n=0,1,2\cdots$ 时,$F_a(\theta)$ 取

最大值,这些最大值都等于 N。在 $n=0$ 时的最大值称为主瓣,n 为其他值时的最大值均为栅瓣,栅瓣的间隔是阵元间距的函数。栅瓣出现的角度为

$$\theta_{GL} = \sin^{-1}\left(\pm\frac{n\lambda}{d}\right) \tag{3-6}$$

当 θ 很小时,$\sin\left(\dfrac{\pi d}{\lambda}\sin\theta\right) \approx \dfrac{\pi d}{\lambda}\sin\theta$,式$(3-5)$可近似为图 $3-4$ 所示的 sinc 函数。

$$F_d(\theta) \approx \frac{\sin\left(\dfrac{\pi Nd}{\lambda}\sin\theta\right)}{\dfrac{\pi Nd}{\lambda}\sin\theta} \tag{3-7}$$

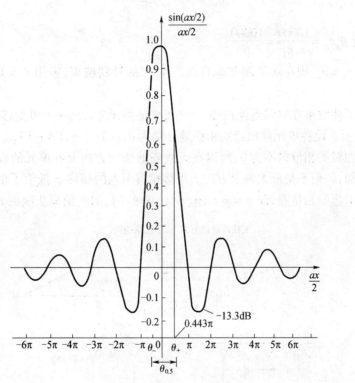

图 $3-4$　归一化 sinc 函数曲线

在天线方向图中,两个关键参数是半功率主瓣宽度 $\theta_{0.5}$ 和旁瓣电平。设式

$(3-7)$中$\dfrac{\pi Nd}{\lambda} = \dfrac{a}{2}$,$\sin\theta \approx \theta = x$,则查图 $3-4$ 所示的曲线,$\dfrac{\sin\left(\dfrac{a}{2}x\right)}{\dfrac{a}{2}x} = \dfrac{1}{\sqrt{2}}$时,得

$\dfrac{a}{2}x = 0.443\pi$。

当 $d = \lambda/2$ 时,$\theta_{0.5} \approx 100/N$。

$$\theta_{0.5} = 2x = \frac{0.886}{Nd}\lambda(\text{rad}) = \frac{50.8}{Nd}\lambda(°) \qquad (3-8)$$

可见,要在一个平面上产生波瓣宽度为 1° 的波束需要用 100 个辐射元组成线阵。若在水平、垂直两个平面内都采用阵列天线,设 n_1 和 n_2 分别为水平方向和垂直方向的辐射元数目,则 $N = n_1 n_2$,而水平和垂直平面的半功率面波瓣宽度分别为

$$\theta_\alpha = \frac{100}{n_1}, \theta_\beta = \frac{100}{n_2} \qquad (3-9)$$

所以,有 $\theta_\alpha \theta_\beta = \dfrac{10000}{n_1 n_2} = \dfrac{10000}{N}$。

若 $n_1 = n_2$,则在水平面和垂直面产生 1° 的针状波束,需用 $N = 10000$ 个辐射元。

为了使波束在空间迅速扫描,可在每个辐射元之后接一个可变移相器,如图 3-5 所示。设各单元移相器的相移量分别为 $0, \varphi, 2\varphi, \cdots, (N-1)\varphi$。由于单元之间的相对的相位差不为 0,所以在天线阵的法线方向上各单元的辐射场不能同相相加,因而不是最大辐射方向。当移相器引入的相移 φ 抵消了由于单元间波程差引起的相位差,即 $\psi = \varphi = 2\pi(d/\lambda)\sin\theta_0$ 时,则在偏离法线的 θ_0 方向上,

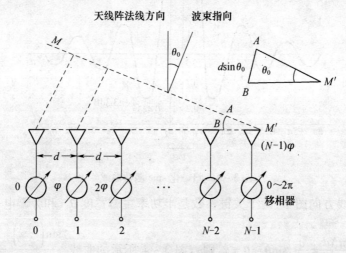

图 3-5　相位扫描原理

由于电场同相叠加而获得最大值。这时,波束指向由阵列法线方向($\theta = 0$)变到 θ_0 方向。简单地说,在图 3-5 中,MM' 线上各阵元激发的电磁波的相位是同相的,称同相波前,波束最大值方向与其同相波前垂直。可见,控制各移相器的相移可改变同相波前的位置,因而改变波束指向,达到扫描目的。此时,式(3-2)变为

$$E(\theta) = E \sum_{k=0}^{N-1} e^{jk(\psi-\varphi)} \qquad (3-10)$$

式中:ψ 为相邻单元间的波程差引入的相位差;φ 为移相器的相移量。

令 $\varphi = 2\pi \dfrac{d}{\lambda} \sin\theta_0$,则由式(3-4)得到扫描时的方向性函数为

$$F_a(\theta) = \frac{\sin\left[\dfrac{\pi Nd}{\lambda}(\sin\theta - \sin\theta_0)\right]}{N\sin\left[\dfrac{\pi d}{\lambda}(\sin\theta - \sin\theta_0)\right]} \qquad (3-11)$$

由式(3-11)可看出:

(1) 在 $\theta = \theta_0$ 方向上 $F_a(\theta) = 1$,有主瓣存在,且主瓣的方向由 $\varphi = 2\pi \dfrac{d}{\lambda} \sin\theta_0$ 决定,只要控制移相器的相移量就可控制最大辐射方向 θ_0,从而实现波束扫描。

(2) 在 $\dfrac{\pi d}{\lambda}(\sin\theta - \sin\theta_0) = \pm m\pi$ 的 θ 方向,$m = 1,2,\cdots$,有与主瓣等幅度的栅瓣存在。栅瓣的出现使测角存在了多值性,这是我们所不希望看到的。为了不出现栅瓣,必须使

$$\frac{\pi d}{\lambda} |\sin\theta - \sin\theta_0| < \pi \qquad (3-12)$$

因为 $|\sin\theta - \sin\theta_0| \leqslant |\sin\theta| + |\sin\theta_0| \leqslant 1 + |\sin\theta_0|$。所以,只要 $\dfrac{d}{\lambda} < \dfrac{1}{1 + |\sin\theta_0|}$,就一定能满足式(3-12),而保证不出现栅瓣。

(3) 波束扫描时,随着 θ_0 增大波束要展宽。通过计算可知在 θ_0 方向上相应的半功率波束宽度与扫描角余弦值 $\cos\theta_0$ 成反比。θ_0 越大,波束展宽越厉害。

(4) 波束扫描时,随着 θ_0 增大,天线增益下降。对于等幅照射,面积为 A 的无损耗口径,其法线方向波束的增益为

$$G_0 = 4\pi \frac{A}{\lambda^2} \qquad (3-13)$$

因相控阵列的总面积定义为

$$A = Na$$

式中:a 为阵列中每个阵元所占的面积;N 为阵元总数。

如图 3 – 6 所示,当面天线由 N 个等间距辐射元组成,且间距 $d = \lambda/2$ 时,有

$$A = Nd^2 = \frac{N}{4}\lambda^2 \qquad (3-14)$$

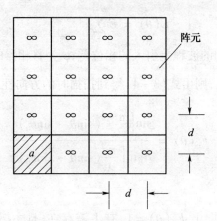

图 3 – 6　等间距辐射元面积示意图

代入式(3 – 13)得到法线方向增益为

$$G_0 = N\pi \qquad (3-15)$$

在任意的扫描方向 θ_0 时,天线口径在扫描方向垂直面的投影为 $A_{\theta_0} = A\cos\theta_0$。如果将天线考虑为匹配接收天线,则扫描波束所收集的能量总和正比于天线口径的投影面积 A_{θ_0},所以增益为

$$G_{0s} \approx \frac{4\pi A_{\theta_0}}{\lambda^2} = \frac{4\pi A}{\lambda^2}\cos\theta_0 = N\pi\cos\theta_0 \qquad (3-16)$$

可见,增益随扫描角增大而减小。

总之,在波束扫描时,扫描的偏角 θ_0 越大,波束越宽,天线增益越小,因而天线波束性能变差。一般,天线扫描角限制在 60° 之内。

在有源相控阵列中,为了减少结构,减少发射机品种,提高互换性,大型有源相控阵雷达以采用等幅阵元的密度加权阵列天线为主。

3.2.2　相控阵雷达组成及特点

相控阵雷达就是带有移相器的阵列单元,按一定规律排列成阵列天线,通过计算机控制移相器的相位而实现波束控制的雷达。目前,典型相控阵雷达用移

相器控制波束的发射和接收共有两种组成形式：一种称为有源相控阵列，每个天线阵元用一个接收机和发射功率放大器；另一种称为无源相控阵列，所有的天线阵元共用一个或多个发射机和接收机。图 3－7 和图 3－8 分别为典型的有源相控阵雷达和无源相控阵雷达的组成框图。

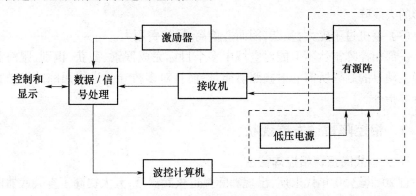

图 3－7 典型的有源相控阵雷达组成框图

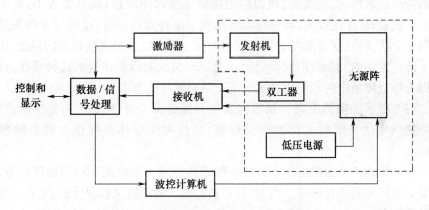

图 3－8 典型的无源相控阵雷达组成框图

相控阵雷达的组成与常规雷达基本相同，包括接收系统，发射系统、天线，波控系统等。天线波束扫描由计算机控制，雷达工作状态的选择、转换和目标识别等亦是借助于计算机来完成的，主要优缺点如下：

（1）具有固定式的电扫天线，天线不需要机械驱动，可用增大天线尺寸来提高雷达威力。

（2）波束的形状和指向可灵活控制，电扫速度快，有利于实现同时跟踪多批目标或边跟踪边扫描。同时，接收波束和发射波束可以分别或统一控制。

（3）可以用若干中小功率的辐射源合成，以得到大的辐射功率。

（4）与计算机配合，波束转动方便自如，雷达工作状态可灵活转换。

（5）雷达很多组建可并联使用，少数组件失效，仍可工作，可靠性有保证。

（6）扫描范围有限，通常一个平面天线阵扫描范围在90°×90°的立体角内。如果要在半球范围内监视目标，往往需要有4个平面天线阵或球面、圆形以及圆柱形的天线阵。

（7）整机过于庞大、复杂，因而造价高，维护费用大。

一部相控阵雷达不但能对空域中多个目标完成搜索、截获、识别、跟踪和提供半主动寻的制导所需的射频照射能量，而且对多枚导弹进行跟踪并发送相应的制导指令。

3.2.3 相控阵雷达发展现状

1. 大型战略预警相控阵雷达

自20世纪50年代末期，出现洲际弹道核武器后，大大提高了空袭武器的性能，因而国土战略预警防空也更加复杂化。洲际弹道导弹与战略轰炸机相比突出的特点是射程远、速度快，使得国土防空应战时间缩短；而且弹头小，难于发现。特别是60年代以来，导弹核武器出现了多种类型，并广泛采用多弹头技术和电子干扰措施，使得战时必然出现多方向、多层次、多批次核弹头的袭击，构成国土防空复杂的"高密度目标环境"。为能对付战时可能出现的这种情况，首先对国土防空体系中的预警雷达提出了一系列更高的要求。

（1）很远的探测距离。要求能发现和跟踪几千千米以外来袭的核弹头，最好进入雷达视距后立即发现并跟踪，以便为防空体系提供尽量长的预警时间。

（2）精确的弹道数据。不仅要求精确测定弹头的距离、方位、高度参数，而且要实时测出其变化速率。因为，只有及时确定弹道轨迹和弹着点，才有可能进行有效防御。

（3）有效的目标识别能力。具备识别真假弹头和从各种干扰中识别弹头的能力，即要求有很高的综合抗干扰能力。

（4）对付多目标能力和多功能。战时会出现多目标群的情况，因此应具备高的综合抗干扰能力。

（5）很高的数据率、数据处理能力和可靠性。

常规的超远程机械扫描雷达要达到上述（1）、（2）两项要求，必须具有很高的发射脉冲功率，同时具有大天线，以得到高增益窄波束。这样一来，降低了雷达的数据率和可靠性，尤其是用来对付多批高动态性能的目标有困难，甚至是不可能的，也就是说不能满足（4）、（5）两项要求。此外，常规雷达也不可能有效地综合运用抗干扰技术,即满足不了(3)项要求。可见常规的机械扫描雷达已不能适应洲际弹道导弹防空预警系统的需要。在此情况下,必须研制一种能够同时完成警戒、跟踪、制导和敌我识别等任务,并能对付多批高动态性能目标的战术超远程预警雷达。在 60 年代,集中了 30 年代以来雷达、计算机、自动控制 3 大技术的发展成果,研制出相控阵雷达。这种雷达体制解决了远距离、高数据率、高精度、多功能和对付多目标等问题,被称为第二代雷达。

相控阵雷达的传统形象是由大型战略系统体现出来的。早在 1958 年—1963 年间,美国修建了它的第一个洲际弹道导弹预警系统,即北方弹道导弹预警系统。

1983 年 7 月,美国空军决定将图勒、费林达尔和克里尔这 3 个预警站的雷达全部改为由美国雷声公司所研制的 AN/FPS – 85 全固态 P 波段大型多功能相控阵雷达,该系统被称为“弹道导弹预警系统”(BMEWS)雷达。

为了进一步改善该预警系统的能力,从 1976 年到 1987 年,美国建成了 4 部全固态 P 波段大型多功能相控阵雷达,其型号为 AN/FPS – 115,(PAVE PAWS Ⅰ、Ⅱ、Ⅲ、Ⅳ),加上北达科他州大福克斯空军基地的大型多功能相控阵雷达,在美国本土周围,组成了一个“五站相控阵雷达潜射弹道导弹封锁线”,也就是一个完整的潜地导弹预警网。

1973 年—1982 年,美国为了进一步改善其对洲际弹道导弹的预警能力,又研制了一部舰载大型多功能相控阵雷达,其型号为 AN/SPQ – 11,代号“朱迪眼镜蛇”(Cobra Judy)。安装在美国海军的“观察岛”号测量船上,用来配合 AN/FPS – 108 波段大型多功能相控阵雷达“丹麦眼镜蛇”监视苏联向西伯利亚东部和白令海地区所发射的洲际弹道导弹与近地球轨道载人飞行器的试验活动,并对弹道导弹预警。

美国 30 年来投入战略预警系统使用的大型多功能相控阵雷达共计是 11 部雷达,采用 P 波段全固相控阵雷达是当前美国战略预警相控阵雷达的主要发展趋势。

2. 战术防御相控阵雷达

除了上面的战略系统外,战术防御相控阵雷达也是正在生产和服务的系统。采用只有一维(仰角)电子扫描的、有效的、平面阵列天线的远程战术防空雷达有日益增多的趋势,它们是通过电子扫描和机械扫描相结合的、性能有限的相控阵雷达。

目前,有代表性的战术相控阵雷达有 AN/TPQ – 37 和 AN/TPQ – 36 炮位侦察雷达,AN/TPQ – 53 多功能爱国者雷达和 AN/SPY – 1A 机载预警雷达。

3.2.4 相控阵雷达应用和未来发展

1. 相控阵技术的应用

实践证明,相控阵技术是同时满足高性能、高生存能力雷达所必需的,也是降低现代高性能雷达研制和生产成本的重要途径,因为相控阵雷达可以采用大规模生产手段来降低成本。因此,相控阵技术已在许多种用途的雷达装备中得到了广泛应用。

1)高性能三坐标雷达对相控阵技术的需求

现代高性能三坐标雷达要求具有大空域、高数据率、高精度以及高的生存能力等特点。为此,相控阵技术在现代三坐标雷达中的重要性就显得十分明显。

平面相控阵列天线将逐步取代堆积多波束和频扫天线,在仰角上以高频数字式移相器实现天线波束的高速电控扫描,充分利用天线波束扫描的灵活性,合理分配能量,可由一个窄波束覆盖整个仰角扫描范围。当要求数据率进一步增高时,阵列天线可以形成多个接收波束,实现多个波束在仰角上的相控扫描。

2)机载预警雷达对相控阵技术的需求

采用相控技术后,可以获得机械扫描预警雷达难以具备的许多优点。例如,在工作方式上,可以将边扫描边跟踪(TWS)工作模式改为全跟踪模式,这就大大提高了数据率,因而在很大程度上改善了对多目标的跟踪性能及引导精度,能合理使用能量,提高目标检测能力;有利于消除机身、机翼、尾舵等对雷达天线方向图的干涉和遮挡效应;用多部固态发射机取代大功率电真空发射机,可靠性明显提高,雷达的可维护性更易保证,全寿命周期的成本也有所降低;采用固态发射机易于实现雷达的宽带性能,这对电子对抗是十分有利的。

目前,美国研制的新一代机载预警雷达也采用相控阵技术,用 4 个平面相控天线实现方位 360°的覆盖,整个相控阵天线安装在波音 717 机背上。该相控阵雷达工作在 L 波段,同样采用固态 TR 组件。

3)超视距雷达对相控阵技术的需求

由于采用短波波段,超视距雷达天线的尺寸很大,不能采用机械扫描,只能用扫描。例如,美国 AN/FPS – H8 超视距雷达,它工作在 HF 波段(6.74MHz ~ 22.25MHz),作用距离可达 900km ~ 3240km,用 3 个扫描范围 60°的阵面实现 180°方位覆盖。发射天线分 4 个子阵,每个子阵包含 12 个 T 型偶极子天线,阵长为 695m,天线扫描范围修正 ±30°,天线波束宽度 10°左右,用相位控制方式扫描。接收天线阵距发射阵为 160km,天线口径尺寸为 1190m,包括 137 个三角形天线单元,其中,有源天线单元 82 个,波束宽度为 2.5°,相控扫描,还采用了数字波束形成技术实现 4 个接收波束。发射机为电真空器件发射机,总平均功率高达 1200kW。信号形式为调频连续波信号(FM – CW)。

4)星载相控阵预警雷达对相控阵技术的需求

星载预警雷达与地基雷达及机载预警雷达相比,主要有这样一些突出的优点:雷达对地面的覆盖范围;生存能力;还可实现空间双(多)基地或空间—地面双(多)基地雷达体制。从空间往地面观察,对于解决低空目标的探测、反隐身飞行器来说也很有利。

星载预警雷达采用相控阵天线是为了便于实现天线波束的快速扫描,以进行大范围空域监视。另外,在星载雷达中,采用固态发射机对保证雷达工作的长寿命也是非常必要的。

2. 相控阵技术未来发展

1)固态相控阵雷达

由于各波段的功率晶体管的研制成功,相控阵雷达已向全固态的方向发展。固态相控阵雷达的优点是易于获得大的平均功率、效率高、可靠性高。

2)圆顶天线

对于平面相控阵雷达而言,如果需要搜索和跟踪整个半球空域时,一般是采用三面阵或四面阵,每个阵面探测一定的方位范围,这种方案的主要缺点如下:

(1)天线在不同方位上增益不同,因此作用距离不同;

(2)当目标在方位角上有较大变化时,平面阵之间要互相交接,这不仅增加了计算机对各个目标进行编号的识别工作量,而且在目标密集的情况下容易搞错。为了克服上述缺点,可采用圆顶天线。

3)有限电扫描相控阵

有限电扫描相控阵又称小角度相控阵,它是介于宽角大型相控阵雷达和机械扫描雷达之间的一种新型雷达体制,是把相控阵灵活的电扫描技术与常规雷达较完善的精密天线座设计结合起来的一种混合型雷达。这种雷达具有同时跟踪多批目标的能力,能边扫描、边跟踪,且搜索速度快,从而解决了常规雷达搜索与跟踪的矛盾。要得到大增益和窄波束,大型相控阵雷达的广泛运用受到复杂性和高成本的限制,而有限扫描技术即有很大的竞争力,因而已经用于一维电扫(通常是在仰角平面内采用电扫)的三坐标雷达和着陆雷达中。

4)自适应相控阵雷达

自适应相控阵雷达目前也受到广泛的重视。自适应天线阵对接收信号是敏感的。它可自适应地调整天线口径照射函数的振幅和相位,以达到希望的性能,如信干比最大等。无论是杂波还是人为的电磁干扰,自适应天线都可以有效地予以抑制。它还可以自适应地补偿天线系统机械上和电气上的误差,补偿平台的运动等。目前,最感兴趣的是如何降低来自天线副瓣的电磁干扰。一个理想的自适应天线可以做成空间的匹配滤波器,以降低在副瓣方向上干扰。

如果相控阵的每一个天线单元都有单独的自适应控制环路,则通常称它为全自适应相控阵。这种技术比较复杂,而自适应旁瓣相消也是一种自适应相控阵的形式,它利用少量的辅助天线单元,在干扰方向上设置一个或几个零点。这种技术已成功地得到应用。

3.3 合成孔径雷达

3.3.1 概述

20 世纪 50 年代,人们提出一种设想,即依靠目标与雷达的相对横向运动,在一段时间内可以"合成"一个等效的大口径雷达天线,这样便可获得高的角度维(横向)分辨力。为此,要求将该段时间内先后收到的目标回波(包括幅度和相位)储存起来,然后进行综合处理。当目标不动而雷达平台运动时,便是合成孔径雷达(SAR)。

合成孔径雷达是一种高分辨力雷达。所谓的高分辨力包含两方面的含义:高的角分辨力(即方位向分辨力)和足够高的距离向分辨力。如前所述,SAR 采用合成孔径原理提高雷达的角分辨力,而距离向分辨力的提高则依赖于脉冲压缩技术。

合成孔径雷达的几何关系如图 3-9 所示。装载有雷达的飞行平台沿 x 坐标方向(即方位向)以速度 v_a 匀速直线前进,波束的水平宽度为 β,垂直宽度为 φ。随着雷达匀速前进,将在地面形成带状辐照带(即测绘带),这就是 SAR 成像的对象。

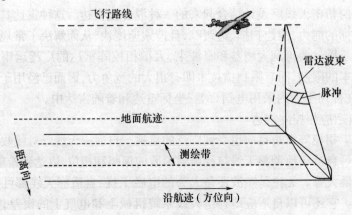

图 3-9 合成孔径雷达几何关系图

雷达一边匀速直线前进,一边以固定的重复频率发射并接收信号。如果把接收信号的幅度和相位信息存储起来并与以前的接收信号叠加,则随着雷达的前进将形成等效的线性阵列天线。

如果真实天线尺寸为 D,则其波束宽度 β 为

$$\beta = \frac{\lambda}{D} \qquad (3-17)$$

式中:λ 为雷达波长。

如宽度为 β 的波束在距离 R 处的辐照宽度为 L_s,则有

$$L_s = \beta R \qquad (3-18)$$

此即形成的等效天线阵列的最大长度,称为综合孔径长度(对每一个目标而言)。

长度为 L_s 的综合天线阵的波束宽度为

$$\beta_s = \frac{\lambda}{2L_s} \qquad (3-19)$$

由于 L_s 比 D 大许多倍,综合天线阵列的波束宽度 β_s 将比真实天线的波束宽度 β 小许多倍。也就是说,雷达的角分辨力将大为改善。把此处角分辨力折算成距离 R 处的方位向分辨力为

$$\rho_a = \beta_s \cdot R = \frac{D}{2} \qquad (3-20)$$

可见,方位向分辨力 ρ_a 只和天线尺寸有关。天线尺寸越小,方位向分辨力越高。而与波长和距离 R 无关。

那么,SAR 的距离向分辨力又是多少呢?早在雷达出现早期,人们就从实践中总结出:雷达的距离分辨力由雷达发射脉冲宽度决定。如果雷达发射脉冲宽度用 τ 表示,则雷达距离向分辨力为

$$\rho_R = \frac{c\tau}{2} \qquad (3-21)$$

后来,伍德沃德及以后很多学者在匹配滤波器概念基础上系统研究了雷达目标的分辨问题,建立了完整的模糊函数理论。按照这一理论,雷达距离分辨力将由雷达信号带宽 B 决定,且有

$$\rho_R = \frac{c}{2B} \qquad (3-22)$$

在这个理论的指导下,人们努力寻找这样的波形,它既具有较大的带宽 B,以便能获得较好的距离分辨力;又具有较大的持续时间 τ,以便获得较大的平均

功率,从而获得较大的雷达作用距离。现在 SAR 使用最多的信号就是线性调频信号,这种信号具有平方律的相位频率关系,经过匹配滤波其压缩,可输出窄脉冲,这就大大改善了雷达距离向分辨力。

3.3.2 成像处理原理

SAR 成像实际上就是距离向和方位向二维匹配滤波的过程。距离向匹配的对象是雷达发射的脉冲,方位向匹配的对象是接收回波所展示出来的多普勒特性。

下面将在研究 SAR 回波的时域特征的基础上介绍 SAR 成像算法的流程。

取 SAR 的飞行方向为 x 轴,SAR 到目标距离为 r,SAR 平台运动速度为 $v = v_x$。在时刻 $t_n - \dfrac{\tau_p}{2}$ 时,雷达发射信号为线性调频信号,即

$$f_1(t) = \exp(\mathrm{j}\omega_c t)\exp\left[\mathrm{j}\,\frac{k}{2}(t - t_n)^2\right]\mathrm{rect}\left(\frac{t - t_n}{\tau_p}\right) \qquad (3-23)$$

式中:ω_c 为中心频率;k 为线性调频信号的斜率;rect 为矩形函数;τ_p 为脉冲宽度,显然可得 $k\tau_p = 2\pi B$;B 为线性调频(LFM)信号的带宽。

设在 (x, r, θ) 处有一个发射该信号的点目标,则 SAR 接收到的回波信号为

$$f(x_n - x, t - t_n, r) = \exp\left(-\mathrm{j}\omega_c \cdot \frac{2R}{c}\right)\exp\left[\mathrm{j}\,\frac{k}{2}\left(t - t_n - \frac{2R}{c}\right)^2\right] \cdot$$

$$\mathrm{rect}\left[\frac{t - t_n - \dfrac{2R}{c}}{\tau_p}\right]W^2(x_n - x, r) \qquad (3-24)$$

此处,$x_n = vt_n$ 为 SAR 天线相位中心的坐标,有

$$R = \sqrt{r^2 + (x_n - x)^2} \qquad (3-25)$$

在式(3-24)、式(3-25)中,R 是雷达至目标的距离,$W(\cdot)$ 是天线波束在地面上照射强度的函数,其取平方是因为天线既发射又接收。上面的公式是建立在"走—停"模式基础上的。如果实际中认为雷达发射和接收脉冲时不在同一位置,则式(3-25)可改写为

$$R' = \frac{1}{2}\sqrt{r^2 + (x_n - x)^2} + \frac{1}{2}\sqrt{r^2 + \left(x_n - x - \frac{2rR'}{c}\right)^2} =$$

$$r - \frac{v}{c}(x_n - x) \qquad (3-26)$$

可见,位置差在 $\dfrac{v}{c}$ 这一量级,实际上可以忽略,这也说明了为什么在"走—

停"模式下分析 SAR 成像是足够精确的。

将 $R = \sqrt{r^2 + (x_n - x)^2}$ 代入 SAR 接收到的回波信号的表达式,可得

$$
\begin{aligned}
f(x_n - x, r', r) =\; & \exp\left(-\mathrm{j}\frac{4\pi r}{\lambda}\right)\exp\left(-\mathrm{j}\frac{4\pi \Delta R}{\lambda}\right)\exp\left(\mathrm{j}\frac{k}{2}\left[r' - (r + \Delta R)\right]^2\right)\cdot \\
& \mathrm{rect}\left[\frac{r' - (r + \Delta R)}{c\tau_p/2}\right] W^2(x_n - x, r) \qquad (3-27)
\end{aligned}
$$

这里实际上是将时间坐标变换成距离坐标,即

$$
r' = \frac{ct'}{2}
$$

$$
t' = t - t_n
$$

$$
\Delta R = R - r \doteq \sqrt{r^2 + (x_n - x)^2} - r
$$

此处,将离散的 x_n 坐标连续化,$x_n \rightarrow x'$,而且将 r'、r 用脉宽空间展宽 $\dfrac{c\tau_p}{2}$ 来归一化。x'、x 和 ΔR 用观测带中央部分方位向波束地面宽度 X 来归一化,则

$$
X = \lambda r_0 / L
$$

雷达信号 $s(x', r')$ 可由前面回波信号公式将所有基本的回波相加起来,因此有

$$
\begin{aligned}
s(x', r') =\; & \iint \sigma(x, r)\exp\left(-\mathrm{j}2\pi\frac{c\tau_p}{\lambda}r\right)\exp\left(-\mathrm{j}4\pi\frac{X}{\lambda}\Delta R\right)W^2(x' - x, r) \\
& \exp\left\{\mathrm{j}k\left[r' - r - \frac{2X}{c\tau_p}\Delta R\right]^2\right\}\mathrm{rect}\left[r' - r - \frac{2x}{c\tau_p}\Delta R\right]\mathrm{d}x\mathrm{d}r \qquad (3-28)
\end{aligned}
$$

其中,$\sigma(x, r)$ 是目标 RCS,且有

$$
\Delta R = \sqrt{\left(\frac{c\tau_p}{2X}r\right)^2 + (x' - x)^2} - \frac{c\tau_p}{2X}r
$$

其中,因子 $\dfrac{c\tau_p}{2}$ 和 X 项是对回波叠加之和正则化引入的,因此,回波之和可重写为

$$
s(x', r') = \iint \sigma(x, r)g(x' - x, r' - r, r)\mathrm{d}x\mathrm{d}r \qquad (3-29)
$$

其中

$$
\sigma(x, r) \rightarrow \sigma(x, r)\exp\left(-\mathrm{j}2\pi\frac{c\tau_p}{\lambda}r\right)
$$

是新的目标反射能力函数,而

$$g(x'-x,r'-r,r) = \exp\left[jk\left(r'-r-\frac{2X}{c\tau_p}\Delta R\right)^2\right]\text{rect}\left[r'-r-\frac{2X}{c\tau_p}\Delta R\right]\cdot$$

$$\exp\left(-ja\frac{2L}{\lambda}\Delta R\right)W^2[x'-x,r]$$

是系统的点脉冲响应函数(即从一个单位点目标的散射回波)。其中,$a = \pi\dfrac{X}{L/2}$。

式(3-29)代表了 SAR 原始数据的一种基本形式,它展示了反射率分布与原始数值间的关系。SAR 系统脉冲响应函数为 $g(\cdot)$,它依赖于 SAR 系统的电参数和几何参数。

当 $g(x'-x,\tau'-\tau,r)\rightarrow g(x'-x,r'-r)$ 时,式(3-29)可改成二维卷积,即

$$s(x',r') \rightarrow \iint \sigma(x,r)g(x'-x,r'-r)\mathrm{d}x\mathrm{d}r = \sigma(x',r')\otimes g(x',r')$$

$$(3-30)$$

对原始数据处理以得到目标的图像的过程就是成像过程。这个过程中,可使用二维的匹配滤波,得到最后结果是两个 sinc 函数的乘积,两个 sinc 函数分别对应距离维和方位维。例如,常用的距离—多普勒算法处理流程如图3-10所示。

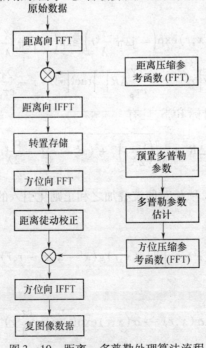

图 3-10 距离—多普勒处理算法流程

图 3 - 11 ~ 图 3 - 13 分别给出了对点目标原始数据距离压缩、距离徙动校正和方位向压缩后的图像结果。

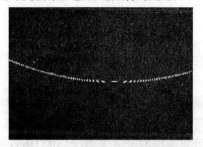

图 3 - 11 点目标距离压缩后图形

图 3 - 12 距离徙动校正后的波形

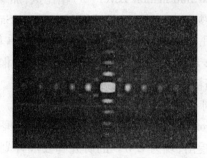

图 3 - 13 方位向压缩后的点目标图形

3.3.3 合成孔径雷达发展现状

1953 年,美国学者首先提出了 SAR 的概念,并获得第一张合成孔径雷达地图。20 世纪 60 年代,机载 SAR 开始应用,70 年代星载 SAR 上了天。

自 1978 年世界上第一颗合成孔径雷达卫星(美国"海卫 - 1":Seasat - 1)发射成功以来,苏联、欧洲空间局、日本、加拿大等都成功发射了合成孔径雷达卫星。20 世纪 90 年代,合成孔径雷达卫星已成为空间对地观测发展的"热点",使空间对地观测跨上了一个新台阶。

20 世纪 60 年代以后,许多国家先后研制了多种不同频率、不同用途的机载 2D - SAR。下面介绍几种具有代表性的 SAR。

1. 美国林肯实验室的超宽带 UHF SAR 雷达

林肯实验室研制的 UHF SAR 频带为 200MHz ~ 400MHz,即中心频率为 300MHz,带宽 B 为 200MHz。研制该雷达的目的,是检验其对在掩体内或埋地不深物体的检测能力。雷达脉冲重复频率为 200Hz,水平极化,它的纵向和横向分辨力均能达到 1m × 1m。为了检验其检测能力,在一块无房屋只有杂草的场地内,浅埋了若干反坦克地雷和炸人地雷,埋地深度为 0.25m ~ 2m。此外,还有隐蔽在掩体内的装甲车和坦克。在 1995 年 10 月的试验中,这些地雷和隐蔽在掩体内的军用车辆能明显被探测到。

2. Radarsat

利用多个卫星的分布式构形实现更高性能是近几年的重要发展方向,其中有美国 Techsat21、Cartwheel、Radarsat 等。

RadarSat – 2 是加拿大的下一代地球观测卫星,是加拿大空间中心(CSA)和 MDA 联合研究的结果。为提供北纬 60°到南纬 60°之间地球的高质量数字高程模型(Digital Elevation Model),且要求质量可与美国国家成像测绘局的 HRTI – 3(High Resolution Terrain Information Level – 3)相比拟,加拿大决定在 RadarSat – 2 的基础上,再发射一颗 RadarSat – 3,且这颗星与 RadarSat – 2 完全一样。这两颗星飞行期间保持约几千米的距离,工作于一种同时单双基地(SiMB – static:Simultaneous Monostatic and Bistatic)的模式,主要搜集高程信息。该系统预期可以达到 2m 的相对测高精度和 10m 的名义分辨力。

3. Cartwheel 计划

干涉车轮(Interferometric Cartwheel)计划作为一种廉价、有效的解决方案,由法国的 D. Massonet 提出,现为 CNES 的研究和发展计划。在轨或计划发射的传统 SAR 卫星作为主星,接收机星座中各小卫星在同一轨道面内,沿轨道周期性的旋转,形似一个飞旋的车轮,但该旋转与小卫星沿轨运行方向相反。主星上的雷达发射脉冲,雷达信号经地面反射后被无源接收星座所接收,无源接收星座与发射大卫星距离较远,可以提供稳定的水平和垂直基线。

该系统只考虑设计小卫星,而负责发射功能的大卫星由现有在轨卫星承担,如 ALOS(L – Band)系统中的 PALSAR、ENVISAT(C – Band)的 ASAR 以及 TerraSAR – X(X – Band)等。CNES 对小卫星的描述:通常不超过 100kg,具有三维姿态控制能力。

该计划以全球陆地三维成像和观测洋流为主要任务,系统简单,经济实用。

3.4 超视距雷达

3.4.1 概念

机载预警雷达的视距范围受载机飞行高度的限制,作用距离只有 400km 左右,要观测更远距离的目标,必须采用超视距雷达(Over The Horizon Radar)。

超视距雷达是一种利用电磁波在电离层与地面之间的反射或电磁波在地球

表面的绕射,探测地平线以下目标的雷达。

目前,低空与超低空突防是现代飞机和巡航导弹的重要作战手段,地面雷达解决这个问题的主要障碍来自地面杂波和地球曲率的影响。就雷达本身而言,解决杂波干扰技术比较成熟,而要克服地球曲率的影响并非易事。

在标准大气传播条件下,地球曲率对视距雷达目标探测距离 R 的限制,其工程计算可由下式近似表示为

$$R = 4.2 \times (\sqrt{h_a} + \sqrt{h_t}) \ (km) \tag{3-31}$$

式中:h_a 为天线高度;h_t 为目标高度,单位均为 m。

对式(3-31)估算,如果地面雷达天线高度 $h_a = 20m$,探测 $h_t = 0$ 的海面目标,则探测距离为 $R \approx 19km$。如果机载预警雷达飞行高度 $h_a = 10km$,探测海面目标的作用距离为 420km。而对天波雷达,电离层“等效反射”高度为 100km ~ 400km,在合适的天线波束仰角参数配合下,探测海面距离可达 800km ~3500km。

超视距雷达在警戒低空入侵的飞机、巡航导弹和海面舰艇时,可以在 200km ~400km 的距离内发现目标。与微波雷达相比,对飞机目标的预警时间可增加 5 倍 ~10 倍,对舰艇目标的预警时间增加 30 倍 ~50 倍。这种雷达能探测 4000km 以内的核爆炸,通过测量电离层的扰动情况,估计核爆炸的当量和高度。

超视距雷达还是用于对地导弹、轨道武器和战略轰炸机的早期预警手段之一。这种雷达能在洲际导弹发射后 1min 发现目标,3min 提供预警信息,预警时间可长达 30min。

超视距雷达的探测精度和分辨力虽然比较低,但它能不受地球曲率的影响,观测远距离低空目标的能力是远程相控阵雷达和机载预警雷达所不能及的,由于超视距雷达工作在短波波段,所以对付隐身目标很有利,特别是对付隐身巡航导弹。超视距雷达监视地面或海洋的范围大,特别适合监视那些难以部署雷达的海域、边远山区和沙漠地带。每平方千米被监视面积所需的成本比部署常规雷达或低空雷达网要低得多。超视距雷达用于海洋监视时,还可提供有关海情的信息。超视距离可部署在边境内纵深地区,因此,生存能力也比机载预警雷达要强。为了进一步提高超视距雷达的生存能力,国外已开始研制可移动的超视距雷达。

3.4.2　超视距雷达分类

1. 按目标信号在电离层的散射形式分类

分为前向散射(OTH-F)雷达和后向散射(OTH-B)雷达。前者是利用目

标的前向散射特性或目标穿越电离层时引起的电离层扰动特性探测目标,收发系统分置于相距较远的两地;后者是利用目标的后向散射特性探测目标的,收发系统设于同一地点。国外也有将前向散射雷达和后向散射雷达合在一个探测系统内使用的。在这种系统中,一为主系统,用以对目标的跟踪,另一个用以监视目标数据,实际上这是基于工作方式来分类的。

2. 按电离层对电磁波反射效应分类

电离层对短波的反射效应使电波传播到远方的,称为"天波"超视距雷达,利用长波、中波和短波在地球表面的绕射效应使电波沿曲线传播的,称为"地波"超视距雷达。当然,不管是天波还是地波超视距雷达,它们都有前向散射和后向散射两种工作方式。

3. 按电波的跳跃次数分类

按电波的跳越次数可分为一跳、双跳、三跳或多跳超视距雷达。

4. 按发射站和接收站的所在位置以及接收站的多少进行分类

假如系统内有一个发射站和一个由若干接收站组成的网,可算作是多基地雷达系统;如果有一个发射站和一个接收站,两者相隔一定距离,则可算作是双基地雷达系统。若发射和接收站同设一地,则归入单基地雷达系统。如果除了有一个发射接收站之外,还有若干接收站,那就属于混合式雷达系统。

3.4.3　天波超视距雷达和地波超视距雷达

1. 天波超视距雷达

天波超视距雷达是利用短波波段的无线电波能够通过大气电离层的反(折)射而传播到视距以外的特点,专门探测远方超视距目标(包括舰船、飞机和处于起飞阶段的导弹)的短波雷达,如图 3 – 14 所示。根据电离层的高度(层底平均高度为 60km),电波反射一次就可以达到至少 700km 的远处。

天波超视距雷达的主要特点如下:

(1)能够探测到在雷达视线以下的远方目标,其高度范围可在地面或海面以上、电离层以下。距离同样限于雷达的发射功率和天线、接收机性能等。

(2)只能工作在短波波段,天然地带来天线结构大、探测精度差、分辨力差等不利情况。但也有利于探测尺寸大小与波长相接近的飞机目标,以及导弹发射时喷出的电离气体尾焰。

(3)能探测 700km 外乃至数千千米的远方超视距目标,所以,必须具有很大的发射功率和占地面积以及很大的发射、接收天线口径。

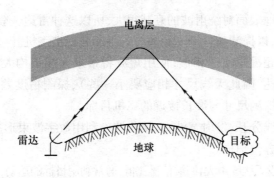

图 3 - 14 天波超视距雷达示意图

（4）不能探测约 700km 以内的目标，从而在雷达站探测的方向范围内有一个较大的距离盲区。同时，它不能探测电离层以上的外空目标。

（5）雷达电波依靠电离层反射传播，电离层的不稳定性致使电波的反射强度、反射路径、反射射线高度、反射波法拉第极化旋转的角度都在变化，使得该种雷达的工作时间受到一定限制，且在能够工作的时段内其探测距离范围的远近端、适合使用的频率范围、回波的强度等都将随着电离层的变化而变化。

（6）庞大的天线使该雷达的机动性受到极大限制，而且只能探测一定方位区内的目标。收发天线分开，波束指向依靠电扫来改变。

（7）短波波段的天线噪声大、目标远，因此，回波信噪比很低。一般常利用目标的运动，进行频域检测。因此，对于运动速度差别较大的飞机和舰船目标，检测设备的参数选择有较大不同，从而难于在同一时刻用同一套接收设备兼顾两类目标的监视。

2. 地波超视距雷达

地波超视距雷达是利用短波波段的无线电波能够沿着地球球面绕射传播的特点，专门探测超视距中低空目标的雷达。如图 3 - 15 所示，该雷达主要特点如下：

（1）地波超视距雷达是进行短波超视距探测的又一种手段，但它与天波超视距不同，是利用在近地大气层中传播的电波而不是利用通过电离层传播的电波。所以，探测的稳定性要比天波强得多。

图 3 - 15 地波超视距雷达示意图

（2）由于陆地表面对绕射波的衰减很大，所以这种雷达一般只能用于海上，通常假设在海边，以探测数百千米距离内的舰船和低空飞机。

（3）与天波超视距雷达相似，使用短波将带来天线结构大（其探测距离小于天波超视距雷达，因此天线尺寸相应要小一些）、探测精度差、分辨力低等缺点。但也有利于探测尺寸与波长接近的飞机目标。

（4）收发天线分开，发射宽波束，接收波束利用数字波束形成等技术在一定的方位区内进行方位扫描。

（5）短波波段天线噪声大，回波信噪比低，通常利用目标的运动，进行频域检测。

总的来说，超视距雷达一般具有下列特点：

（1）低空性能好，成本低。采用地波超视距离比机载预警系统经济实用，成本低。

（2）具有反隐身性能。目前，雷达波吸收涂层的有效频段为 $1GHz \sim 18GHz$，而超视距雷达工作频段多为 $2MHz \sim 30MHz$，故雷达波吸收涂层对超视距雷达不起作用。另外，在这一频段还可利用与隐身目标的谐振频率共振来增大雷达反射面积，使隐身失效。

（3）可对抗反辐射导弹。由于反辐射导弹直径小，其天线不可能做得很大，因而只能攻击 $1GHz$ 频率以上的雷达，对于超视距雷达还无法攻击，可见超视距雷达是对抗反辐射导弹威胁的手段之一。

3.4.4 超视距雷达关键技术

研制超视距雷达的关键技术如下：

（1）电离层起伏变化，雷达频率需在 $3MHz \sim 28MHz$ 范围内相应调整，因此需实时探测电离层状况、计算最佳工作频率并实时控制和修正目标坐标，消除距离测量中的多值性等。

（2）地杂波的反射信号和电台的干扰很强，必须具有高性能动目标显示系统，其杂波中的可见度应大于 $80dB$。

（3）由于传播的多路径效应，来自流星和极光的杂波等干扰，造成假目标现象严重。接收系统需采用相关接收，并具有大线性动态范围，能从干扰和噪声中提取微弱信号，还要通过序列检测和增加航迹处理的时间或采用先进的跟踪算法来改善检测质量，提高跟踪精度。

（4）发射机具有大功率、宽频带，瞬时跳频功能；天线庞大，宽带范围内保持波束宽度稳定和宽角扫描有很大难度。另外，地波超视距雷达抑制天波干扰亦是个复杂的问题。

3.5　小　　结

本章从空天侦察和预警需求出发,针对主要的侦察预警装备——雷达进行了讲述。同时,针对最常使用的相控阵雷达、合成孔径雷达和超视距雷达等从原理和关键技术角度进行了详细介绍,主要内容如下:

(1) 介绍了雷达原理,并阐述了雷达发展史,最后给出了雷达主要战术指标和主要性能指标。

(2) 未来装备必将大多基于相控阵实现,讲述了航天侦察和预警中重要雷达装备——相控阵雷达的基本原理,在此基础上介绍了相控阵雷达的组成以及特点,最后讲述了相控阵雷达的发展现状和未来发展。

(3) 合成孔径雷达是目前主要的星载成像装备之一。介绍了合成孔径雷达的基本概念、分辨力,从发射信号到接收回波的过程分析了原始数据的产生,并给出了距离—多普率 X 成像算法的流程,最后给出了国内外近几年主要的研究现状。

(4) 最后介绍了超视距雷达的概念和基本原理,作为目前主要的隐身目标、巡航导弹等的主要探测装备,超视距雷达具有非常重要意义,同时介绍了超视距雷达的分类方法以及主要的两种超视距雷达——天波超视距雷达和地波超视距雷达的主要特点,以及未来将着重发展的关键技术。

思 考 题

1. 请问"雷达"的英文描述是什么?

2. 请给出雷达回波延迟和其与目标间距离的关系式。

3. 设某线阵由 N 个相距为 d 的阵元组成。假设各辐射元为无方向性的点辐射源,而且同相等幅馈电(以零号阵元为基准相位)。在相对于阵轴法线的 θ 方向上,各阵元间波程差导致的相位差为多少?它们合成的阵列方向图又为多少?给出函数表达式。

4. 若某合成孔径雷达的天线方位向尺寸为 1m,带宽为 150MHz。请问该型 SAR 的方位向分辨力和距离向分辨力分别为多少?若希望距离向分辨力达到 0.1m,则应改变哪个参数?改变多少?

5. 地球曲率对雷达视距探测距离的影响可用什么公式表示?若雷达距离为 100m,则请问该雷达可探测多远距离之外的高度为 100m 的目标?

第4章　指挥控制系统

空天信息系统在现代战争中的充分利用和发挥,离不开现代化的指挥控制系统。从作用上讲,指挥控制是军队指挥员和指挥机关对所属部队各作战单元和武器平台的作战和其他军事行动进行组织领导的活动。随着信息技术和军事斗争的发展,军队指挥由低级到高级、简单到复杂、由将帅直接指挥到通过司令部指挥机关组织指挥,军队指挥的内容也变得越来越具体详细,指挥形式、方法和手段不断改进和提高。

军队的战斗力是建立在人和武器装备两者科学结合的基础上的。在现代战争中,既要发挥人的作用,又要发挥武器装备的作用,人和武器装备的最佳结合是取得战斗胜利的重要因素之一。因此,人和武器的关系在军事行动中占有极其重要的地位。

现代战争中,敌对双方争夺空间和时间的斗争异常激烈,军事行动的速度变得越来越快,战争的规模也越来越大,作战情报越来越多,紧张程度越来越高。传统的指挥方式和手段,速度慢、效率低、准确性差,不能满足在战况急速变化条件下获取和处理大量情报信息及指挥作战的需要。在现代战争中,单靠强化指挥人员的智力和体力活动是不能解决现代战争中的这个矛盾的。只有将提高指挥人员的素质与采用新的指挥手段相结合,配备高水平的专业人员,改革指挥方式,才能实施有效的组织和指挥。

在指挥控制系统中,建立和应用以电子计算机为主要设备,以通信网络、信息终端、接口设备、显示设备等为基础和以战术应用计算、控制程序为核心的自动化技术设备体系与作战指挥人员相结合,在指挥员、指挥机关进行指挥作战的活动中,实现指挥、控制、通信、情报一体化,使部队和武器装备在军事活动中发挥最大的效能。综合利用现代信息技术成果,把军队指挥过程的各个环节(收集和整理情报、定下战斗决心、制定战斗行动计划、下达战斗任务、组织战斗协同和组织战斗行动的全面保障、组织与实施军队政治工作等)紧密地联系在一起,才能形成一个完整的有机统一体。

本章在介绍指挥控制系统概念和分类的基础上,阐述了指挥控制系统的组成结构,并且以指挥所系统和战区联合作战指挥系统为例进行了说明,分析了指挥控制系统的功能、特性和系统中的主要技术,最后介绍了以指挥控制系统为核

心的指挥自动化系统的基本概念和功能性能等知识,并给出了指挥控制系统的
未来发展趋势。

4.1　概　述

美军在第二次世界大战后,于 1958 年建成了世界上第一个半自动化的指挥
自动化系统——"赛其"(SAGE,Semi - Automatic Ground Environment,半自动防
空地面环境)防空系统。该系统共部署了 36 种 214 部雷达、远距离通信和数据
传输设备等。主要任务是搜集和处理空中情报,识别目标;选择防空兵器;计算
和绘制歼击机拦截航线;为地空导弹部队提供目标指示等。几乎同时,苏联也建
成了类似的"天空 1 号"半自动化防空指挥系统,这两个系统的问世,标志着指
挥自动化系统开始登上战争舞台。

4.1.1　指挥控制系统的概念

指挥控制系统作为实施指挥和控制的一种技术系统,概括起来,它是以信息
获取为先导,以信息传输、分配为基础,以指挥控制作战部队和武器为核心,集指
挥、控制、管理、通信、情报、抗电子干扰为一体的系统。指挥控制系统的功能主
要表现在系统对输入的物质、能量和信息的转换能力及输出能力上。

指挥控制系统是军队各级各类指挥所内的自动化系统,也简称指控系统,既
可指单一指挥所,也可指建制系列指挥所系统。它是实现指挥所各项作战业务
和指挥控制手段自动化的信息系统,是战场综合电子信息系统或指挥自动化系
统的核心,在作战过程中辅助指挥员对部队和主战兵器实施指挥控制。就单一
指挥所而言,根据其级别和任务所确定的作战要素,指挥控制系统可划分为若干
中心或分系统或部位或席位。例如,美国北美防空防天司令部(NORAD,North
American Aerospace Defense Command)有指挥中心、防空作战中心、导弹预警中
心、空间控制中心(由原空间监视中心和空间防御作战中心合并而成)、联合情
报观察中心、系统中心、NORAD 作战管理中心和气象支援单元等。

高中级(国家、战区、战役或战术军团)指挥控制系统的指挥控制对象是下
一级的指挥机关或直属部队的指挥所自动化系统。战术级(师以下)指挥控制
系统一般与情报和武器结合较紧,因此,它们基本上是一个小型的包含指挥、控
制、通信和情报功能的指挥自动化系统。

战场综合电子信息系统中的指挥控制系统包括两个层次:功能级、系统级。
对于由各种功能使命的军事信息系统(含指挥自动化系统)集成的综合电子信
息系统,按功能可划分为预警探测、指挥控制、情报侦察、通信导航、电子对抗、安
全保密、作战保障等功能系统。其中,指挥控制功能系统是参与构建综合电子信

息系统的各类指挥控制系统综合集成的系统,其指挥控制能力不仅表现在参与集成的各系统的指挥控制能力本身(系统级),还表现在这些系统指挥控制能力的集成以及其他功能系统对它的强化(功能级)。通常,把综合电子信息系统中综合集成后的指挥控制系统整体称为指挥控制功能系统,以区别于其中单一的指挥控制系统。战场综合电子信息系统与指挥控制系统关系如图4-1所示。

图4-1 战场综合电子信息系统与指挥控制系统关系图

指挥控制系统按军队指挥关系,自上而下形成一个整体。军队指挥关系是由各级指挥员及其指挥机关和指挥对象组成的具有一定结构关系的指挥体系。军队的指挥体系视各国的情况而异,美军的指挥体系示意如图4-2所示。

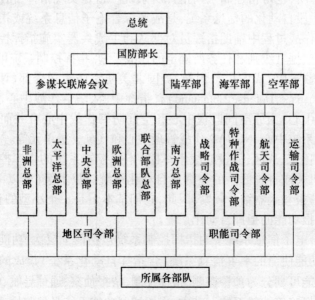

图4-2 美军指挥体系示意图

4.1.2　高技术战争对指挥控制系统的要求

现代高技术战争要求建设新型的指挥控制系统,这就对战场综合电子信息系统中的指挥控制系统的建设和能力提出了新的要求。

(1)指挥控制系统应为指挥员、战斗员和作战支持人员服务。它不仅向指挥员、战斗员和作战支持人员提供所需的作战信息,还应向指挥员、战斗员和作战支持人员提供作战知识和作战能力。决策优势不仅面向指挥员,还要面向战斗员和作战支持人员。

(2)指挥控制系统应具有极强的网络接入能力。它应该成为全军一体化信息栅格和指挥控制栅格上的一个有效节点,并且可以在适当时间、适当地点即插即用,以提高指挥控制系统的有效性、鲁棒性和机动的能力。

(3)指挥控制系统应具有"正确"的信息服务能力。即任何一级指挥中心直至总部指挥中心能够将正确信息在正确时间提供给正确人员(指挥员、战斗员);全军指挥控制系统应采用网络化结构,减少纵向指挥层次,增强横向联系,有利于联合作战、扁平指挥。

(4)指挥控制系统应成为未来 C^4KISR(Command, Control, Communications, Computers, Kill, Intelligence, Surveillance and Reconnaissance,指挥、控制、通信、计算机、杀伤、情报、监视和侦察)杀伤链中的核心环节。指挥控制系统在传感器网络的保障下,应能适时获取战场空间态势信息,掌握敌人的战场部署和战斗组织,确定可能的威胁目标,预测敌人的反制措施,选择对目标打击的武器系统;并在实施过程中,根据战场空间的态势感知,不断地调整作战计划,实现作战计划的动态同步,实现一体化的 C^4ISR 和武器攻击系统的完全整合 (C^4KISR)。

(5)指挥控制系统和武器平台互操作。要实现对目标的超视距捕获与攻击,就要求在"本地"的武器平台上能使用其他平台(其中包括"远地"平台)上的传感器数据和作战指挥信息。因此,这就要求 C^4KISR 系统中的各作战指挥系统与武器平台能够实现设备的兼容和系统的互操作,使各级指挥官能同时在各自的作战系统或武器平台上,获得一幅相同的战场态势图并能通过各种信息传输系统进行相互协调,以便在最佳的武器平台、最佳的时机,对威胁目标实施软硬一体的攻击,实现真正意义上的系统综合集成和一体化联合作战。

(6)适时的战场损伤评估能力。利用战场态势感知与预测信息,实时掌握敌人的战斗组织,判明敌人可能的作战重心和高价值目标,利用信息化武器系统对选定目标进行"点穴"式的精确打击。在精确武器发射之前,要持续不断地依靠各类传感器对目标进行识别和相关参数的修正,确保对目标的准确打击。在对目标实施打击之后,要依靠各种不同的传感器及其支撑平台对目标进行战场损伤评估和打击效果评估,以确定是否实现了对目标的打击和是否需要再次打击。

(7) 指挥控制系统要具有持续高强度作战指挥能力。隐身、精确、远程输送和威力巨大武器的出现,使现代战争的战场空前广阔,"快速主宰"、"快速决定性作战"、"平行作战"成为可能,作战行动将在不同空间、各作战级别(战略、战役、战术)同时实施,系统将面临着越来越快的作战节奏和越来越复杂的作战计划,要求系统必须全向不间断地搜集和处理战场信息,适时给出各作战进程发展的预测结果,不断地向指挥员推荐决策支持方案,无缝、实时、安全地传输战场信息和作战指挥命令。指挥员和指挥机关要善于利用指挥控制系统与设备,提高指挥效率,把握作战节奏,操控战场主动权,同时系统应具有高可靠性、高可用性。

(8) 指挥控制系统应具有极强的生存能力。在现代条件下,先进的科学技术广泛运用于军事领域,对指挥控制系统的生存提出了严峻的挑战。卫星、遥感、电子测向、电子截收等新技术在军事上的应用,使战场的透明度越来越大。信息战、电子战、精确制导武器、定向能武器、斩首行动等无不威胁指挥控制系统的生存。因此,如何提高指挥控制系统隐蔽能力,如何增强指挥控制系统的防护能力、抗毁能力,提高指挥控制系统的再生能力等,成为指挥控制系统生存能力的主要着眼点。

(9) 指挥控制系统应具备安全保密能力。安全保密是指挥控制系统的生命所在,应该建立防病毒或信息攻击入侵的"防火墙",建立多级安全保密系统,加强信息安全。利用网络防御技术实现网络反侦察、反干扰和反摧毁,以确保作战指挥信息的保密性、完整性和可用性,实现各作战实体之间、各网络节点之间的信息传输安全可靠、不受干扰、不被监听。

4.1.3 指挥控制系统的分类

指挥控制系统按指挥所级别分为战略级、战役级和战术级指挥控制系统。按指挥所类型可分为单一军兵种指挥所系统、多兵种合成指挥所系统和多军(兵)种/多国联合作战指挥所系统。战略和战役级指挥所系统还可按作战编成和业务需要,划分为若干"中心",如作战指挥中心、情报中心、信息作战中心、通信中心、火力中心、气象中心等。尽管这些"中心"系统也是相应要素的指挥控制系统,负责相关作战业务的计划、协调、组织、指挥,但作战指挥中心是这些"中心"的中心,担当着真正的作战指挥控制任务,其他各"中心"则担当作战保障和作战支持的任务。

指挥所系统按载体形态,可分为地面固定式(含山洞、地下)、地面机动式(车载、可搬移等)、机载、舰载等指挥控制系统。

按系统控制对象,指挥控制系统还可分为两类:一类以下级指挥机关和部队为主要控制对象,系统将战场态势信息转化为指挥员的方案、决心、计划、命令等作战指挥信息,如战役以上指挥控制系统;另一类,则是以兵器兵力为主要控制对象,将战场态势信息和打击毁伤信息转化为兵器兵力控制信息,如陆军旅以下指挥控制系统、导弹旅指挥控制系统、舰艇指挥控制系统等。

美军指挥控制系统分为战略指挥控制系统和战术指挥控制系统。战略指挥控制系统目前是 GCCS(Global Command and Control System,全球指挥控制系统);美国陆军战术指挥控制系统主要由军、师级以及旅和旅以下部队使用的二级作战指挥系统(含单兵 C^3I)组成;美国海军战术指挥控制系统分为岸基战术指挥控制系统和海上战术指挥控制系统。岸基战术指挥控制系统主要包括舰队、基地、水警区、舰队航空兵、岸基反潜战等指挥控制系统。海上战术指挥控制系统主要包括编队旗舰指挥中心系统、各类舰载指挥系统和舰载武器控制系统。旗舰指挥中心系统是海上 C^4I 战术数据管理系统,由战术数据处理系统、综合通信系统和数据显示系统等组成;美国空军战术指挥控制系统主要有战术空军控制系统、空军机载战场指挥控制中心、空中机动司令部指挥与控制信息处理系统组成。

4.2　指挥控制系统的组成结构

4.2.1　指挥控制系统的体系结构

指挥控制系统的体系结构取决于军队的指挥体系、作战编成与作战指挥职能。单一指挥所指挥控制系统的体系结构主要由其作战指挥职能决定,而建制系列指挥控制系统的体系结构主要决定于该建制系列的指挥关系和作战编成。图 4-3 为美国 GCCS 的体系结构图。

由图可以看出,GCCS 系统采用 3 层结构:最低层是战术层,由战区军种所属各系统组成;中间层是战区和区域汇接层,主要由战区各军种司令部、特种/特遣部队司令部和各种作战保障部门指挥控制系统组成;最高层是国家汇接层,包括国家总部、参谋长联席会议、中央各总部、战区各总部等。

GCCS 系统实质上是一个基于客户机(Client)—服务器(Server)的分布式的全球指挥控制计算机网。然而,由于 GCCS 的体系结构采用客户机—服务器,不能扩展到单个的作战人员,不能适应网络中心战的能力需求。

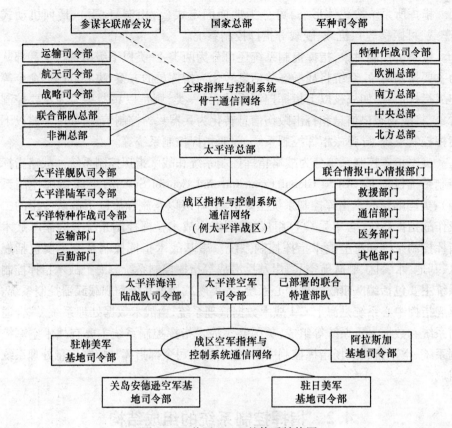

图 4 – 3   美国 GCCS 的体系结构图

4.2.2   指挥所系统组成

对于单一指挥所或指挥中心,其系统通常由信息接收与处理分系统、作战指挥分系统、作战保障分系统、技术支持分系统、系统管理分系统等组成,它们之间的关系如图 4 – 4 所示。对于设"中心"的指挥所的其他"中心"系统的组成与指挥中心大体相近。

1. 信息接收与处理分系统

信息接收与处理分系统是以信息自动化处理为主的、人员干预认定为辅的人机结合系统,在充分发挥自动化设备高速度、大容量的实时处理能力的同时,也为使用人员最终分析、判断、认定提供人机交互手段。

分系统的主要任务是接收来自上级、下级、友邻指挥所系统的信息以及直属各种探测设备(包括电磁、红外、光、振动以及核辐射等探测设备)采集的各种信

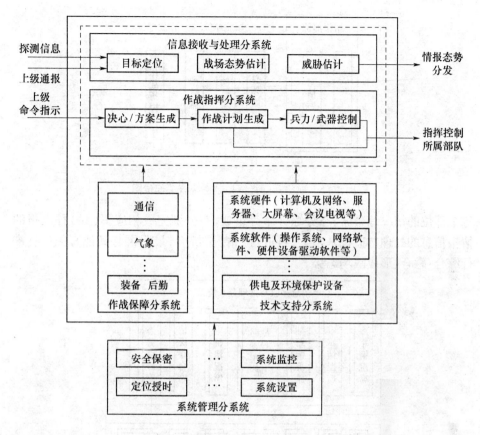

图4-4　指挥所系统各分系统间的关系图

息,进行综合/融合处理、威胁判断后,形成战场态势,一方面提供给指挥控制分系统的指挥员决策和作战指挥,另一方面用于上报和通报、分发。

　　信息接收与处理分系统除了安全、可靠、高效的硬设备外,还有一套适应多种传输规程与信息交换标准的信息接收与处理软件,主要包括信息接收与前置处理软件、信息综合/融合软件、信息分析软件、威胁评估与判断软件、战场态势综合处理软件等。

　　信息接收与处理分系统视所在指挥所的级别、类型的不同而设置不同的部位和席位。例如,航空兵师指控系统的信息接收与处理分系统,可能设有若干个席位(总空情席,空情席1,空情席2,…),完成信息接收、处理、显示和人工判决的任务,如图4-5所示。

　　而对于战役级联合作战指挥所的联合作战指挥中心系统,如图4-6所示,其信息接收与处理分系统由参与联合作战的军(兵)种的相应"情况"部位以及

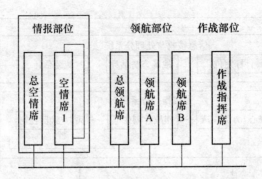

图 4-5 航空兵师指挥控制系统有关部位图

每个部位的情况综合席、态势综合席等组成,在分别完成相应军(兵)种上报的情报信息的处理与监视基础上,再进行"情况"综合,最后再与其他有关信息进行综合、融合、形成战场态势。

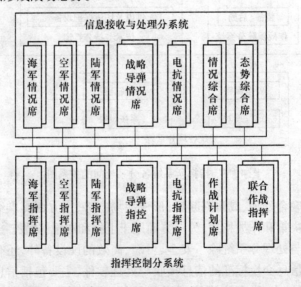

图 4-6 战役联合作战指挥中心系统有关部位图

2. 作战指挥分系统

作战指挥分系统是指挥控制系统的核心分系统,是指挥员和其他作战指挥人员进行作战指挥的部位,其任务如下:

(1)根据信息接收与处理分系统提供的战场综合态势和敌情判断结论,制定作战方案(预案),提出作战决心建议(包括遂行任务的方法、兵力兵器编成、任务分配、作战时节、作战协同和指挥程序等)。

（2）将若干决心建议进行计算机模拟推演、比较优劣，供指挥员选择最佳方案。

（3）按指挥员确定的决心方案，进行作战计算、拟制作战计划和作战命令，经指挥员确认后下达到各执行单位。

（4）在计划实施过程中，系统要紧密跟踪战场敌我双方态势的变化，适时提出计划调整建议和补充打击方案等，直至本次军事行动结束。

（5）进行战况总结。

作战指挥分系统是以指挥员为主导的、指挥人员群策群力的、充分发挥自动化技术装备优势的人机结合的系统，指挥员的判断力、知识、智慧、忠诚和创造能力将借助于自动化技术装备得以充分发挥。

作战指挥分系统除了安全、可靠、高效的硬设备、指挥所通信设备外，还有一套满足作战应用要求的，易于为指挥人员掌握的，鲁棒、安全、高效的指挥控制软件，主要包括作战方案辅助生成软件、兵力计算软件、辅助决策软件、作战计划/命令生成软件、模拟推演软件、效能评估软件、作战值班与参谋作业软件等。

作战指挥分系统视所在指挥所的级别、类型的不同而设置不同的部位和席位。例如，单一航空兵师指挥所系统的作战指挥分系统，可能只设一个作战指挥席履行作战指挥的职责，如图 4-5 所示；而对于战役级联合作战指挥所的联合作战指挥中心系统，其作战指挥分系统将可能由参与联合作战的军（兵）种的相应作战指挥部位以及每个部位的若干席位和联合作战计划席、联合作战指挥席等组成，如图 4-6 所示。

3. 作战保障分系统

在战役战术级以上指挥控制系统中，通常还应该包括直接为作战指挥服务的通信、气象、装备、后勤等部位/席位，它们共同构成作战保障分系统。各保障部位/席位的主要任务是规划与掌握相关保障资源，拟定保障方案，实施保障指挥，组织战场保障。

4. 技术支持分系统

技术支持分系统包括系统硬件平台和系统软件平台两部分，主要指构建指挥所系统的硬设备、驱动这些设备运行的软件以及支持系统运行的基础软件，还可以包括非自动化系统的保证系统运行的环境设施，如供电、空调、防电磁干扰、防电磁泄漏等战场环境防护设施等。

根据指挥所系统的级别和功能性能要求，指挥所系统的硬件平台设备通常包括信息输入/输出控制设备、计算机网络及其控制设备、服务器（文电、数据库、情报等）、首长指挥台和各业务工作台（情报、作战、侦察、电抗、航行、通信等）、通信及其控制设备、大屏幕显示设备、会议电视设备等。这些设备通过计

算机网络及其控制设备构成局域网,彼此之间进行信息传输和交换,如图 4－7
所示。系统软件平台及公共支持环境通常是由计算机操作系统和一组可移植性
好并能提供通用功能和服务的通用软件组成。

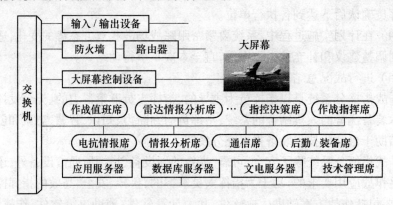

图 4－7　指挥控制系统设备连接示意图

5. 系统管理分系统

该系统包括安全保密、定位授时、系统监控、系统安装与测试、系统运行调度
控制、系统运行环境参数设置、信息发布与流向控制、系统动态配置管理等。

4.2.3　战区联合作战指挥系统

在国家总的战略目标下,为达成战争的全局或局部目的,战区联合作战指挥
系统支持战区指挥员及其指挥机关统一组织、计划、指挥全战区的武装力量协调
一致地进行联合战役行动。

通常情况下,战区战略性(大型)联合战役可以建立 3 级指挥体系,即联合
战役指挥机构、军种高级战役军团指挥机构(或战区方向联合指挥机构)和军种
基本战役军团指挥机构。战区方向(中型)联合战役可以建立两级指挥体系,即
建立联合战役指挥机构、军种基本战役军团指挥机构;集团军级(小型)联合战
役,建立一级联合战役指挥机构,直接指挥各军种战术兵团。联合战役指挥机构
通常建立基本指挥所、预备指挥所和后方指挥所。根据需要,可以派出前进指挥
所。各指挥所的构成,应当根据担负的任务和可能的条件合理确定。基本指挥
所通常由指挥中心、情报中心、通信组织与指挥中心、信息作战中心、火力计划与
协调中心等构成。指挥中心是战役指挥的核心。各中心由若干部位构成,各部
位设置若干工作席位如图 4－8 所示。

战区联合作战指挥中心系统主要由情报信息处理、指挥决策、联合作战指
挥、作战保障、内部通信和系统管理等分系统构成。

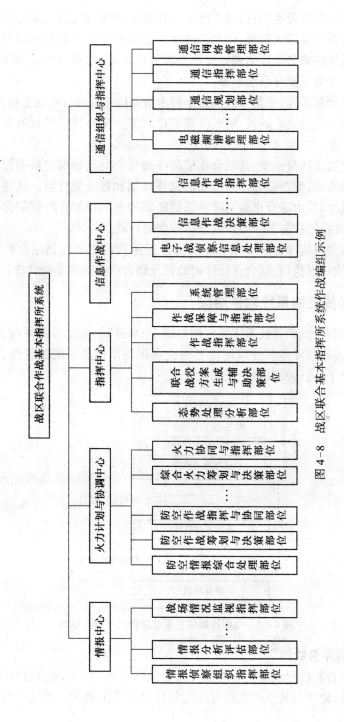

图 4-8　战区联合基本指挥所系统作战编组示例

情报信息处理分系统:接收上级的情况通报、情报中心上报的情报以及各集团的侦察设备所获取的情报、信息作战中心获取的电子战和信息情报等。经情报综合处理和态势分析评估获得战场态势分析情况;向指挥决策和联合作战指挥分系统和作战保障分系统通报。

指挥决策分系统:依据上级的命令和由情报信息处理分系统上报的情况,由作战筹划部位提出决心建议,辅助决策部位对多个决心建议进行方案评估后选择优化的方案。

联合作战指挥分系统:其联合作战指挥部位会同其他部位根据指挥决策分系统得到的方案,编制联合作战计划的总体计划和各分支计划。这些计划在得到上级的批准后,由联合作战指挥分系统所属的各部位和作战保障分系统的各部位执行,并指挥控制下一级作战部队的作战行动。

战区联合作战指挥中心系统作战指挥应用软件主要包括联合作战计划生成、联合作战计划执行、联合作战计划监控及联合作战决策支持软件。

4.2.4 指挥控制系统软件组成

指挥控制系统软件技术体系结构如图4-9所示,包括外部环境、系统平台软件、作战应用软件等。外部环境是构成指挥控制信息系统的硬件,包括计算机、网络、显示、通信及其集中控制设备等。

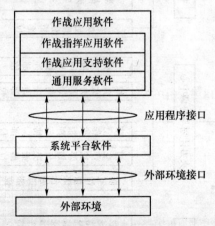

图4-9 指挥控制信息系统软件技术体系结构

1. 系统平台软件

系统平台软件提供应用软件执行所依赖的服务,系统平台软件以接口的方式提供服务,使平台特性的实现对应用软件尽可能地透明。系统平台软件包括系统支持服务、操作系统服务及物理环境服务。

1）系统支持服务

该服务包括编程语言、计算机辅助软件工程、用户接口、数据库管理系统、网络通信、网络管理、安全管理、分布式计算等基础服务。

编程语言用来描述应用软件功能的基本语法和语义定义，程序设计可使用面向过程或面向对象的语言来定义应用软件的功能。第一代编程语言是机器语言，它是机器能够直接执行的语言，与计算机硬件紧密相关；第二代编程语言是汇编语言，为每个机器代码设计一个助记符，与操作系统紧密相关，如 X86 汇编语言、Win32 汇编语言、MASM 汇编语言；第三代编程语言是高级语言，提供命令行接口和基于文本的代码，如 C、FORTRAN、PASCAL、COBOL、ALGOL 60、C + +、SQL、Java；第四代编程语言，使用图形化的接口来反映程序的内在结构，然后将这种图形化的接口转化为第三代语言进行处理，如 Visual C + +、Visual J + +、Delphi、C + + Builder 等。

计算机辅助软件工程是一组软件自动开发和维护的系统和程序，为计算机程序设计人员提供设计工具和环境。它包括软件分析设计工具、测试工具、文档生成工具、配置管理工具及原型生成工具，如 Rational 套件、PowerBuilder、ERWin 等。

用户接口指用户与应用程序之间进行交互的方法，是菜单、屏幕设计、键盘命令、命令语言及帮助的集合，包括图形化客户机/服务器操作、对象定义和管理服务、基于字符的用户接口、窗口管理规范等。典型的用户接口是图形用户接口（GUI，Graphical User Interfaces），如 Windows 桌面环境。

数据库管理系统使数据独立于创建或使用它们的进程，可长期保存，并且能为许多进程所共享。数据库管理系统提供数据管理、被管理对象功能及对结构化数据的受控访问和修改功能，提供并发控制和异构平台的分布式环境使用不同模式的数据。可通过编程语言接口、交互式数据操纵语言接口访问数据库，如 SQL、PRO/C、ODBC、ADO。指挥控制系统中普遍使用 Oracle 数据库管理系统。

网络通信指支持网络环境中数据访问和应用互操作的分布式应用。国际标准化组织（ISO，International Standardization Organization）提出的开放系统互连/参考模式（OSI/RM，Open System Interconnect / Reference Model）建立了计算机网络在概念和功能上的框架，定义了物理层、数据链路层、网络层、运输层、会话层、表示层和应用层 7 层网络协议模型。常用的网络协议有 TCP/IP（Transmission Control Protocol / Internet Protocol，传输控制协议/互联网协议）、PPP（Peer – Peer Protocol，对等端对端协议），可用于局域网、点对点通信、分组交换、电路交换和专用的军用数据通信。TCP/IP 是 OSI/RM 的简化应用，减少协议层次，会话层、表示层和应用层协议由不同的信息处理功能一并提供;提供各种网络的物理接入接口,可充分利用已有的物理通信网。TCP/IP 是应用最广泛的网络协议。

网络管理提供管理指定的网络、系统和信息服务能力,包括控制网络的拓扑图、网络逻辑域的动态划分、网络路由表的维护、监视网络负荷、按最佳流量调整路由。网络管理系统具有管理站、管理代理、管理信息库(MIB,Management Information Base)和管理协议 4 个基本元素,推行的管理协议是简单网络管理协议(SNMP,Simple Network Management Protocol)。

安全管理提供以下几种服务:鉴别服务,保证系统实体被唯一地标识和鉴别;访问控制服务,防止对信息系统资源的非授权使用;完整性服务,通过开放系统的完整性、网络完整性和数据完整性保护系统;保密服务,采用数据加密、安全关联和密钥管理来保障数据对非授权的个人或计算机进程不可用或不暴露;抗抵赖服务,包括开放系统防抵赖、电子签名等。

分布式计算允许提供服务的实体在物理上或逻辑上分布在一个网络的多个计算机系统中,分布式计算服务有远程过程计算和分布式对象计算两类。强制标准是分布式计算环境(DCE,Distributed Computing Environment)和公共对象请求代理架构(CORBA,Common Object Request Broker Architecture)。还存在与平台相关的分布式平台开发标准,如在 Windows 平台上使用的 COM 和在 Java 平台上使用的 Enterprise Javabean。分布式计算服务可用于数据、文件和命名服务,线程服务以及远程过程服务。

2) 操作系统服务

该服务是运行和管理计算机平台以支持应用软件使用所需的核心服务,包括内核操作、实时扩充服务、实时线程扩充服务、时钟/日历服务、系统故障管理服务、外壳和实用程序、操作系统对象服务及媒体处理服务。指挥控制系统中常用的操作系统包括 Unix、DOS、Windows。Windows 操作系统具有良好的人机界面,在指挥系统的工作席位中被普遍使用。

由于受硬件环境的约束,在许多武器控制系统中都采用嵌入式操作系统。嵌入式操作系统已经从简单走向成熟,主要有 Vxworks、嵌入式 Linux、QNX、Windows CE 等。在众多的实时操作系统和嵌入式操作系统产品中,Vxworks 是较为有特色的一种实时操作系统,它支持 POSIX(Portable Operating System UNIX,可移植的 UNIX 操作系统)、ANSI C 和 TCP/IP 网络协议等工业标准,具有支持各种实时功能的高效率的微内核。

3) 物理环境服务

该服务是基于硬件的服务,主要指设备驱动程序提供的接口软件服务。这些驱动程序也可能作为外部环境的一部分。指挥控制系统中的硬件包括显示器、键盘、鼠标、触摸屏、音频输入/输出设备、视频输入/输出设备、图形图像输入/输出设备等用户接口设备;可卸磁盘组、磁带、移动硬盘、光盘等永久性存储器;交换机、集线器、路由器、网桥等网络设备等;地理信息数字化仪等专用设备。

2. 通用服务软件

通用服务软件有字处理、电子表格、图像处理、视频处理、音频处理、视频会议、计算机会议服务等。通用服务软件提供共享应用的基本能力,提供的服务可以用来开发应用支持软件或作战指挥软件,也可为用户直接使用。

字处理具有创建、编辑、合并和格式化文档的能力,支持文字、图形、图像、声音混编,智能的格式化和编辑服务,如风格指导、拼写检查、目录生成、页眉、页脚、轮廓设置等。

常用字处理软件有 Word、WPS 等,可用于军用文书的编辑、生成和阅读。

电子表格处理具有创建、处理和呈现在表或图中的信息的能力,并可利用编程逻辑。典型的电子表格产品是 Excel,可用于日常管理数据的记录与统计。

图像处理具有按照认可的图像格式标准,提供图像的获取、扫描、创建和编辑能力。常用图像处理产品有 ACDSee、Photoshop、Authorware 等,可形成 JPG、BMP、GIF、TIF 等格式的图像文件,用于无人机、侦察机、气球、飞艇、侦察卫星或其他手段获得的战场图片情报的分析。

视频处理具有获取、混合、编辑视频和静止图像信息的能力和流媒体制作、发布和播放视频点播能力。视频文件类型有 AVI、MPG、MPEG-4 等,常用产品如 Adobe Premiere、Pinnaclc Edition、Windows Movie Maker 等,可用于战场情况录像的编辑与播放。

音频处理具有获取、混合、编辑音频信息的能力。语音文件类型包括 WAV、WMV、MP3、RAW 等,音频处理产品如 Soundforge、Samplitude、Vegas。

视频会议提供在不同站点之间的双向视频传送,包括事件和参加者以双向方式的全活动显示。典型的视频会议产品如 VCON H. 323 基于 ISDN 和 IP 网络的视频会议系统,通过 IP 网实现三网合一是视频会议系统,可用于指挥所系统内部或系统之间视频会议的召开。

计算机会议允许多个组通过计算机工作站参加多个会议,提供跟踪交换能力。例如, Net-Meeting 数据会议系统工具允许用户与多个会议参加者进行实时的协作与信息共享,包括本地计算机中多个应用软件的信息,利用电子白板交换图形或绘制图表,利用基于文本的聊天程序发送消息或获取会议记录,利用 Net-Meeting 的二进制文件传输功能在与会者之间发送文件,可用于战场情况分析及作战方案研讨。

3. 应用支持软件

应用支持软件指为跨领域的作战应用提供支持服务的软件,可在通用服务软件基础上进行二次开发或定制而形成,典型的指挥控制系统应用支持软件包括军用文电处理软件、军用文书处理软件、态势图形处理软件、军事地理信息处理软件、共享数据环境等。

1)军用文电处理软件

该软件是指挥所各要素之间、以及与上下级指挥所之间进行信息交换的手段,包含文电起草、发送、接收、阅读、存储管理、安全保密等功能。其特点是可在文电上附加包含数据、文本、音频、图形和图像的文件和文档,并能被格式化成标准的数据交换格式;使用目录索引和分发表对信息寻径、制定优先权;利用预先格式化的表格并跟踪文电状态;来电汇总、已接收和已阅读的文电日志、文电归档和打印以及回执和转发文电。

2)军用文书处理软件

该软件具有军用文书的拟制、图文表混合编辑功能;提供不同业务部门和不同场合使用的格式模板,可以进行模板的定制,并对模板进行管理;具有文书的审批与签发控制功能,可存储、查询、分发和输出军用文书。军用文书处理软件一般是在字处理软件基础上进行二次开发而形成。

3)态势图形处理软件

该软件可制作、编辑、输出、交换各种军用态势图形,进行多种图上作业,提供态势图的存储和检索等服务。其特点是能对图形进行拼接、分割、分层和叠加处理;文字信息标签及图文综合编辑处理;能根据需要将底图自动移动或变换比例尺;能综合运用各种输入方式进行图形的编辑处理,可进行批标图、参数标图和屏幕操作标图,支持各种作战要图的标绘;在整幅底图范围内标绘、删除、移动、几何变换、填充、着色和修改军队标号、几何图形、符号和文字等态势信息,并具有移动、闪烁、旋转、无级缩放等功能;提供军队标号的编辑和管理功能;具有遥感影像图的叠加能力以及三维地形图的生成能力,可制作电子沙盘,有选择地在电子沙盘上叠加水系、道路、人文等地理信息和态势标绘信息;提供简便的时序编排和态势演播功能。

4)军事地理信息处理软件

军事地理信息系统主要是分析自然地理环境和人文地理环境,研究其对军事行动和国防建设的影响,为制定作战计划、组织战役行动等提供所必需的地理信息资料。军事地理信息按其记述特点分为:军事地理志,从作战角度记述和评价地理环境对军事行动影响的信息资料;兵要地志,记述和评价地区地理条件对军事行动影响的地方志;地形、地貌、地物信息,包括地形、道路及其结构、内陆水系通航河段、铁路、城市等;军事地理声像资料,多媒体形式的说明材料。军事地理信息处理主要包括地理信息查询、量测判读、专题分析功能。地理信息查询是根据军事需要查询指定点的地理信息,如地理坐标获取、高程信息查询、地理要素查询等。量测判读是对地理目标进行量测、分析及统计,有距离计算、面积计算、高差计算、通视分析、断面分析等。专题分析是对军事专题涉及的战区范围内的地理信息分析,如高程分析、坡度分析、通行条件分析等。

5) 共享数据环境

共享数据环境是指建立公共数据字典(包含内部格式和外部格式、完整性和安全性规则、以及在一个分布式系统中的位置),定义各种数据元素类型的标准和注册机制,满足信息系统对数据共享和互操作的需求。它提供检索、组织和操纵从数据库中提取数据的能力,为用户提供一个一致的数据库访问接口,通常包括查询处理、屏幕生成、报表生成服务,支持对源数据的接口访问。查询处理服务对文件和数据库中所存储的信息提供交互式选择、提取和格式化能力;屏幕生成服务提供定义和生成屏幕的能力,以支持数据的检索、表示和更新;报表生成服务提供定义和生成由数据库中提取出来的数据所构成的硬复制报表的能力。它还提供数据转换及订阅发布能力,实现数据的共享。

4. 指挥控制软件

指挥控制软件可分为战场态势处理、作战计划、作战指挥、武器控制、作战决策支持、作战指挥专家系统及作战计算等类型软件。

1) 战场态势处理软件

该软件是按照一定规则和过程对战场信息进行加工处理和分析判断,主要包括信息获取、数据检查、属性判断、统计计算、威胁估计等处理以及分类存储、检索、显示等信息使用服务,目的是形成一幅精确的、及时的公共作战图,为作战指挥提供必要的战场情况支持。战场态势主要指敌对双方部署和行动所形成的状态和形势,包括陆、海、空、空间及信息战场实体、实体属性及实体间的关系。战场态势可区分为战略态势、战役态势和战术态势。战略态势一般表现国家武装力量及重要军事装备设施的情况;战役态势一般表现战役作战范围内师旅以上作战力量进行战役作战、主要军事装备设施及重点地区和重点方向的情况;战术态势一般表现战术作战范围内各作战力量进行战斗及军事装备设施的情况。

2) 作战计划软件

作战计划是作战筹划的结果表现,是实施作战的必要依据。作战计划软件提供计划编辑工具、计划模板工具,用于各种作战决心、作战计划和作战保障计划的制定。计划编辑工具应具有文字、图形、表格的综合表现能力;可按照军事条例、考虑作战样式的特点、参照军事知识和经验建立模型模板,规范各种计划的描述内容和描述方法。在计划拟制时,已掌握或积累的多种信息可以根据需要作为数据来源引入计划中,包括敌我基本情况、战场态势、作战预案以及相关计划。在计划拟制过程中,可利用辅助决策工具进行分析和决策。

3)作战指挥软件

这是为执行军事行动计划而制定和发布作战命令的软件。监视战场实际情况并与行动计划进行比照,评估计划任务完成情况;控制战场态势的发展,指导计划的实施;根据战场态势变化及时调整作战行动计划;处理在任务执行过程中冲突各方的资源、目标、兵力与武器消耗数据以及各类设施变化的情况;进行部队状态管理、目标状态管理,指挥所属作战力量的行动,以达到预期的作战目标。

4)武器控制软件

武器控制软件根据作战行动要求形成武器打击参数,将其传递到武器平台,控制武器的动作,如指挥对飞机、舰船的引导,地面固定式、机载、舰载导弹的发射控制,雷达、电子战武器的参数装订等。武器控制需涉及打击目标数据、武器特性参数、打击条件及环境因素,根据各种武器的行动模型进行解算。实施武器控制的目的是缩短作战指挥控制周期,提高武器打击效能。

5)作战指挥专家系统软件

该软件提供基于作战知识、规则及推理机的人工智能的能力。根据军事专家的经验建立知识库,模仿专家的逻辑思维进行推理,给出问题的解决方案,用于战场情况判断、作战决心咨询等方面的定性分析。在专家系统中主要包括知识库和推理机两部分,具有产生式、框架式等知识的表示能力,采用确定性与非确定性、神经网络、黑板原理等多种技术进行推理。专家系统在作战指挥领域已有较长时间的研究和应用,有助于提高作战指挥系统的自动化程度。

6)作战决策支持软件

该软件以人工智能的信息处理技术为工具,以数据库、数据仓库、专家系统、决策模型为基础,通过计算、推理等手段辅助指挥人员制定作战方案和作战保障方案。建立在专家系统之上的作战决策支持软件,继承了传统决策支持系统中数值分析的优势,也采纳了专家系统中知识及知识处理的特长。同时,可结合数据仓库技术进行联机分析及数据挖掘,既可得到定性的结果,也可得到定量的答案。

7)作战计算软件

依据各种作战力量和作战武器的行动特点、活动规律及固有属性建立算法模型,在已知某些条件时得到其他未知参数的取值。作战计算包括陆上、海上、空中、空间、电子各战场空间作战兵力的作战行动模型,飞机、舰船、导弹、雷达、电子战等武器装备的作战活动模型。

5. 模拟训练软件

作战指挥模拟训练软件采用类比表示作战过程的作战模型,利用一组数学关系和逻辑法则,按照一定的相互关系,详尽地描述作战的实际进程和信息过程,展现作战双方兵力兵器的运用及行动的规律性。模拟训练软件可用于作战指挥的发展研究,作战方法、作战预案的可行性研究,部队作战指挥训练水平检验,正确的作战指挥方法的示范性演示,以及辅助理解作战指挥条例、规则、方法的教育和训练。模拟训练软件按作战规模可分为战略训练、战役训练和战术训练;按训练组织方式可分为操作练习、单方训练、对抗训练。利用模拟训练软件,可以在不造成破坏性后果的情况下对作战进行分析。模拟训练软件一般由训练管理、模拟控制、情况设置和作战模型4个部分组成。

(1)训练管理。是对训练的实施计划、参训者、时间进程及对抗各方进行管理和控制。

(2)模拟控制。负责控制模型的运行方式和运行时机。模型可以人工、半自动和自动方式运行:人工方式指作战行动全部由人工下达;半自动方式指对抗的一方采用设定的过程与规则行动,另一方由人工即时下达作战指令;自动方式指对抗各方均按既定的设想进行。模型根据不同方式的输入给出评估交战的结果。运行时机控制可采用固定时间增量法和事件定时法。固定时间增量法即为时间步长法,按照时间步长递增循环作战模型;事件定时法,即按照事件发生的先后顺序驱动相应的作战模型。

(3)情况设置。这是指提供有关想定数据,如双方兵力、兵器的部署、数量、性能、特性参数、战场环境条件以及作战规则、作战指令等,是作战模型解算所必需的依据。

(4)作战模型。该模型是模拟训练软件的核心,一般分为解析模型、统计模型、经验模型和系统动力学模型。解析模型的特点是模型中的模型参数、初始条件和其他输入信息以及模拟时间和结果之间的一切关系均以公式、方程式和不等式来表示,其代表性的模型是兰彻斯特方程,描述作战双方军事力量的定量变化。统计模型的特点是模型参数、初始条件和结果均与各随机事件的概率及其分布函数建立关系,把所关心的演化过程分解为一系列基本活动和事件,并按逻辑关系把它们组合起来。经验模型是将一些不易量化的影响作战的因素进行量化处理,以作战指数方法描述作战,杜派创立的 QJM 定量判断模型是一个典型实例。系统动力学模型是一种迭代求解的数学模型,引入了因果、反馈关系及流图等概念。系统动力学模型擅长处理长期的周期性问题,在缺乏数据的情况下仍可进行研究。

随着计算机网络技术的飞速发展,自 20 世纪 80 年代开始,作战仿真技术的研究和应用逐步从单机环境转向了网络环境。通过计算机网络把分散在不同区域的平台级仿真器或聚合级仿真模型连接起来,构成虚拟战场综合仿真环境,以实现由多军兵种共同参与的大规模联合指挥行动的模拟。分布交互式仿真(DIS,Distributed Interactive Simulation)模拟的体系结构包括高层体系结构(HLA,High Level Architecture)和聚合级仿真协议,协议数据单元(PDU,Protocol Data Unit)是组织数据的结构和格式的标准。HLA 是构造仿真模型的元结构,主要包括接口规则(IEEE 1516)、接口规范(IEEE 1516.1)、对象模型模板规范(IEEE 1516.2)等 3 个部分。接口规则为联邦成员和运行时间基础结构(RTI,Run Time Infrastructure)提供了一个功能接口。RTI 是联邦执行的核心,是仿真系统进行分层管理控制、实现分布式交互仿真可扩充性的基础,主要功能分别为联邦管理、对象管理、声明管理、时间管理、所有权管理和数据分配管理。

4.3　指挥控制系统的功能和特性

指挥控制系统是军事电子信息装备的核心装备,是进行现代战争不可缺少的指挥手段和工具,是获得信息优势、决策优势、行动优势的关键因素。

4.3.1　指挥控制系统的主要功能

指挥控制系统的功能决定于系统的应用背景及应用需求。尽管不同的系统功能不尽相同,但指挥控制系统的基本功能主要包括以下几部分:

(1)情报接收与处理功能。接收来自上级、下级、友邻指挥所系统的信息以及直属各种探测/侦察设备采集的信息,并进行归一化处理、过滤、相关、综合/融合、质量评估、威胁判断、形成战场态势,并存储、分发、显示等。

(2)辅助决策功能。为帮助指挥员科学决策、定下决心,需要进行一系列方案计算,给出辅助决策方案。例如,根据当前敌我态势和作战原则进行对空/对海目标攻击方案计算(攻击态势图、兵力选择与配备、进入/撤出时间地点、作战效果评估等),以供指挥员选择。

(3)作战业务计算功能。根据作战业务的经典计算方法、公式,采用一系列作战业务计算软件工具,如弹量计算、油量计算、装载计算、兵力计算等,以满足作战业务需要。

(4)作战模拟功能。对拟制的各种作战方案、作战数据、判断决心效果和战斗行动效果等,通过计算机模拟推演加以验证比较、修正择优。

(5)作战指挥功能。根据指挥员的决心方案,生成作战计划、命令、指示等作战文书,迅速、准确传达到部队和武器系统,并监督执行,跟踪作战进程,掌握打击效果,进行战损评估,调整作战方案,直到作战进程结束。

(6)指挥控制战功能。主要是指利用各种手段攻击和破坏敌方的指挥控制系统,使其陷入瘫痪或推迟决策过程,同时保护己方的指挥控制系统。指挥控制战具有破坏效果显著、作用时间持久、作用范围广泛和攻击隐蔽性强等特点,为掌握战场的主动权,夺取战役、战斗的胜利创造有利的条件。

(7)模拟训练功能。系统提供各种训练手段与案例,纯模拟、模拟加实兵、模拟对抗等,对作战指挥人员熟练系统使用、深化对系统功能的理解、检验作战预案及训练作战协同等是十分有效的。

(8)防护功能。不仅防止敌人对系统进行物理破坏与摧毁,还要防止敌人对己方信息的获取、利用和干扰破坏。

4.3.2　指挥控制系统的主要特性

指挥控制系统是指挥自动化系统的核心,其特性寓于指挥自动化系统中。指挥自动化系统应用系统工程的原理和方法、广泛采用最先进的电子信息技术和产品而构成的复杂的人机系统,其最基本功能是军事信息的获取、传输和处理以及军事活动的辅助决策、指挥控制。其主要特性如下:

(1)自动化的信息感知、传输、处理。指挥自动化系统是应用传感器、计算机、通信及与其配套的各种软/硬件等技术设备的自动化信息系统。在这种系统中,信息的收集、加工、处理、传输和管理等一系列过程基本上是自动化完成的。多源、大量、实时的信息处理需求得到较好解决,从而,使指挥人员对战场态势的感知,在速度、效率、数量、质量和稳定性等方面产生质的飞跃。

(2)指挥人员主导决策。人是指挥控制系统的主导因素,指挥控制系统把各种有意义的数据处理成信息,对战场态势变化进行预测、估计,提出决策方案、建议等,这些过程离不开指挥人员的参与,其结果需由指挥人员给予鉴别、分析、决定取舍。定下决心、发布命令、实施指挥仍是指挥员的职责。可见,指挥控制系统是一个人机结合的决策系统,这个特征决定了指挥控制系统的研制方法不同于一般武器控制系统的研制方法。但是,对于时间敏感目标和高速武器控制的关键阶段,要求系统全自动化,人员处于监视管理状态,只在发生意外情况时,按预先确定的程序进行干预。指挥控制系统的全自动工作方式正在发展,战术级系统将发展得更快一些。

(3)闭环作用过程。指挥控制系统是一个由物理系统、控制对象和使用者组成的闭环系统,如图 4-10 所示。可见,战场环境(包括敌我双方的兵力和武器系统的配置以及社会、地理、气象等)是系统驱动源并受系统结果的作用,指挥控制是系统的目标和核心内容。这个闭环反馈过程直到一个军事活动结束。

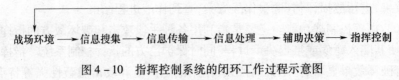

图4-10 指挥控制系统的闭环工作过程示意图

（4）多功能设备集成。指挥控制系统通常包括信息探测/采集设备、信息传输设备、信息接收与处理设备、信息存储和输出设备等，这些设备具有自身的独立功能，经系统集成后形成具有预计作战指挥功能的指挥控制系统，成为作战指挥的"神经中枢"、武器的"黏合剂"、兵力的"倍增器"。可见，指挥控制系统不是各种功能设备的简单堆积，而是按照系统工程的方法，在统一的战术技术需求和标准体系的约束下，各种功能设备经综合集成的一体化信息系统。

（5）系统功能可塑。指挥控制系统的作战功能在硬件平台的支持下，主要由计算机软件来实现，系统平台软件、通用服务软件、应用支持软件、作战指挥软件等构成了指挥控制系统软件的完整体系，满足作战指挥的各种应用需求。由于软件的可扩充性、可替换性、可重用性、可移植性等，必将衍生指挥控制系统功能的可塑性。也就是说，在指挥控制系统的生命周期内，系统的作战指挥功能是可以重组、变换、提升、优化甚至更新的。

（6）系统规模可重组。电子信息设备的可集成性和系统功能的可塑性决定了指挥控制系统的规模、规格的可变性。例如，一个空军师级指挥控制系统经适当软硬件功能模块的扩充，即可成为空军军级或战区空军级的指挥控制系统；一个陆军集团军指挥控制系统可重组成若干个师/团级指挥控制系统。

（7）多层次性。作战指挥的层次性决定了指挥控制系统的多层次性。把全军指挥控制系统分为战略、战役、战术3层，但是，即便是同属战术级的军以下指挥控制系统，还可以分为军、师、旅、团、营、连等多级指挥控制系统。这些指挥控制系统分别接收、处理来自上级、友邻、下级和/或直属传感器的信息，按照上级作战指挥命令，完成本级指挥控制系统的作战指挥任务。每一级指挥控制系统既是其上一级指挥控制系统的指挥对象，又是其上一级和友邻指挥控制系统的信息来源。

4.4 指挥控制系统中的主要技术

信息化战争是以系统对抗为主要形态的战争，制信息权将成为首要而核心的内容，指挥控制系统是夺取制信息权不可缺少的手段。为适应21世纪高技术战争的需要,为应付局部战争和突发事件,建设先进的指挥控制系统,并将高新技术充分应用于指挥控制系统是十分必要而且十分迫切的。

4.4.1 信息融合技术

信息融合技术包括数据融合和非数据信息的融合,它是随着计算机、通信技术的飞速发展,于 20 世纪 70 年代出现的新的信息处理技术,是利用计算机按时序获取若干传感器的观察信息,并在一定准则下加以分析、综合,以完成所需的决策与评估任务而进行的信息处理过程。它的基本内容是目标和环境特征的搜集和建模、算法、概率和统计、时空推理等。信息融合技术可以提高系统空间和时间的精度范围,增加系统的利用率,提高目标的探测识别能力,增加系统的可靠性等。

系统信息融合的三层四级融合结构如图 4 – 11 所示。其中,像素层融合是对多(类)传感器原始数据进行融合处理的过程;特征层融合是对已提取出的目标多类特征信息(位置、速度、方向、边缘等)进行融合处理的过程;判定层融合是对目标/事件的已有多个判定结果的融合处理过程。一级融合是依多源测量数据产生融合的单一目标状态和属性的处理过程;二级融合是依一级融合获得的各目标信息及其他相关信息进行战场态势估计的过程;三级融合是依一级融合与态势估计结果及其他相关信息,对敌方能力和企图进行估计的过程;四级融合是对融合系统性能和效能进行评估,以实现信息源和融合处理的优化控制过程。

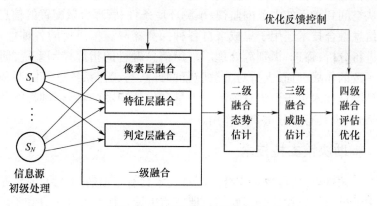

图 4 – 11 数据融合结构图

要使多信息源为指挥控制系统有效使用,必须对所获得的多种信息进行处理和协调,也就是进行数据融合。以雷达情报为例,数据融合先把多部雷达录取的目标点迹进行时间和空间的坐标变换,统一时空坐标系统。由于同一个目标可能被多部雷达发现,并且同一目标数据中存在虚警和误差,所以要进行相关计算,去除重复,识别真假,然后通过平滑滤波运算提高测量精度,对目标的行为进行计算建立航迹,这种建立航迹和管理航迹的功能称为数据组合和目标跟踪。系统信息融合功能模型如图4-12所示。

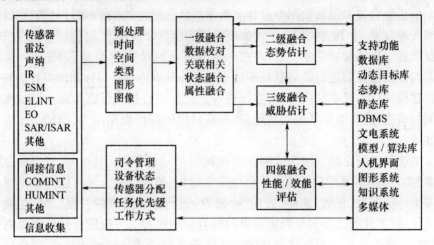

图4-12　指挥控制系统信息融合功能模型

信息融合的结果输出给决策支持系统,首先要进行态势的鉴定,然后进行方案的推算,向指挥员提供可选择的作战方案及其预期的结果。

采用信息融合技术的指挥控制系统可以有效地辅助战区或更低级别的指挥员进行从空间到水下的大范围监视、预测环境条件、管理分散配置的信息系统与装置。信息融合技术还用于集成来自各种探测器和谍报机构的各种信息,以便对信息进行分析、筛选、识别等处理。采用信息融合的指挥控制系统,通过生成和维持一致的作战画面,支持对分散配置的部队与武器系统进行协调和指挥控制。信息融合技术对于汇集有关敌方力量和作战现场的必要数据,以及归一化有用的格式,也具有十分重要的作用。

4.4.2　辅助决策支持技术

在军事领域里,智能决策支持系统及技术具有很强的生命力,它将是指挥控制系统中辅助指挥员快速、准确、高效地实施决策的强有力的工具和手段。

指挥控制系统中的辅助决策支持技术是建立在人工智能和专家系统基础之上的。人工智能是一种高级软件与功能很强的计算机组合,是把类似人脑的智能融进计算机装置,可使计算机具有人的智能功能。人工智能系统将对操作人员提供决策辅助能力。在快速变化的战场上,智能机器将为军事情报数据分析、战斗管理、实时决策、方案生成和评估等提供有效的工具,并通过分布式计算机的数据库提高指挥控制系统的决策支持能力。

指挥决策领域中的专家系统(ES,Expert System)是把专家的知识预先输入计算机,向指挥员提供专家级的咨询答案。构成专家系统的核心是知识库和推理机。知识库把专门领域问题所需的知识,变换成计算机可理解的信息形式并加以存储。推理机可将存储在知识库中的知识组合在一起,对指挥员或用户提出的问题推导出解决方案。基于知识的系统与结构化系统不同之处在于不确定性,包括采用的处理机制/方法的不确定性、知识表示的不确定性、测量/条件的不确定性、推理结论的不确定性等。

指挥决策领域中知识表示一般采用产生式规则,知识库的建立包含基本(知识)规则的提取与分类、元规则(元知识)的建立、规则的录入与解释、知识库的管理(增、删、改等)与知识调用。指挥决策领域的推理机,有正向推理、逆向推理和混合式推理。

指挥控制系统使用辅助决策支持技术形成的辅助决策支持系统(DSS,Decision Support System),可在指挥、控制、通信和情报等各个领域用于解决所遇到的决策问题,并可提前预测问题和解决其中的部分问题。

人工智能技术引入辅助决策支持系统,产生了智能决策支持系统(IDSS,Intelligence Decision Support System)。IDSS 的核心思想是将人工智能技术和其他相关学科的成果及其技术相结合,能够充分地利用人类的知识。它发挥了传统辅助决策支持系统中数值分析的优势,又发挥了专家系统中知识及知识处理的特长。

许多决策需要集中更多人的经验、智慧共同研究解决,同时,由于计算机网络和网络数据库的成熟,为群体决策支持系统提供强有力的工具,促进了全球决策支持系统(GDSS,Global Decision Support System)的开发、应用和发展。

数据仓库作为辅助决策支持系统的一种有效、可行的体系化解决方案,它包括数据仓库技术、联机分析技术、数据挖掘技术 3 个方面。数据仓库技术的发展为解决辅助决策支持系统提供了可能,以数据仓库为基础,联机分析和数据挖掘工具是可实施的解决方案。

4.4.3　高速并行处理技术

指挥控制、侦察监视以及电子对抗等大量的传感器产生的数据量越来越大,要求计算机的处理速度也越来越快。然而,计算机的运行速度提高到一定程度后,再提高就十分困难。将指挥控制系统中运用的计算机的运算过程从一个中央处理单元(CPU),改为多个处理单元同时进行,即并行处理,则运算速度就可以大幅度提高。并行处理时,数据在多个单元之间的分配由软件协调,字长可固定也可改变,近年来出现的大规模并行机,处理单元多达65000个。美国已将并行处理机用于指挥控制系统、雷达多目标信号处理、人工智能、作战模拟以及武器系统控制方面,如使用大规模并行处理机对侦察卫星和气象卫星拍摄的照片进行图像增强处理。美军曾用一台大规模的并行处理机进行声纳信号处理,其运算速度比普通的小型机快1000倍。将并行处理技术和ATM结合,支持高性能分布计算是主要的发展目标之一。共享主存多处理机(MP,Multi Processor)、分布主存大量信息并行处理机(MPP,Massively Parallel Processor)、网络环境下的网络战工作站(NOW,Network Operations Workstations)群是并行计算机系统的3种结构模式。

高速并行处理技术利用具有并行处理功能的软件,可以大幅度提高信息处理的速率。它所包含的技术内容有高性能计算机系统、高级软件技术与算法、高性能的网络技术等。高速并行处理技术可大大提高各种武器系统、指挥控制系统和多层分布式"灵巧武器"系统(与指挥控制系统相结合的武器系统)的性能。据估计,高速并行处理计算机可使指挥控制系统中现有的处理速度提高100倍。各国军方提出的信息系统云计算技术,其核心思想就是采用高速并行处理技术对系统中的巨量数据进行高性能分布处理,然后综合利用。

4.4.4 多媒体处理技术

多媒体处理技术是计算机技术与图形、图像、动画、声音和视频等高新技术的结合产物。多媒体信息系统能将多种形式的信息在计算机上进行处理并展示出来,使人们可以在声、文、图并茂的表现形式下获取、理解和使用信息。多媒体处理技术是信息处理技术第四次革命性的飞跃,并已成为当今计算机技术发展的主流,多媒体在指挥控制系统领域的应用将对未来的作战指挥产生极其深远的影响。

在指挥控制系统中使用的多媒体处理技术,包括多媒体信息处理技术(又称多媒体计算机技术)和多媒体信息传输技术(又称多媒体通信技术)两个方面。

多媒体信息处理技术是对文字、数据、图形和声音等多媒体的信息进行综合处理的技术。它可以使指挥控制系统的信息处理能力得到明显的增强,使系统可对文字、数据、图形和声音等多种形式的信息进行综合处理、显示、使用,一定程度上实现系统内的人机对话,使系统具有智能化的效果。

多媒体信息传输技术是使一个通信线路或系统同时具有传输文字、数据、图形和声音等多种信息能力的技术,它是以多媒体计算机技术为基础,是多媒体计算机技术在通信领域的应用。指挥控制系统中使用多媒体信息传输技术,可以把指挥控制系统中常用的只能传输数据或话音的"专用线路"改造为多种信息共用的"多媒体线路",大大提高了线路的使用效率;而且,用一个通信网络可传输和处理包括话音、数据、图形以及影像在内的所有作战和业务信息,由一个网络完成需要多个网络才能完成的信息传输任务,用一台终端可进行需要多台终端才能进行的多种信息交换、显示和处理。所以说,多媒体处理技术是实现多功能的综合性指挥控制系统的重要技术保障,将促进指挥控制系统向更高阶段的发展。

4.4.5 指挥控制 Web 技术

指挥控制系统也是一个指挥信息系统,信息的收集、处理、利用是重点。在指挥控制系统中充分采用浏览器/Web 服务器/数据库服务器(B/S/S)体系结构和 Web 技术,用于数据库信息的浏览查询和分发、情报处理信息综合查询和分发、作战指挥信息综合查询和分发、作战保障信息的综合查询和分发、系统管理服务程序、动态页面生成配置服务程序等,能大大提高信息的共享能力和作战指挥能力。

Web 架构的特点如下:用超文本标识语言(HTML, Hyper Text Mark - up Language)实现信息与信息的连接;用统一资源定位技术(URL, Uniform Resource Location)实现全球信息的精确定位;用新的应用层协议(HTTP, Hyper Text Transmission Protocol)实现分布式的信息共享。这 3 个特点无一不与信息的分发、获取和利用有关。作为因特网上的一种应用架构,Web 的首要任务就是向人们提供信息和信息服务。

在满足人们对信息丰富性和多样性的需求中,Web 服务端和 Web 客户端的开发技术也是由静态向动态逐渐发展、完善起来的。为了适应电子商务大潮中企业级应用开发的各种复杂需求,给用户提供更可靠、更完善的信息服务,两个最重要的企业级开发平台——J2EE 和 . NET 分别诞生于 Java 和 Windows 阵营,其中 J2EE 是基于 Java 的解决方案,Microsoft 的 . NET 平台是一个强调多语言间交互的通用运行环境。

可扩展标示语言(XML, Extensible Marku Planguage)对信息的格式和表达方法作了规范,应用软件可以按照统一的方式处理所有 XML 信息,它可以将客户端的信息展现技术提高到一个新的层次,而且能够显著提高服务端的信息获取、生成、发布和共享能力。

简单对象访问协议（SOAP,Simple Object Access Protocol）和 WS 定义语言（WSDL,Web Service Definition Language）协议与 XML 共同构成了 Web Service 的基础。Web Service 能在不同的服务端、不同的客户端乃至不同的应用类型、不同的计算设备之间传递信息。

将已有的 Web 开发技术综合起来,形成完整的开发框架或应用模型,并以此来满足各种复杂的应用需求,这也是 Web 技术的发展方向。在客户端,Microsoft 陆续推出了 MSN Explorer 和与之相关的 MSN 在线服务,这一应用模型将 Web 浏览、视频点播、邮件处理、网上游戏、在线聊天等许多种用户常用的 Web 功能集成在了一个统一的界面中;采用 Google 工具栏之后的 IE 浏览器将信息别览和信息检索有机地结合起来,这种功能的改进确实是对用户的体贴和帮助。在服务器端,越来越多的 Web 开发环境开始支持 MVC 的设计模型,为开发者提供了全套的开发框架;门户服务（Portal Server）和 Web 内容管理已成为应用集成的重点模型,可以直接为开发者或最终用户提供构建 Web 应用的高级平台,可以让 Web 开发和信息发布工作大为简化。

Web 技术的未来是语义化的 Web（Semantic Web）,是一种懂得信息内容的 Web,是真正的"信息管理员"。

4.4.6　仿真模拟技术

仿真模拟技术是以控制论、相似原理和计算技术为基础,以计算机和专用物理设备为工具,利用系统模拟对实际（或设想）系统进行试验研究的一门综合技术。仿真模拟技术可以有多种分类方法:按模型的类型,可分为连续系统仿真、离散（事件）系统仿真和连续/离散（事件）混合系统仿真;按模型的实现方式和手段,可分为全数学仿真、半实物仿真和实物仿真。仿真模拟技术,较之理论分析和实际试验具有可控、无破坏性、安全、允许多次重复、高效和应用广泛等特点,从国防到国民经济的各个领域,仿真模拟技术的应用正获得日益明显的社会和经济效益。

仿真模拟技术将复杂的设计和方案实验过程形象化,不要建立实际的模型就可以看到一种设备或武器系统的类似真实面貌。仿真模拟技术具有高速绘图、非线性问题求解、仿真验证和确认功能,可用于大型武器系统研制计划,以减少设计和生产费用、缩短研制周期、改进系统性能、增强指挥控制能力以及提高部队的训练水平。在系统设计过程中,利用仿真模拟技术,可以有效地增强人机系统的性能和操作适应能力,不管是系统设计,还是系统的改进都可达到这种效果。在战斗管理系统中,采用仿真模拟技术可以用来评估敌方各种复杂的武器系统的性能和技术水平。

近年来,新技术的出现大大加强了指挥控制系统的模拟仿真能力,这些新技术是人工智能(包括专家系统)、并行处理、面向对象的程序设计、快速原型法、计算机图形学、网络技术、传感器技术等。分布式交互仿真(DIS)使复杂军事系统构成综合仿真环境成为可能,它广泛地共享数据库、模型和其他仿真资源,能够部分或全部地给出一个作战环境、作战过程等的逼真景象。

4.4.7 互操作技术

指挥控制系统互操作技术是实现各不同指挥控制系统间相互提供数据、信息、资料、服务并能一起有效协同工作的技术,主要面向用户和应用,如情报/态势、作战业务和文电、综合数据库等互操作技术。

指挥控制系统互操作技术基于指挥控制系统互连、互通技术:指挥控制系统互连技术是指指挥控制系统间的物理连接技术;指挥控制系统互通技术是指指挥控制系统间的信息交换技术。

互操作技术是指挥控制系统的基础和重点,它不仅能为指挥控制系统提供互连、互通、互操作的支持,实现数据资源共享、信息交互和相互提供业务功能服务,而且对新的指挥控制系统设计和开发提供规范、技术和产品支持,提高指挥控制系统的一体化和互操作性。

互操作技术主要有互操作标准化、规范化技术、互操作共性产品与技术、互操作测试评估技术。指挥控制系统互操作标准化、规范化技术,包括互操作等级、类型和内容,联合作战体系结构,指挥控制系统体系结构,技术体系结构轮廓,信息处理、传输、建模、交换、安全等互操作规范,典型作战业务互操作规范等。指挥控制系统互操作共性产品与技术包括公共操作环境、共享数据环境、核心全局服务,文电、图形、数据库等共性产品,情报/态势、作战指挥、作战保障等支持产品,以公共对象代理请求体系结构、XML通用数据交换标准等为主的互操作实现技术,典型业务互操作"中间件"、互操作安全性技术等。互操作测试评估技术包括互操作功能性测试技术、互操作性试验方法、互操作性检验评估技术等。

互操作技术应用有3种方式:一是采用"中间件"方式,开发用于指挥控制系统间接口连通、信息格式转换的硬件与软件,改善已有指挥控制系统的互操作性;二是制定互操作规范、研制共性软件、采用标准化电子设备,强制推广到各军兵种指挥控制系统,从而实现互操作;三是将新一代互操作性强的产品和技术应用到新的指挥控制系统中,逐步取代互操作差、功能单一的指挥控制系统。

4.5　指挥自动化系统与指挥控制系统的发展趋势

在军事活动中,用以支持指挥人员进行计划、指挥和控制部队或武器的一体化信息系统,通常称为指挥自动化系统,又称为指挥信息系统。指挥自动化系统是现代战场综合电子信息系统的重要组成部分。在美国,指挥自动化系统是指指挥、控制、通信及情报（C^3I，Command Control Communication and Intelligence）系统,指挥、控制、通信、计算及情报（C^4I,Command Control Communication Computer and Intelligence）系统以及指挥、控制、通信、计算、情报、监视及侦察（C^4ISR，C^4I and Surveillance Reconnaissance）系统等。指挥自动化系统是作战指挥自动化的技术手段和工具,是在现代作战理论指导下,综合运用现代电子信息技术和设备,与作战指挥人员紧密结合的人机系统。指挥控制系统是指挥自动化系统的重要组成部分,同时也是现代战场综合电子信息系统的重要组成部分。指挥控制系统和指挥自动化系统的区别在于指挥控制系统不包括（外部）通信、情报、监视和侦察等系统。指挥控制系统在指挥自动化系统和现代战场综合电子信息系统中起着核心作用。

4.5.1　指挥自动化系统的组成与分类

图 4 - 13 是一个典型的指挥自动化系统作用过程图,由此可以看出,指挥自动化系统是一个作战指挥人员在环中的、与系统外部作用对象（敌/我军队或武器）共同构成的闭环系统。

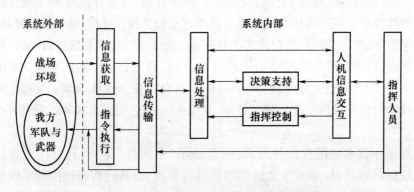

图 4 - 13　指挥自动化系统作用过程图

一个典型的指挥自动化系统通常由信息获取分系统、信息传输分系统、指挥控制分系统等组成。

信息获取分系统主要由陆、海、空、天基上的各种侦察、探测、定位设备,如侦察卫星、侦察飞机、预警机、雷达、声纳等组成,其功能是及时获取各种战场信息。

信息传输分系统主要由陆、海、空、天基上传输信息的各种信道、交换设备和通信终端设备以及由它们构成的各种功能网络等组成,如卫星通信、光通信、微波接力通信等,其功能是快速、安全、不间断地传输信息。

指挥控制分系统主要由以计算机为中心的各种输入/输出设备、网络设备、显示设备、内部通信设备等组成的,包括指挥所各作战要素部位和席位的指挥所自动化系统。其任务如下:一是接收信息并进行信息处理(格式转换、运算、综合、存储、输出等),为指挥人员提供形象、直观、清晰的战场态势信息(图像)。二是依据战场态势及有关作战规则、知识等,形成决策支持方案,进行模拟推演,为指挥人员决策提供参考信息。三是拟制作战计划,进行作战计算,分配作战任务,下达作战命令,及时准确地对部队或武器实施指挥控制。四是跟踪作战进程,适时调整作战计划和节奏等。五是战况总结等。

图 4-14 为全军指挥自动化系统结构模型图,它完整地展示出全军指挥自动化系统的层次结构、组织结构、功能结构关系。因各国军队建制和作战编程以及军事信息系统发展水平的差异,图中各维内涵也有所不同。

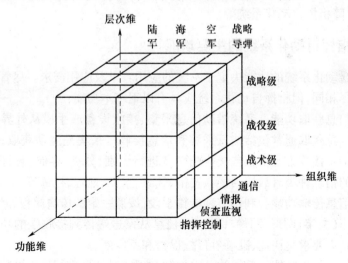

图 4-14 全军指挥自动化系统结构模型图

指挥自动化系统的分类有多种原则和方法,可分为以下几种类型:

(1)按指挥级别,可分为战略级指挥自动化系统(如统帅部、海、空军、战略导弹司令部等系统)、战役级指挥自动化系统(如战区、军区、方面军、舰队等指挥自动化系统)、战术级指挥自动化系统(如军、师、旅/团、营级指挥自动化系统、单兵系统等)。

(2)按使用部队,可分为海军、空军、陆军、战略导弹部队指挥自动化系统,海军陆战队指挥自动化系统,防空导弹指挥自动化系统,航空兵指挥自动化系统,雷达(声纳)情报自动化系统,炮兵指挥自动化系统,装甲兵指挥自动化系统,导弹旅指挥自动化系统等。

(3)按控制对象,可分为以控制部队为主的指挥自动化系统(如空军司令部指挥自动化系统、战区指挥自动化系统等,以掌握战场态势,控制作战计划、方案和下级指挥自动化系统为主)、以控制兵器为主的武器控制系统(如战略导弹指挥系统、导弹武器指挥系统、防空火力控制系统、舰艇综合火力控制系统、电子战指挥系统等,以控制兵器、火力为主)等。

(4)按依托平台,可分为机载指挥自动化系统、舰载指挥自动化系统、车载指挥自动化系统、地面固定指挥自动化系统、地下/洞中指挥自动化系统等。

(5)按使用方式,分为固定式指挥自动化系统、机动式指挥自动化系统、可搬移式指挥自动化系统、携行式指挥自动化系统、嵌入式指挥自动化系统等。

(6)按功能类型,可分为情报处理指挥自动化系统、作战指挥自动化系统、电子对抗指挥自动化系统、通信保障指挥自动化系统、装备保障指挥自动化系统、后勤保障指挥自动化系统等。

4.5.2 指挥自动化系统的主要功能

指挥自动化系统的功能决定于系统的应用背景及应用需求。尽管不同的系统功能不尽相同,但指挥自动化系统应具有以下基本功能:

(1)信息获取功能。系统借助信息采集、接收设备或手段从外界得到信息的功能。信息获取通常包括信息采集和信息接收。采集是主动获取,接收是被动获取。信息接收方对采集或接收的信息进行识别、分类、存储、装订输出等处理。获取的信息种类有敌情、我情、友情、气象、水文、地理、社情等。

(2)信息传输功能。利用多种传输手段,按照一定的传输规程和代码格式,将各种形态(文字、图形、图像、话音等)信息从发送端传到接收端的功能。对信息传输的基本要求是快速、准确、可靠、保密和不间断。

(3)信息处理功能。系统按一定规则和程序对信息进行加工的功能。信息处理主要包括信息登录、格式检查、属性检查、综合/融合、挖掘、质量评估、威胁估计等的分析和处理,以及分类、存储、检索、分发(显示/打印/报出)等。

(4)辅助决策功能。军事决策科学化是指挥自动化系统中的一个重要课题。辅助决策功能就是指挥自动化系统协助指挥人员分析判断情况、定下作战决心、确定作战方针的能力。辅助决策以人工智能和信息处理技术为工具，以数据库、专家系统、数学模型为基础，通过计算、推理和仿真等手段辅助指挥人员制定作战方案和保障预案，组织实施作战指挥，完成作战模拟，支持部队训练等。

（5）指挥控制功能。指挥员定下决心并选定了最佳方案后，就要给所属部队下达作战命令，实施作战控制以及进行作战协同。如为了配合武器的攻击，指挥控制电子战系统对敌实施电子干扰等。多次局部战争的实践表明，现代武器特别是在战场上大显身手的精确制导武器，都是依靠指挥自动化系统的控制来进行作战的。

（6）系统"三互"功能。系统与相关系统互连、互通、互操作能力。互连是互通的基础，互操作是系统"三互"的根本。"三互"从根本上实现系统资源共享和功能分布。

（7）安全保密功能。系统采取一定措施，确保其工作方式、性能参数和用户信息不被非法获取和泄露的能力。指挥自动化系统的安全保密通常涉及系统的物理安全、信息安全、系统防护、存取控制和安全管理等。

（8）系统对抗功能。指挥自动化系统对抗就是利用各种手段攻击和破坏敌方的指挥自动化系统，使其陷入瘫痪或推迟决策过程，同时利用各种方法保护己方的指挥自动化系统。指挥自动化系统对抗通常包括硬杀伤和软杀伤两类。硬杀伤主要是指敌对双方利用硬杀伤手段，包括使用直接摧毁或高能辐射攻击武器，对敌方指挥自动化系统进行攻击；同时，利用隐蔽、机动和防护等方法保护己方指挥自动化系统。软杀伤主要是指敌对双方利用软杀伤手段，即运用干扰、窃取、打入、篡改或删除等方法，攻击敌方的指挥自动化系统，使其软件系统瘫痪，数据破坏，运行效能降低；同时利用保密、欺骗和防护等手段保护己方指挥自动化系统。指挥自动化系统对抗具有破坏效果显著、作用时间持久、作用范围广泛和攻击隐蔽性强等特点。为掌握战场的主动权，夺取战役、战斗的胜利创造有利的条件。

4.5.3 指挥自动化系统的主要战术技术性能

指挥自动化系统战术技术性能体现了现代战争对指挥控制系统的具体性能要求，从数量范围、能力要求和适用环境等角度给出了对指挥控制系统的基本约束条件，其主要内容包括以下几个方面：

（1）系统作用范围。通常，用作战指挥或情报搜集的半径、地域、空域、海域等大小表示；

（2）同时指挥对象的种类、数量。通常，按种类定数量并可在总量范围内实现种类数量的自动调济,以种类、数量值的大小表示。

（3）系统探测能力。通常,指对系统作用范围的目标信息及时、连续的获取能力及其置信水平,用"％"表示。

（4）系统实时处理能力。通常,以接收处理的实时目标密度、数量,综合/融合后的数量以及计算、查阅、显示等时延的多少表示。

（5）任务成功率。通常,指系统执行任务的成功概率,如情报的正确率、对飞机/军舰引导的成功率、弹射的命中率等。

（6）指挥周期。通常,指从接受作战任务开始,经敌情分析、拟制方案、模拟推演、定下决心、制定计划等过程,最终将作战命令下达到所属作战部队的时间,用具有一定概率的时间表示。

（7）辅助决策能力。主要包括辅助决策方案的生成、推理、演进、评估能力、参谋业务计算能力等,通常以类型、数量、适用性、效率等衡量。

（8）作战计划生成能力。主要指根据首长决心和作战方案自动生成、验证作战计划和保障计划的能力,通常以类型、数量、适用性、效率等衡量。

（9）系统工作能力。主要包括系统可靠性、安全性、可维性、保障性等,通常分别以系统有效度、系统安全等级、平均维修时间、环境条件等表示。

（10）系统生存能力。主要包括系统抗毁性、机动能力,可重组能力等。

（11）系统互操作能力。指系统之间相互提供各类服务的能力,通常以互操作等级表示。

4.5.4　指挥控制系统的发展趋势

指挥控制系统的发展以网络中心战为主线,未来将进一步突出一体化、网络化、智能化等特点。

1. 指挥控制系统一体化

战略、战役和战术信息系统一体化,以战役、战术为主;全军指挥自动化系统一体化,建设信息栅格服务;指控系统与武器平台一体化,实现从传感器到射手的快速打击。

美国空军以空天一体化及信息优势为目标,强调攻防兼备,注重系统集成,重点发展航空航天指控系统和空间武器、精确制导武器及隐身作战平台,逐步形成以卫星为核心,以无人机为主力,空天一体化的系统。

2. 指挥控制系统网络化

美军充分利用信息栅格技术、计算机网络技术和数据库技术的最新成果,建设按需进行信息分发、按需提供信息服务、强化信息安全和支持即插即用的全球信息栅格,支持一体化指控系统的建设和应用,实现由以武器平台为中心向以网络为中心的转变。逐步把所有的武器装备系统、部队和指挥机关整合进入全球信息栅格，使所有的作战单元都集成为一个具有一体化互通能力的网络化的有机整体，整合成为一个覆盖全球物理空间的巨系统，从而建成一体化联合作战技术体系结构。

3. 指挥控制系统智能化

错综复杂的电子对抗和信息对抗环境，迫使军事电子信息装备朝着智能化方向发展。随着新型高能计算机、专家系统、人工智能技术、智能结构技术、智能材料技术等的出现和广泛应用，指挥控制系统智能化将成为现实。指挥控制系统智能化主要表现在：第一，态势感知透明化，增强对战场态势的感知能力；第二，指挥决策智能化，提高决策的正确性和指控的准确性、灵活性，提高作战效能；第三，作战协同网络化，实现作战活动自我同步，提高兵力协同和武器装备协同作战能力。

4.6　小　结

本章介绍了指挥控制系统的概念和分类，介绍了指挥控制系统的体系结构和软件组成，分析了指挥控制系统的功能、特性和系统中的主要技术，最后介绍了以指挥控制系统为核心的指挥自动化系统的基本概念和功能性能等知识。具体内容如下：

（1）指挥控制系统作为实施指挥和控制的一种技术系统，概括起来，它是以信息获取为先导，以信息传输、分配为基础，以指挥控制作战部队和武器为核心，集指挥、控制、管理、通信、情报、抗电子干扰为一体的系统。指挥控制系统是军队各级各类指挥所内的自动化系统，也简称指控系统。

（2）指挥控制系统按指挥所级别分为战略级、战役级和战术级指挥控制系统。按指挥所类型可分为单一军兵种指挥所系统、多兵种合成指挥所系统和多军（兵）种/多国联合作战指挥所系统。按系统控制对象，指挥控制系统还可分为两类。一类以下级指挥机关和部队为主要控制对象，另一类则是以兵器兵力为主要控制对象。

（3）指挥控制系统的体系结构取决于军队的指挥体系、作战编成与作战指挥职能。单一指挥所指挥控制系统的体系结构主要由其作战指挥职能决定，而建制系列指挥控制系统的体系结构主要决定于该建制系列的指挥关系和作战编成。

（4）指挥控制系统软件技术体系结构包括外部环境、系统平台软件、作战应用软件等。其中，作战应用软件包括了通用服务软件、应用支持软件、指挥控制软件、模拟训练软件等模块。

（5）将高新技术充分应用于指挥控制系统是现代信息化战争所需要的，这些技术通常有信息融合技术、辅助决策支持技术、高速并行处理技术、多媒体处理技术、指挥控制 Web 技术、仿真模拟技术、指挥控制系统互操作技术等。

（6）指挥自动化系统是作战指挥自动化的技术手段和工具，是在现代作战理论指导下，综合运用现代电子信息技术和设备，与作战指挥人员紧密结合的人机系统。指挥控制系统是指挥自动化系统的重要组成部分，指挥控制系统和指挥自动化系统的区别在于指挥控制系统不包括（外部）通信、情报、监视和侦察等系统。指挥控制系统在指挥自动化系统和现代战场综合电子信息系统中起着核心作用。

思 考 题

1. 什么是指挥控制系统？指挥控制系统的体系结构取决于哪些因素？
2. 对于单一指挥所或指挥中心，其系统组成通常包括哪些部分？
3. 指挥控制系统软件的体系结构包括哪些内容？
4. 指挥控制系统的主要功能有哪些？
5. 指挥控制系统的主要特性有哪些？
6. 在指挥控制系统中应用的主要技术有哪些？
7. 什么是指挥自动化系统？指挥自动化系统与指挥控制系统是什么样的关系？
8. 指挥控制系统的发展趋势有什么特点？

第5章 战术数据链

战术数据链作为空天信息系统中的重要组成部分,在现代信息化战争中发挥着决定战争胜负的重要作用。从某种意义上讲,信息化战争的特点主要表现在两个方面:

(1)信息技术的宽范围应用,具体体现在武器装备的信息化、信息装备的武器化、部队数字化和指挥控制自动化。

(2)信息的宽范围利用,如果说机械化战争中的战斗力来自于物质,那么在一定程度上讲,信息化战争中决定战斗力的是信息,包括信息的存取以及信息传输的速度。

在战斗空间,所有的作战单元,包括人员和武器,共享高度的感知信息并利用这种共享的感知信息迅速实现作战行动的同步化,是赢得战争胜利的关键。

本章从分析战术数据链的作用入手,介绍了战术数据链的概念、功能和特点,介绍了美军和北约国家常见的战术数据链,包括了常用数据链、宽带数据链和专用数据链3个方面,分析了战术数据链的组成,以美军的战术数据链为例,介绍了战术数据链的通信标准和报文标准等,最后,以当代战争为背景,介绍了战术数据链的具体应用。

5.1 概　述

数据链是采用无线通信设备和数据通信规程建立的数据通信网络,并直接为指挥和武器系统提供支持服务,是数据通信与计算机控制密切结合的系统。它采用无线网络通信技术和应用协议,实现机载、陆基和舰载战术数据系统之间的数据信息交换及战术系统的各项功能;它包括一套通信协议(如频率协议、波形协议、链路与网络协议和保密标准)以及被交换信息的定义;它可构成点对点数据链路及网状数据链路,使作战区域内各种指挥控制系统、作战平台的计算机系统组成战术数据传输/交换和信息处理网络,为指挥人员与战斗人员提供有关的数据及完整的战场态势。战术数据链的通信距离大约在 20km ~ 1000km 之间,若与卫星通信一起使用,则可进行全球通信。

一般来说,数据链分为两类:点对点链路和网状链路。

点对点数据链路是在两个单位之间建立一个公共的数据交换信道,一般是全双工模式。多个点对点数据链路可以通过中继和传递单元连接成网络,根据特定的规则,信息可以从一个数据链路传递到另一个数据链路。点对点数据链路可以把固定或移动的地面指挥、控制(C^2, Command Control)或武器单元连接起来,其传输介质包括高频(HF)、特高频(UHF)视距传输和 UHF 对流层散射传输等。通常,它工作在两个单位之间能提供话音信道的通信系统上。而网状数据链路,通常采用一个公共的网频建立一个公共信道,以供许多单位分享。

网状数据链路按其多单位连接方式可进一步分类,它适合于连接一个小范围的机动(机载或舰载)指挥、控制单元和武器单元,它一般工作在高频(HF)和特高频(UHF)数据传输介质上。

战术数据链的内涵十分丰富,它是一个整体概念,必须从整体的意义上去把握它。从整体上讲,战术数据链有 4 个基本特征:第一,它是用于战斗空间的,这个空间的规模大约是半径为 300km 的球立体,当然随着卫星等远距离通信手段的介入,这个空间有进一步扩展的可能,但是在战术层面的意义上,作上述理解不会有大的偏差。第二,完备成熟的战术数据链是一个网络,尽管其发展过程经过了从专用到通用、从线到面进而到网的过程。这个网络应该走向自组织、自同步和无节点,才能实现作战单元完全意义上的互连、互通、互操作。第三,它有一套完备的报文标准,标准中规定的参数是包括作战指挥、控制、侦察监视、作战管理、武器协调、联合行动等静态和动态描述和表征的集合。第四,战术数据链使用的信道和信号具有抗干扰能力强、效率高和保密性好等特点,如采用多音频、跳频、突发等通信方式,并普遍使用加密设备。

5.1.1　战术数据链的作用

战术数据链在现代战争中发挥着极其重要的作用,数据链的建设是信息化战争发展的重要标志之一,数据链的应用水平在很大意义上决定着信息化战争的水平和能力。

现代战争不仅仅是人与人、武器对武器的对抗,取得战争的主导地位在很大程度上取决于双方的 C^4ISR 系统。C^4ISR 系统都包含有自己的通信网络,其作用是支持作战的指挥控制需求。但战场指挥官在面对一些需要快速反应、实时处理的威胁和目标时,仅依靠普通的通信网是远远不够的,必须借助一些特殊的通信手段来协助其绘制整个战场的战术图像。数据链就是协助战场指挥官绘制精美而实时的战术图像的通信手段。

对于从传感器到发射平台间的数据流,受信息处理和传输技术的限制,传统的军队无法以信息流快速准确地驱动火力,军事力量体系中的指挥、探测、识别、火力之间是完全脱节的,不能实现快速精确打击,与现代联合作战中快速精确地集中火力的要求相差很远。在现代信息化联合作战中,传感器、指挥控制系统和武器系统变得越来越复杂,陆、海、空三军的作战部队、舰船、飞机等作战单元之间需要传送大量的传感器信息和交战指令,使各级指挥员共享战场态势,实现快速精确的联合作战行动。因此,只有数字化支持下的数据链的运用,才能达成真正意义上的联合作战。

信息化武器的一个重要特点是武器平台之间实现横向组网,并融入信息网络系统,达成信息资源共享,从而最大程度地提高武器平台的作战效能。传统的以坦克、战车、火炮和导弹为代表的陆基作战平台,以舰艇、潜艇为代表的海上作战平台,以飞机、直升机为代表的空中作战平台等,都必须在火力优势的基础上兼有现代信息优势,才能成为真正的高技术信息化武器装备。因此,这种链接各种作战平台、优化信息资源、有效使用作战能量的数据链,正日益受到重视并被用于整合军队各战斗单元。数据链已经成为军队作战力量的"黏合剂"和"倍增器"。

5.1.2　战术数据链的概念

随着喷气式飞机、导弹等高机动武器的出现,作战节奏加快,对信息的实时性要求日益迫切;随着雷达等各种传感器的迅速发展和广泛应用,信息的种类不断增加,信息的规模不断扩大,话音通信在时效上和传输能力上已远远不能满足需要。战场态势的这些变化,客观上需要一种新的信息传输手段。于是,战术数据链应运而生。

战术数据链的建设始于 20 世纪 50 年代,并首先装备于地面防空系统、海军舰艇,而后逐步扩展到飞机。美军 50 年代中期启用的"赛其"防空预警系统,率先在雷达站与指挥控制中心间建立了点对点的数据链,使防空预警反应时间从10min 缩短为 15s。随后,北约为其防空预警系统研制了点对点的 Link 1 数据链,使遍布欧洲的 84 座大型地面雷达站形成整体预警能力。50 年代末期,为解决空对空、地(舰)对空的空管数据传送问题,北约还研制了点对面、可进行单向数据传输的 Link 4 数据链,后经改进,使其具备了双向通信和一定的抗干扰能力。

为了实现多平台之间的情报信息交换,美国海军 20 世纪 60 年代开发了可在多舰、多机之间承担面对面数据交换的 Link 11 数据链,并得到广泛应用。与此同时,为了解决装备 Link 11 数据链与未装备 Link 11 数据链舰艇间的战术数据传递问题,美军还研制了 Link 14 数据链。随着旧舰艇的退役,Link 14 数据链的使用量大为减少。越南战争后,针对战时各军种数据链无法互通,从而造成协同作战能力差的问题,美军开始开发 Link 16 数据链,实现了战术数据链从单一军种到三军通用的一次跃升。

纵观数据链的发展历程,从数据传输的规模上看,基本上是沿着从点对点、点对面,到面对面的途径发展;从数据传输的内容上看,是从单一类型报文的发送发展到多种类型报文的传递,出现了综合性战术数据链;从应用范围上看,基本上沿着从分头建立军种内的专用战术数据链到集中统一建立三军通用战术数据链的方向发展。

关于什么是战术数据链,军事专家、战术专家、技术专家等不同人员站在不同的立场上,从不同角度出发,有不同的定义和理解。

(1)数据链是武器装备的生命线,是战斗力的倍增器,是部队联合作战的"黏合剂"。

(2)数据链是将数字化战场指挥中心、各级指挥所、参战部队和武器平台链接起来的信息处理、交换和分发系统。

(3)数据链是获得信息优势,提高作战平台快速反应能力和协同作战能力,实现作战指挥自动化的关键设备。

(4)数据链通过无线信道实现各作战单元数据信息的交换和分发,采用数据相关和融合技术来处理各种信息。

(5)数据链是采用无线网络通信技术和应用协议,实现机载、陆基和舰载战术数据系统之间的数据信息交换,从而最大限度地发挥战术系统效能的系统。

(6)数据链技术包括高效远距离光通信、用于抗干扰通信的多波束自适应零位天线、数据融合技术、自动目标识别技术等。

(7)数据链是全球信息栅格(GIG,Global Information Grid)的重要组成部分,也是实施网络中心战的重要信息手段。

上述各种表述应该说都是对的,但都不完全。广义地讲,所有传递数据的通信均称为数据链,数据链基本上是一种在各个用户间,依据共同的通信协议、使用自动化的无线电(或有线电)收发设备传递、交换负载数据信息的通信链路。而狭义地讲,则可引用美国防部对战术数据链下的定义:战术数据链是用于传输机器可读的战术数字信息的标准通信链路。战术数据链通过单一网络体系结构和多种通信媒体,将两个或多个指挥和控制或武器系统连接在一起,从而进行战术信息的交换。当前,战术数据链的特点是具有标准化的报文格式和传输特性。美国及北约目前广泛使用的 Link 系列战术数据链都具有这样的特性。如 Link 11 即 TADIL A 数据链,其报文标准遵循美军标 MIL – STD – 6011 或北约标准 STANAG 5511,而通信标准则遵循 MIL – STD – 188 – 203 – 1A;Link 16 即 TADIL – J 数据链,其报文标准遵循美军标 MIL – STD – 6016 或北约标准 STANAG

5516,而通信标准遵循 JTIDS 和 MIDS。然而,随着信息技术的发展、新作战理论的问世以及新型战术数据链的研制,战术数据链的内容已越来越丰富,其包括的范围也越来越广。如协同作战能力(CEC,Cooperative Engagement Capability)、改进型数据调制解调器(IDM,Improved Data Modem)等也都被美军划入到战术数据链范畴,但这些战术数据链已无法用传统的定义来说明。

5.1.3 战术数据链的功能

战术数据链的基本作用是保证战场上各个作战单元之间迅速交换情报信息,共享各作战单元掌握的所有情报,实时监视战场态势,提高相互协同能力和整体作战效能。数据链作为军队指挥、控制与情报系统传输信息的工具和手段,是信息化战争中的一种重要通信方式。在数字化战场中,指挥中心、各级指挥所、各参战部队和武器平台通过"数据链"链接在一起,构成陆、海、空、天一体化的数据通信网络。在该网络中,各种信息按照规定的信息格式,实时、自动、保密地进行传输和交换,从而实现信息资源共享,为指挥员迅速正确地决策提供整个战区统一、及时和准确的作战态势。

美国空军对战术数据链提出的总要求:在恰当的时间提供恰当的信息,并以恰当的方式进行分发和显示,这样,作战人员就能够在恰当的时间、以恰当的方式、完成恰当的事情。目标则是利用战术数据链所提供的信息优势,加快和改进作战人员的决策过程。总之,战术数据链是大量重要作战能力的关键使能器(Key Enabler)。其功能总结如下:

(1)在需要的时间和需要的地点提供信息的能力。全球信息栅格和战场空间信息球描述了在需要的时间和地点提供准确、相关信息的能力。如今,全球信息栅格在主要的地基系统如空军全球指挥控制系统和战区作战管理核心系统之间提供连通性。战术数据链是将空中平台与其他高机动和专用节点集成在一起的主要方式。

(2)快速准确地获取战场空间图片的能力、评估战场形势的能力、做出英明决策的能力、分配任务和重新分配任务的能力以及评估任务效果的能力。这些能力在发现、锁定、跟踪、瞄准、交战和评估(F^2T^2EA,Find Fix Track Target Engage Assess),时间关键目标瞄准(TCT,Time Critical Targeting)以及动态监视、评估、规划和执行(D - MAPE,Dynamically Monitor Assess Plan and Execute)概念中得以强调。战术数据链是向传感器平台和射手分发态势感知信息的主要方式,它们将射手、决策者和战场管理者连接到全球信息栅格,并提供了一种快速分配任务和重新分配任务的方式。另外,数据链还用于引导传感器平台去收集战场损伤评估(BDA,Battle Damage Assessment)信息,并快速地将 BDA 报文或图像分发出去。

（3）在传感器、决策者、射手和支援设施之间快速准确地交换信息的能力。战术数据链在机载平台和机载/地基 C^2 节点间提供无缝连通。相关信息的图形化显示以及与飞机上其他系统（即导航、传感器和目标导引）的接口，大大降低了工作量，提高了准确性并且极大地增强了战斗效率。

（4）支持全球打击特遣任务部队（GSTF，Global Strike Task Force）作战的能力。GSTF作战概念强调多种战术数据链要求和能力，尤其在作战初始阶段、没有大范围的地基指挥控制基础结构情况下在不成熟的战区作战时更强调这些功能。战术数据链能够使平台在机器一级集成和对话，能够融合无数的信息源，提高精确定位、识别和报告关键目标的能力。将视距数据链参与者连接成网络对预测战场空间态势、重新定位目标、时间关键目标瞄准、威胁更新和作战损伤评估报告来说是非常重要的。另外，为了连接途中的指挥官、他们的参谋人员、支援和增援部队，向他们分发战区内的有用资源和信息，必须具备超视距数据链能力。如 F-22 提供空中优势、B-2 执行战略攻击和封锁、加油机提供空中加油、情报监视侦察（ISR，Intelligence Surveillance and Reconnaissance）平台定位目标并收集作战损伤评估、指挥控制节点实施战场管理，所有这些资源必须一致工作，在视距和超视距资源之间快速、准确地交换任务关键信息。

（5）战术数据链除了可用于像飞机、舰艇编队或地面控制站台等战术单位间、小范围区域内的数据交换、数据传送外，也可通过飞机、卫星或地面中继站用于大范围的战区，甚至是战略级的国家指挥当局与整体武装力量间的数据传输。

5.1.4　战术数据链的特点

与一般的通信系统不同，战术数据链系统传输的主要信息是实时的格式化作战数据，包括各种目标参数及各种指挥引导数据。因此，战术数据链具有以下几个主要特点：

（1）信息传输的实时性。对于目标信息和各种指挥引导信息来说，必须强调信息传输的实时性。数据链力求提高数据传输的速率，缩短各种机动目标信息的更新周期，以便及时显示目标的运动轨迹。

（2）信息传输的可靠性。数据链系统要在保证作战信息实时传输的前提下，保证信息传输的可靠性。数据链系统主要通过无线信道来传输信息数据。在无线信道上，信号传输过程中存在着各种衰落现象，严重影响信号的正常接收。在数据通信时，接收的数据中将存在一定程度的误码。因此，数据链系统采用了先进、高效和高性能的纠错编码技术降低数据传输的误码率。

（3）信息传输的安全性。为了不让敌方截获己方信息，数据链系统一般采用数据加密手段,确保信息传输安全可靠。

（4）信息格式的一致性。为避免信息在网络间交换时因格式转换造成时延,保证信息的实时性,数据链系统规定了各种目标信息格式。指挥控制系统按格式编辑需要通过数据链系统传输的目标信息,以便于自动识别目标和对目标信息进行处理。

（5）通信协议的有效性。根据系统不同的体系结构,如点对点结构或网络结构,数据链系统采用相应的通信协议。

（6）系统的自动化运行。数据链设备在设定其相应的工作方式后,系统将按相应的通信协议,在网络（通信）控制器的控制下自动运行。

5.2　战术数据链常见形式

针对现代战争各种作战方式的不同需要,有多种类型的数据链,各种数据链都有其特定的用途和服务对象。美国和西方各国在不同的历史时期,根据当时的技术水平和不同的作战用途开发了种类繁多的战术数据链,如用于传输格式化报文信息的战术数字信息链（TADIL）、用于传输图像情报和信号情报的公共数据链/战术公共数据链（CDL/TCDL）以及传输导弹修正指令用于武器引导的精确制导武器用数据链等。

5.2.1　常用数据链

常用的战术数据链主要包括美军使用的战术数字信息链路系列（TADIL）和北约使用的 Link 系列。

战术数字信息链（TADIL）是美国国防部参联会批准的用于传输机器可读的数字化信息的标准通信链路。TADIL 通过一个或多个网络体系和多种通信媒体,将两个或多个指挥控制或武器系统连接在一起,从而进行战术信息的交换。目前,美国国防部已经投入使用的 TADIL 有 6 种,分别是 TADIL A、TADIL B、TADIL C、TADIL J、ATDL – 1（陆军战术数据链路 1）及 IJMS（过渡性 JTIDS 报文规范）。除此以外,美军还使用北约 Link 1、Link 22、可变报文格式（又称作TADIL K）等数据链。美军的各级指挥中心以及各作战平台均装备有一种或多种此类数据链。

1. 战术数字信息链路 A（TADIL A）

TADIL A,北约称之为 Link 11,于 20 世纪 70 年代投入使用,计划服役到2015 年。TADIL A 主要用于实时交换电子战数据、空中/水面/水下的航迹,并传输命令、告警和指令信息。它是一条保密的网络化数字数据链路,采用并行传输和标准报文格式,在机载、地基和舰载战术数据系统之间交换数字信息。该数据链采用 M 序列报文,报文标准由美军标 MIL – STD – 6011 和北约标准 STAN-AG 5511 定义,通信标准由美军标 MIL – STD – 188 – 203 – 1A 定义。标准传输速率为 1200b/s 和 2400b/s,实际用 1364b/s 或 2250b/s。它通常在网络控制站的控制下,以轮询方式进行工作,也可采用广播模式工作。TADIL A 使用 HF 和 UHF 频段。当使用 HF 频段时,能够覆盖信息发送地点周围 300n mile 的区域;使用 UHF 频段时,能够提供舰对舰 25n mile、舰对空 150n mile 的覆盖。

典型的 TADIL A 系统配置如图 5 – 1 所示,由计算机、通信保密设备、数据终端机(DTS,data terminal set)、HF 或 UHF 无线电设备组成。数据终端机与无线电设备相连,完成所有与网络操作有关的控制功能。

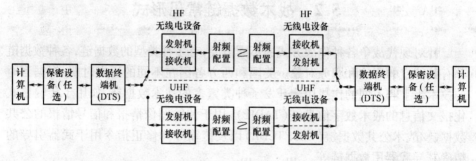

图 5 – 1　TADIL A 系统

其中,计算机系统又称为战术数据系统(TDS,Tactical Data System)。飞机上的装置叫做机载战术数据系统(ATDS,Airborne Tactical Data System),水面舰艇上的装置叫做海军战术数据系统(NTDS,Naval Tactical Data System)。

系统中使用的加密装置或密码装置是密钥发生器 40 型(KG – 40A),KG – 40A 是 KG – 40 的改进型。KG – 40A 是半双工数字设备,它连接计算机和数据终端机。KG – 40A 的串行配置(KG – 40A – S)用于机载战术数据系统,而并行配置(KG – 40A – P)用于海军战术数据系统。

数据终端机(DTS)作为一个调制器/解调器进行设计。当以半双工方式工作时,它既可以发送数据,也可以接收数据,但不能同时发送和接收。唯一的例外是在系统测试期间。当其以全双工方式工作时,可以同时发送和接收数据。某些新型数据终端机如 AN/USQ – 125 等,既能提供常规 Link 11 波形(CLEW,Conventional Link Eleven Waveform),又可提供单音 Link 11 波形(SLEW,Single tone Link Eleven Waveform)。单音 Link 11 波形和常规 Link 11 波形是不兼容的。单音 Link 11 可改善传播特性,提供更强的检错和纠错能力。

发射机和接收机向相隔较远的参与者提供点对点连接,使用 HF(2MHz ~

30MHz）和 UHF（225MHz ~ 400MHz）两种无线电台。HF 无线电台采用调幅（AM）技术,UHF 无线电台使用调频（FM）技术。

为了有效实现自动联网数据通信,使网络各系统之间能有效地交换战术信息,TADIL A 采用"轮询"（Roll Call）网络工作方式。它指定一个站作为数据网控制站（DNCS,Data Net Control Station）,网内其他成员称为从属站（或前哨站）。每个站以时分方式共用一个频率进行信息发送。在不发送时,每个站都监测该频率,以了解其他站的发送情况。每一个参加单位（包括前哨站和网控站）都指定一个唯一的地址码。DNCS 对整个网进行管理,为所有地址码建立一个轮换呼叫序列。

美国及其北约盟国和日本、韩国、泰国、新加坡、菲律宾及台湾地区等都配有 TADIL A 数据链。在英国,被皇家海军、海军陆战队和皇家空军应用于舰船、舰—岸—舰缓冲站（SSSB, Ship Shore Ship Buffer）、E – 3D 空中预警机、战术空中控制中心（TACC,Tactical Air Control Center）等。在北约,主要用作海上数据链。由于它能够满足战区导弹防御的信息交换要求,因此,地基 SAM（Surface to Air Missile,地空导弹）系统也装备有 TADIL A。

2. 战术数字信息链路 B（TADIL B）

TADIL B,北约称之为 Link 11B,是一条保密、全双工、点对点数字数据链路,使用串行传输和标准报文格式,报文格式与 TADIL A 相同,也是 M 序列报文。通信标准由美军标 MIL – STD – 188 – 212 定义。使用 VHF 或 UHF 频段,可使用有线、无线接力及卫星信道进行传输,调制方式为 FSK、QPSK。该数据链的标准数据率是 600b/s、1200b/s 或 2400b/s。采用了各种加密方法,可以连接 KG – 30、KG – 84、KG – 94A、KG – 194A 和 KIV – 7 加密机和整体加密设备。它通常把执行军事任务的战术防空和空中控制单元互连起来,实时交换电子战数据、空中/水面/水下航迹和点信息,并传输命令、指令和告警信息。TADIL B 主要用于固定单元,如地面雷达站;而 TADIL A 则主要用于飞机和舰船等移动单元。

TADIL B 系统由 2 个终端分系统和 1 个传输分系统组成。

终端分系统由用户接口设备、计算机、缓冲器以及信号变换器组成。计算机用来把数据转换成适当的格式,缓冲器用来适配计算机和传输分系统之间的数据传送速率,而信号变换设备（如 Modem）,是用来把数字信号转换为适于在音频信道上传输的模拟信号并把进入的模拟信号恢复为数字信号。终端分系统的任何或全部设备都可以综合或组合成单独的一套设备。

传输分系统由无线电链路、卫星链路或电缆链路的全双工信道组成。传输分系统通常提供 1 条 4kHz 的全双工音频信道或全双工数字信道。这些信道是点对点基础上的专向连接(非交换的),具有与 MIL – STD – 188 – 200 的有关要求相一致的传输特性。传输分系统通常使用频分复用(FDM)或时分复用/脉冲编码调制(TDM/PCM)宽带传输设备。

TADIL B 采用 M 序列报文。报文格式由包含在 6 个数据组中的 48 个信息比特组成,由美军标 MIL – STD –6011C 定义,在北约标准 STANAG 5511 中也能找到其报文格式的定义。

在英国,TADIL B 用于战术空中控制中心(TACC)和第二代舰—岸—舰缓冲站(SSSB),并且在冰岛防空系统(IADS,Icelandic Air Defense System)地 – 地通信中也采用了此数据链。在北约,通过控制报告中心的 SAM 接口(CSI),TADIL B 可用于将地基 SAM 指挥、控制和火力分发中心并入到地面防空系统中。在美国和其他一些北约国家(如法国),它被用作地基战术空中控制系统(如美空军的模块控制设备和美陆战队战术空中作战中心)的主要数据链。

3. 战术数字信息链路 C(TADIL C)

TADIL C 是非保密时分数字数据链路,使用串行传输和标准报文格式,数据率 5000b/s,工作在 UHF 波段。信息交换可以是单向(从控制单元到受控飞机),也可以是双向。TADIL C 报文标准在美军标 MIL – STD – 6004 和北约标准 STANAG 5504 中定义。其通信标准遵循美军标 MIL – STD – 188 – 203 – 3。

TADIL C 是美军和北约部队现仍在使用的几种战术数据链路之一,用于所有航空母舰上的舰载飞机。TADIL C 在提供数字化地—空、空—地以及空—空战术通信方面起到了重要作用。TADIL C 于 20 世纪 50 年代首次安装,最初设计目的是取代控制战术飞机的话音通信,后来其使用扩展到地面和机载平台之间的数字数据通信。TADIL C 的传输是不保密的,而且也没有抗干扰能力,但它比较可靠,易于操作和维护,没有严格的连接问题。

北约对 TADIL C 的称法有 3 种:Link 4(单向链路)、Link 4A(双向链路)、Link 4C(战斗机 – 战斗机模式的抗干扰双向链路)。Link 4A 和 Link 4C 这两种数据链路在功能上完全不同。前者用于控制台—飞机之间的通信,后者用于战斗机—战斗机通信。Link 4A 在空中截击控制和空中交通管制作战中的作用和 Link 4C 在战斗机—战斗机作战中的作用计划将由 Link 16 承担。但 Link 16 现在还不能取代 Link 4A 的自动控制舰载机着舰系统的功能。

Link 4A 是控制员到飞机的数据链,它采用 V 系列报文和 R 系列报文,支持自动控制舰载机着舰系统(ACLS,Automatic Carrier Landing System)、空中交通管制(ATC,air traffic control)、空中截击控制(AIC,Air Intercept Control)、攻击控制、地面控制轰炸系统和舰载机惯性导航系统(CAINS,Carrier Aircraft Inertial Navigation System)。它有一个受限定的数据吞吐量,没有电子反对抗能力,适合于数量有限的参与者(最多 8 个)。

Link 4C 是战斗机—战斗机数据链,其研发工作始于 1984 年。Link 4C 采用 F 系列报文,提供一些电子反对抗措施。Link 4C 只安装在 F – 14 战斗机上,但 F – 14 不能同时利用 Link 4A 和 Link 4C 进行通信。在 1 个 Link 4C 网中,最多 只能有 4 架飞机参与。

虽然上述两种战术数据链路的标准是用同一规范定义的,但 Link 4C 链路 的标准非常独特,且与 Link 4A 链路的标准不兼容,不能通过 Link 4C 链路发送 Link 4A 报文,反之亦然。目前,配有 Link 4A 链路设备的战斗机同时也配有 Link 4C 链路设备。

在操作中,Link 4C 可相互连接 2 架、3 架或 4 架战斗机。如果将参与 Link 4C 链路的某架飞机作为主机的话,其余的则作为从机。每一架参与 Link 4C 链 路的飞机都被分配一个互不相同的地址。Link 4C 链路网络成员间可以在规定 时隙内按指定频率相互进行数字通信。链路成员之间传送的数据报文中含有任 务信息,这些信息包括本机位置以及目标与武器状态。报文数据更新速度的快 慢取决于目标的数量。

美国海军、海军陆战队和空军都装备了 Link 4A 数据链。美国海军主要用 于舰载飞机的空中控制。装备 Link 4A 链路设备的 E – 2C 飞机还可以控制其他 海军飞机。美国海军陆战队使用 Link 4A 链路的目的是对其部署的 F/A – 18 和 EA – 6B"徘徊者"飞机实施控制。美国空军和北约部队在其 E – 3 飞机的机载 预警与控制系统(AWACS,Airborne Warning and Control System)中也使用了 Link 4A 链路,利用它对其他飞机进行控制。

4. 战术数字信息链路 J(TADIL J)

TADIL J,北约称之为 Link 16,是保密、大容量、抗干扰、无节点的数据链路, 采用联合战术信息分发系统/多功能信息分发系统(JTIDS/MIDS)传输特性和技 术接口设计规划所规定的协议、约定和固定长度报文格式。它采用 J 序列报文, 报文标准由美军标 MIL – STD – 6016 和北约标准 STANAG 5516 & STANAG 5616 定义。通信标准则遵循 JTIDS 和 MIDS 规定。

Link 16 是一种比较新的数据链路,是美国国防部用于指挥、控制和情报的 主要战术数据链。Link 16 是在 20 世纪 70 年代当 JTIDS 还处于研制阶段的时 候,美军根据未来作战的需要和为了充分发挥 JTIDS 的能力而制定的。它支持 监视数据、电子战数据、战斗任务、武器分配和控制数据的交换。Link 16 并没有 显著改变 Link 11 和 Link 4A 多年来支持的战术数据链信息交换的基本概念,相 反,它对现有战术数据链的能力进行了某种技术和操作上的改进,并提供了一些 其他数据链路缺乏的数据交换。它所实现的显著改进主要有提高抗干扰能力,增强保密性,提高数据率(吞吐量),减小数据终端尺寸,允许在战斗机和攻击机上安装,具有数字化、抗干扰、保密话音功能,具有相对导航、精确定位和识别功能,并且提高了参与者数量。

Link 16 是一个通信、导航和识别系统,支持战术指挥、控制、通信、计算机和情报(C^4I)系统。Link 16 的无线电发射和接收部分是 JTIDS(联合战术信息分发系统)或其后继者 MIDS(多功能信息分发系统)。

典型的舰载 Link 16 系统由战术数据系统(TDS)、指挥与控制处理器(C^2P,Command and Control Processor)、JTIDS 终端(或其后继者 MIDS 终端)和天线组成(图 5 –2)。TDS 和 C^2P 提供交换的战术数据,而 JTIDS 终端则提供保密、抗干扰和大容量的波形。C^2P 是 Link 16 独有的组件,其功能主要是转换报文格式,使 Link 16 的战术数据系统发送的战术数据不仅可在其他 Link 16 系统上传输使用,还可在 Link 11 或 Link 4A 上使用。JTIDS 是 Link 16 的通信部分,可起到 Link 11 中数据终端机、无线电台及加密机的作用。

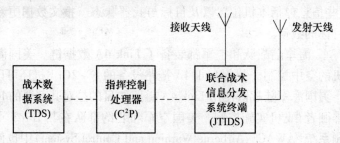

图 5 – 2　典型的 Link 16 舰载系统

机载 Link 16 系统与舰载 Link 16 系统有所不同。在飞机上,由于受到机内空间和载荷量的限制,要求机载 JTIDS 终端部件分开放置,而不是集中装于一个大而重的舱内。另外,人机接口也要适合现有的控制和显示。但是两种平台上的 Link 16 系统完成的功能是一样的。机载 Link 16 系统的主要部件包括任务计算机、JTIDS 终端和天线。任务计算机提供要交换的战术数据,JTIDS 终端提供保密、抗干扰、大容量波形。机载平台没有指挥控制处理器,不能转发链路间的数据。其任务计算机与 JTIDS 终端直接相连。

Link 16 采用向每个 JTIDS 单元分配单独时隙进行数据传输的网络设计,这样就不再需要网络控制站。它将每天 24h(1440min)划分成 112.5 个时元,每个时元又划分成 12s 长的 64 个时帧,每个时帧又分成 1536 个时隙,每个时隙长 7.8125ms 用于数据传输。时隙和帧是 JTIDS 网络的两个基本时间单位。所有 JTIDS 系统成员每个时帧均分配一定数量的时隙,在这些时隙里发射一串脉冲信号,以广播它所收集到的情报或发出指挥和控制命令。其他端机则接收信号,从中提取自己所需的信息。所分配时隙的多少,要根据该参与单位的需要而定。为了防止被干扰,终端的发射频率每个脉冲都是变化的,跳频图案是伪随机的,由传输保密(TSEC,Transmission Security)决定。

Link 16 采用无节点的体系结构。节点是维持通信所必需的单元,在 Link 11 网络中,网络控制站就是一个节点。如果网络控制站停止工作,整个链路也随之停止工作。在 Link 16 中,没有关键节点。时隙被预先分配给每个参与者和链路功能,无需考虑任何特殊单元的参与。在 Link 16 中,与主节点最相近的是网络时间参考(NTR,Network Time Reference)。NTR 主要用于启动网络;对于设备而言,其作用是使其进入网络且与网络保持同步。网络建立以后,在没有 NTR 的情况下,网络仍能继续运行数小时。

Link 16 的报文和传输都加密。报文是根据报文保密(MSEC,Message Security)专用的密码变量,通过加密设备(KGV‑8)进行加密的;而传输保密(TSEC)则是通过控制 JTIDS 专用波形的另一种密码变量来实现的。这种波形采用了直接序列扩频、跳频和抖动等措施降低被截获的概率。一个单元欲接收另一个单元的传输,它们必须被分配给相同的 TSEC 密码变量。一个单元要想解密传输中包含的数据,它们就必须分配有相同的 MSEC 密码变量。

Link 16 每帧中的时隙被分配给特定的功能。这些功能群被称为网络参与群(NPG,Network Participation Group)。NPG 支持通信需求并允许网络设计者将由 J 系列报文执行的功能分开。网络功能先分给 NPG,然后分给加入 NPG 的用户。NPG 可分成两大类:一类用于交换战术数据;一类用于网络维护和辅助操作。

Link 16 具有很强的抗干扰能力,其波形能够对抗最好的瞄准式干扰机。为确保最强的抗干扰能力,其波形采用以下技术:扩频(77000 跳/秒)、跳频、检错和纠错(EDAC,Error Detection And Correction)编码、脉冲冗余、伪随机噪声编码、数据交织、自动数据打包、内中继。

为了提高通信容量,Link 16 采用栈网和多重网操作。在栈网和多重网操作中,同一时隙被分配给多个参与群,并通过网号加以识别。NPG 可以相同,也可以不同。如果 NPG 相同,这种结构就称为栈网;如果 NPG 不同,这种结构就称为多重网。

Link 16 目前由美军、一些北约国家和日本使用,并且被美国和北约选定作为战区导弹防御的主要战术数据链。许多平台(机载监视和情报系统、指挥控制系统、战斗机和轰炸机、SAM 系统、舰船等)已经或将要装备 Link 16。

为了利用 Link 16 提供超视距通信,英国和美国还在 Link 16 的基础上研究开发了卫星 Link 16,英国称之为卫星战术数据链(STDL,Satellite Tactical Data Link),美军称之为卫星战术数字信息链路 J(S – TADIL J)。英国海军采用 SHF 卫星信道的时分多址(TDMA,Time Division Multiple Access)体制接入卫星载体,而美国海军通过近实时的按需分配多址(DAMA,Demand Assigned Multiple Access)体制,使用 UHF 卫星信道。

JTIDS 在有限数量的时隙上使用时分多址进行话音和数据的发送和接收,当需要通过中继与非视距单元进行通信时,时隙的数量将翻倍。当更多使用 JTIDS 的系统开始运行并要求向联合数据网传送监视信息时,问题将更为严重。为了解决这一问题,美国空军决定实施联合距离延伸(JRE,Joint Range Extension)计划,利用卫星网关连接远程的 JTIDS 网络。JRE 利用广泛接受的计算机协议和标准,实现美军不同信息网络的互连。它可收集来自特定区域陆、海和空军的信息,并能将这些信息通过不同数据链进行发送,从而有效地建立起广域网络。美国空军官员称,JRE 使得指挥控制网络向前方和后方传输数据成为可能,即使是使用完全不同的硬件和软件语言。

5. 可变报文格式(VMF)

可变报文格式(VMF,Variable Message Format)又称为战术数字信息链路 K(TADIL K),是另外一种 Link 16 系列协议,由美国陆军和海军陆战队研发,所以也称为联合可变报文格式(JVMF,Joint Variable Message Format)。它是基于 internet 协议的一种自动数字数据系统,采用 Link 16 数据元素来建立可变长度的报文,以便在带宽有限的战斗环境中用于近实时的数据交换。VMF 计划取代当前的许多美国陆军和陆战队系统,将成为美陆军数字化传输的基础。

VMF 源于 Link 16。当初,战术指挥和控制系统联合互通计划为 JTIDS 开发了 TADIL J(Link 16)数据协议和标准,也为 JTIDS 开发了接口操作程序。当时在设计时,为其设想的报文标准既包括固定报文格式(FMF),也包括可变报文格式(VMF)。固定格式报文由美国海军和空军发展,可变报文格式部分由美国陆军发展。1980 年,美国海军陆战队加入美陆军的 VMF Link 16 计划。1984 年,美国陆军/美国海军陆战队完全脱离 Link 16,将 VMF 作为一种新的具有自己特点的战术数据链,并建立新的 K 序列报文类目,于是 VMF 成为 J 序列战术数据链家族的一员。

VMF 提供了一种通过联合接口在不同梯队的战斗单元之间交换数字数据的通用方式。它提供一种极端灵活的报文标准——只有当时要求的信息才能发送。传递的数据要求信息的容量和细节是可变的。VMF 能够通过各种战术通信系统发送。VMF 兼容现有的面向字符的报文文本格式(MTF,Message Text Format)和面向比特的战术数字信息链路(TADIL)报文标准。信息和寻址部分可有选择地加以改变,以适应当时的作战形式。数据字段可根据需要从报文中选择或删掉。当信息不可用或多余时,不必发送"NULL"或"Zero"填充字段。

VMF 主要由下面 3 个文件支持:MIL – STD – 188 – 220 数字信息设备子系统的互通标准;MIL – STD – 2045 – 47001 用于无连接数据传输的互通标准 – 应用层标准;VMF 技术接口设计规划。

VMF 数据链与其他常用的 Link 系列数据链有所不同,它具有极高的灵活性,没有具体的设备或载体,适合于空中、地面或海上平台。其数据链设备包括战术数据系统计算机、无线电台、VMF 终端等,它利用无线 Internet 原理进行工作,也可以利用其他载体,如铜缆、光纤、微波等。

在战场无线链路环境下,对信息的实时性和准确性要求比较高,VMF 报文承载的主要是指挥控制信息和战场态势感知信息,因此 VMF 报文传输既要保证实时性,又要保证可靠性。

VMF 将满足美国陆军和美国海军陆战队的战场数字化、互通性和带宽要求。未来 VMF 将发展成为美军地空协同作战时最主要的数据链,可用于陆战装备、战斗勤务支援、火力支援、情报传递、海面、空中与特种作战等系统。它将取代美国陆军与海军陆战队现役多种用于防空单元、炮兵、直升机、战斗车辆等系统上的陆军专用数据链标准。VMF 还被美国陆军、陆战队选为先进野战炮兵战术数据系统(AFATDS,Advanced Field Artillery Tactical Data System)的信息交换标准,陆军部决定将 VMF 报文标准作为旅及旅以下部队所有战术系统的报文标准。

6. Link 22 战术数据链

Link 22 又称为 TADIL F 或北约改进型 Link 11(NILE,NATO Improved Link Eleven),是北约正在研发的可经中继系统进行超视距通信的保密、抗干扰数据链,可在陆地、水面、水下、空中或空间各种平台间交换目标航迹信息,实时传递指挥控制命令与警报信息。

Link 22 混合了 Link 11 和 Link 16 的功能与特点,属于广义的 Link 16 系列。Link 22 采用由 Link 16 衍生出来的 F 序列报文标准((STANAG 5522)、时分多址体系结构、特殊的通信媒体和协议以及特殊的操作规程。配备 Link 22 的单元叫做 NILE(改进型 Link 11)单元(NU,NILE Unit)。NU 能够通过数据转发单元与配备其他战术数据链(如 Link 16)的单元交换战术数据。Link 22 能够在 UHF(225MHz ~ 400MHz)和 HF(3MHz ~ 30MHz)频段使用定频和跳频波形。使用 HF 频段,能够提供 300n mile 的无缝覆盖;使用 UHF,覆盖范围仅限于视距;HF 和 UHF 都能够通过中继扩大覆盖范围。

在 Link 22 设计中,网络管理和超网管理得以简化,1 个 Link 22 单元最多可同时操作 4 个网络,每一个网络都工作在不同的媒体上。作为超网的一部分,任一网络的任一参与者都可互相通信,再加上向其他数据链路的数据转发。在未来的网络中心战时代,Link 22 将承担重任,并发挥重要作用。

Link 22 系统的功能体系结构包括下面 4 个子系统:数据链路处理器(DLP,Data Link Processor)、系统网络控制器(SNC,System Network Controller)、人机接口(HMI,Human Machine Interface)和媒体。系统网络控制器、人机接口和媒体子系统合在一起就称为 NILE 通信设备(NCE,NILE Communications Equipment)。

数据链路处理器在战术数据系统(TDS)和 Link 22 系统之间提供接口。其功能包括战术报文的生成和解释、战术报文优先级的分配和升级、指定地址的分配、其他高级服务请求的选择。DLP 负责向其他数据链路的数据转发(注:DLP 功能可以作为 TDS 的一部分来实现,也可以作为一个独立的设备加以实现)。

系统网络控制器(SNC)提供报文传递服务。它涉及网络和单元管理,执行动态 TDMA、中继和路由选择、迟后的网络/业务登录。当网络发生拥塞时,SNC 询问数据链路处理器(DLP)哪些报文可以丢弃,进而执行流量控制功能。

人机接口(HMI)子系统提供以下功能:控制、初始化和必要时重新初始化网络操作模式、协议和无线电台;在网络级和平台级对 Link 22 系统进行故障隔离和故障诊断;平台和网络的管理及监视。

Link 22 媒体子系统由 3 个部分组成:网络安全(NETSEC,NETwork SECurity)部分、信号处理控制器(SPC,Signal Processing Controller)部分和无线电台部分。Link 22 的网络安全部分对所有传输报文进行加密,对所有接收到的报文进行解密,并提供数据完整性验证。信号处理控制器(SPC)执行调制和解调、检错和纠错功能。它可以在 HF 频带上,采用定频以 1493b/s ~ 4053b/s 数据率发送和接收数据;也可以采用跳频方式以 500b/s ~ 2200b/s 数据率发送和接收数据;还可以在 UHF 频段,采用定频方式以 12667b/s 速率发送和接收数据。其主要功能如下:根据适当的检错和纠错(EDAC)方案进行编码和译码;根据使用的媒体选择合适的调制/解调方式;定时控制,用于维持网络同步;无线电台设备控制;以及传输安全控制,如采用跳频时,控制跳频。无线电部分包括安装在特定平台上的实际的无线电设备装置。它可以是 4 种 Link 22 媒体(HF 定频、HF 跳频、UHF 定频和 UHF 跳频)的任意组合。无线电台通过无线方式在单元之间提供物理链接。在 HF 跳频方式下,通过慢跳频电台提供传输安全;在 UHF 跳频方式下,通过快速跳频电台提供传输安全。可以使用可选自适应天线阵列(一些国家在 Link 11 上正在使用这种天线阵列)。利用这种天线可提供无源电磁保护特征技术,这种技术可提供附加的干扰抑制,而且可降低不规则天线图所造成的影响。为了降低截获概率,也可以使用可选无线电台功率电平控制。Link 22 不执行自动功率电平控制算法。

Link 22 采用 STANAG 5522 定义的 F 或 F/J 系列报文标准。F/J 系列报文是在 Link 16 的 J 系列报文再加上 2 比特的报头而成,每个报文长 72 比特。F 系列报文和 J 系列报文采用相同的数据元素和大地坐标系,简化了 Link 22 和 Link 16 之间的数据转发。F 系列报文分为 10 大类 71 小类,F/J 系列报文分为 8 类 24 小类。

5.2.2 宽带数据链

在数据链应用中,还有一些功能相对通用的宽带战术数据链,主要有公共数据链(CDL,Common Data Link)、战术公共数据链(TCDL,Tactical Common Data Link)、高整合数据链(HIDL,High Integrity Data Link)以及战术情报广播系统等。

1. 公共数据链

CDL 是美国国防部于 1991 年起开始发展,作为卫星、侦察机及无人驾驶飞机与地面控制站间,传输图像以及信号情报(通信、电子等情报)的标准链路。此类数据链用于接收来自各种情报、监视和侦察传感器(如 U－2、"全球鹰"、"F/A－18 抗地形回避雷达系统"和"掠夺者"无人机等)的图像、信号情报数据以及测量与特征情报数据。

CDL 是一个全双工、抗干扰、点对点微波通信系统,在飞机和舰船之间或飞机和地面基地之间提供全双工、宽带、点对点数据通信链路。它可以从空中平台上传输雷达、图像、视频和其他传感器信息,并把控制数据传输给空中平台。

CDL 不同于 Link 16 和 Link 22,它主要是为了满足特殊应用,传输的数据是不经过处理的原始数据,这一点与传输处理数据的更通用的 TADIL 数据链不同。TADIL A/Link 11、TADIL J/Link 16 和 Link 22 能够向网络中的众多平台发送各种类型的信息。换句话说,这些链路很灵活,可满足多种需求,但它们没有宽的带宽,而 CDL 则具有。另一方面,CDL 在短的时间间隔内,只能把数据从一个(或数量很少的)空中平台传输到一个地/海面平台。地/海面平台处理数据,然后可能通过 TADIL 中的一条把相关信息转发给其他平台。

实际上,CDL 指的是一系列可互操作的数据链路,这些数据链路可供不同的特殊应用平台选择使用。换句话说,"一般的"CDL 可以通过多种方式进行扩充和配置,以提供特定空中侦察任务要求的数据链路性能。例如,可选择的配置包括所使用的 RF 波段(X 或 Ku)、数据率(返回链路最高可达 274Mb/s)以及传输功率。CDL 系列数据链之间的互通可通过指定数据链波形(RF 和数字)、控制和协调硬件配置选项等来实现,从而可保持与野战系统的后向兼容。

CDL 提供标准化的命令链路和返回链路服务。命令链路采用扩频技术,以 200Kb/s 数据率工作,可把数据(如对平台和/或传感器设备的指令、保密话音、距离和导航修正、指挥官战术终端链路数据)传送给空中平台。返回链路以

10.71、21.42、44.73、137 或 274Mb/s 数据率工作,可把数据(如传感器数据、平台导航数据、保密话音等)从空中平台传送到地面。

通过卫星的 CDL 通信链路采用不同于视距 CDL 的数据率。返回链路以 2 × T -1(3.088Mb/s)、T -1(1.544Mb/s)、T/2(772Kb/s)和 T/4(386Kb/s)数据率工作。命令链路通过 X 波段的 DSCS(国防卫星通信系统)卫星传送时,其数据率范围从 200b/s 到 6Kb/s;通过商用的 Ku 波段卫星传送时,数据率高达 64Kb/s。

CDL 系统通常包括以下部件:与飞机传感器和控制系统的接口;机载 Modem 和 RF 子系统;地/海面平台数据链处理、Modem 和 RF 子系统;与地/海面平台上的数据用户接口。

需要传感器数据的用户(在地/海面平台上)通过上行链路的 10 条信道和下行链路内 25 条信道与飞机连接。上行链路或命令链路是到飞机的链路,而下行链路或返回链路是从飞机到地/海面平台的链路。在上行链路内,也有用于执行功能和话音通信的信道。这种保密、抗干扰链路以 200Kb/s 的标准数据率工作。在下行链路上,也有一条话音信道,该链路以 10.71Mb/s、137Mb/s 或 274Mb/s 标准数据率工作,不保密,也无抗干扰性。

通信安全由加密和可变交织深度的数据交织提供。在链路上采用扩频调制提供抗干扰性,也采用前向纠错编码。

地/海面平台的系统操作员通常在地面平台和飞机间建立一条数据链。链路一旦建立,数据链就自动跟踪,而且数据链功能对地面平台上的数据用户是透明的。这就可以在 Ku 频段进行视距通信。超视距通信可利用卫星或飞机中继平台加以实现。

CDL 共定义了 5 种类型的链路,分别适用于视距,或经由中继进行超视距的不同平台的数据传输。这 5 种类型的数据链如表 5 - 1 所列。

表 5 - 1　CDL 定义的 5 种类型的数据链

类别	名称	速度/(Mb/s)	适用范围
I	公共数据链路(CDL)	10.71	陆基基地与速度 2.3Ma 以下、高度 80,000 英尺以下的空中飞行平台
II	高级公共数据链路(A - CDL)	21.42	陆基基地,空中飞行平台速度 5Ma 以下、高度 150,000 英尺以下
III	多平台公共数据链路(MP - CDL)	44.73	陆基基地,空中飞行平台速度 5Ma 以下、高度 500,000 英尺以下
IV	扩展到卫星通信的公共数据链路(SE - CDL)	137.088	轨道高度 750n mile 以下的卫星
V		274.176	轨道高度更高的中继卫星
1 英尺等于 0.3048m, 1Ma 约为 340m/s			

2. 战术公共数据链路

TCDL 是全双工、点对点、视距微波通信数据链路,可在 200km 范围内,支持雷达、图像、视频和其他传感器信息的空—地传输。TCDL 工作在 Ku 频段,以 200Kb/s 的前向链路数据率和 10.71Mb/s 的返回链路数据率与现有的公共数据链路互通。战术公共数据链路还能支持速率高达 45Mb/s 的通信方式,不久速率还可扩展到 137Mb/s 和 274Mb/s。其可编程的特点将使系统在使用商用产品和波形时以高达 45Mb/s 的速率工作,同时仍能保持与公共数据链路的互通能力。

TCDL 可在多个收集平台、地面终端和当前由军队和政府机构操作的野战公共数据链路互通系统之间提供近实时的连接和互通。其返回链路工作在 14.40GHz ~ 14.83GHz 频段,前向链路工作在 15.15GHz ~ 15.35GHz 频段。战术公共数据链路的设计目标是供平台升空 15,000 英尺高度、视距斜距为 200km 时使用,而实际使用要求是升空高度为 15,000 英尺时,视距斜距为 150km。这种要求是为了在飞机正常作战期间(不包括由于空中帧阻塞而引起的中断)保持机载终端和地面终端之间的连接。

用于海军 P – 3C 的战术公共数据链能提供网络功能,可以分发 P – 3C 平台的航迹数据和雷达发现的目标数据。P – 3C 战术公共数据链为海军海上巡逻和侦察部队提供与海军公共数据链(CDL – N, Common Data Link – Navy)的机载接口,它能为联合特遣部队指挥官提供情报、监视和侦察数据的关键下行链路。该数据链实现了 P – 3C 飞机与海基和/或岸基联合特遣部队指挥中心之间的互通。战术公共数据链采用现有的 Ku 波段海军公共数据链的连通性,以数据流的格式实时传输加密的光电图像、合成和逆合成孔径雷达数据、话音和视频记录数据。P – 3C 战术公共数据链的一体化将对支援沿海地区海军作战的情报、监视和侦察产生重大的积极影响,从而使战术机载传感器得到充分利用。

最初设计战术公共数据链路是针对战术无人机(UAV)的,如"掠夺者"和"前驱"。后来战术公共数据链路的设计扩展到了其他有人和无人驾驶机载侦察平台,如"护栏"RC – 12、"铆钉"RC – 135、"缩帆索"、E – 8、海军 P – 3 飞机、陆军低空机载侦察(ARL)系统及"猎人"、"先锋"、陆军"影子 – 200"无人机等。哈里斯公司研制的 TCDL 数据链终端装备于美国海军的轻型机载多用途系统(LAMPS)直升机的 Hawklink 系统、垂直起降无人机(VTUAV)系统、扩大海滨战场(ELB)演习系统,美国陆军战术无人机(TUAV)系统和美国空军的"捕食者"无人机。

3. 高整合数据链

HIDL 是用于舰艇与 UAV 之间传输信息的全双工、抗干扰数字数据链,由北约海军武器组第35组提出,英国防部评估和研究局根据技术论证计划进行试验。HIDL工作在UHF波段(225MHz～400MHz),传输速率为3Kb/s～20Mb/s,一般约为100Kb/s,采用广播方式工作,其带宽可容许地面控制站以HIDL同时控制至少2架UAV,有保密功能,可与频段更高的TCDL一同使用。

与TCDL不同的是,HIDL将设计成一条高综合性链路,而不只是一条宽带链路。其上行链路和下行链路都具有抗干扰性(采用跳频),一个控制站就能够控制多个数据收集平台,并且采用更低的频段(225MHz～400MHz),以扩大通信距离。

CDS公司和Ultra Electronics公司专门为北约海上无人机计划而设计的HIDL是一种稳健型数字数据链路。HIDL有助于操作员安全控制无人机在舰艇上的起飞和降落,也可以向海军舰船和其他地面终端传递传感器照片和数据,用于操作员研究和分发。它也可使单个地面控制站同时管理多个空中飞行器。CDS发明的链路波形提供非凡的"频谱通用性",可避免在拥挤的RF频谱上干扰无线电通信业务。

4. 战术情报广播系统

在情报侦察系统和导弹防御系统中,卫星广播数据链发挥着重要作用。美军使用4个重要的网络支持战术情报的分发,这4个网络分别是战术信息广播业务(TIBS)、战术侦察情报交换子系统(TRIXS)、战术相关应用数据分发系统(TDDS)和战术数据信息交换广播子系统(TADIXS - B)。

1996年起在所谓的"综合广播业务(IBS)"计划下,美军进一步整合TIBS、TDDS、TADIXS - B、TRIXS等情报广播/分发系统,统一各系统的报文格式与广播架构,统一采用TIBS版本的E系列报文格式,并通过通信网关与Link 16或VMF战术数据链连接,但不直接参与Link 16或VMF链路。另外,IBS还预定以一系列互通的"联合战术终端(JTT)"和"通用IBS模块"来取代现有各系统各式各样的繁杂的硬件设备。

TIBS是一个战术情报分发网络,通过保密视距(飞机)或UHF卫星通信广播,向作战人员提供近实时的、多传感器、多源的位置态势和威胁告警信息。与许多信息分发系统不同,TIBS允许在网络参与者中间进行交互式交换。

TDDS近实时地以保密形式向全球分发关注的电子情报(ELINT)、发现敌情报告和参数信息,可满足多军种作战需求。TDDS是一个UHF广播系统,它向全球的战术指挥官提供国家级和战术级多传感器、多源情报。它是单向通信广播,主要向战术用户分发国家数据库中的情报信息。TDDS原使用舰队卫星通信(FLTSATCOM)中继实现全球覆盖(估计现已转向UFO卫星)。时间敏感信息(如导弹发射)通过高速骨干网传递到相关的FLTSATCOM接入点。

TRAP 是 TDDS 网络的一部分，可近实时地向配备战术接收设备(TRE)的战术指挥官分发所关注的报告。其工作原理是 TRAP 设备从各种信息源接收这些报告，对数据重新格式化(利用战术数据信息交换广播系统 TADIX – B 报文格式)并进行压缩，然后通过 UHF 通信卫星把它们传送给战术接收设备。一些 TRAP 站用作中继站，把数据从一颗卫星上转播到另一颗卫星上，实现 TRAP 的全球广播。利用 TRAP 来发送数据不超过 30s，相反，利用其他方式来传送数据，花费的时间可能超过 10min。

通过 TIBS 和 TDDS 广播系统，可使导弹发射和跟踪探测器及时地把它们所观测到的信息直接广播给全球的通信、指挥和控制网。这些广播有助于飞机和武器系统探测导弹发射、截获并摧毁导弹。

战术侦察情报交换系统(TRIXS)网络是军级、交互式(发送—接收)、视距 UHF 网络，它可近实时地向多达 250 个收信者发送报文。TRIXS 在保密和敏感情报一级进行工作。

TRIXS 网络能够支持最多 5 个情报生产者和中继平台，单个 TRIXS 网络包括一对 UHF 上行链路和下行链路。每条链路带宽为 25kHz，能够传递全双工数据和半双工数字话音。该网络支持面向字符的数据报文分发和面向比特的报文分发。报文也可以转发给特定的地址或一组收信人。

战术数据信息交换广播子系统(TADIXS – B)是为了满足多军种直接传递关键战场信息的需要而开发的。它是美国海军"哥白尼"体系结构的"第三个支柱"。TADIXS 不是一个物理网络，而是一个逻辑网络，与海上的舰队战术指挥中心连接在一起，供各战斗群指挥官使用。TADIXS 系统中的 TADIXS – A 子系统向战斗群超视距目标导引(OTH – T)提供舰载双向信息交换能力；而 TADIXS – B 是 TADIXS 的广播子系统，它向保密的超视距目标导引(OTH – T)高关注目标/战斗海洋监视网络(HIT/BOSN)广播数据提供岸—舰广播能力。

TADIX – B 最初采用 TRAP 广播，后来演变为一种独立的广播网络。TADIX – B 的功能是处理国家生成的战术数据并向全球的作战部队和指挥官分发。直接传送给指挥官的信息支持指示和告警(I&W)、传感器指示(Sensor Cueing)和用户任务规划。单元可设置局部控制的过滤器，并根据一些参数如地理区域、信号参数、时间周期和关注目标等对接收的数据进行加工处理，使之适合于它们的任务。

1996 年，经美国国防部批准，TADIXS – B 计划并入综合广播业务(IBS)中。IBS 是美国防部全球性情报网络，它采用通用格式来传送战术和战略情报。IBS 计划主要是将多个情报广播系统集成为一个系统中系统，将战术终端和接收机转移到单一的联合战术终端(JTT)系列。JTT 是过渡终端方案，其下一步将转移到通用综合广播业务模块(CIBS – M)。

5.2.3　专用数据链

在美军广泛使用的专用战术数据链中,主要包括防空导弹系统专用数据链、精确制导武器系统专用数据链、增强型定位报告系统(EPLRS)、态势感知数据链(SADL)等。

1. 防空导弹系统专用数据链

防空导弹系统专用数据链包括"爱国者"数字信息链路(PADIL)、导弹连数据链(MBDL)、地基数据链(GBDL)、连际数据链(IBDL)和点对点数据链(PP-DL)。

PADIL 是专为"爱国者"导弹营设计的保密、点对点、全双工链路,用于在"爱国者"部队和导弹连之间交换信息,数据速率32Kb/s。PADIL 数据链路能够在 HF 或 UHF 频段工作,也能以 SATCOM 方式或通过地面通信线路进行工作。PADIL 仅仅在"爱国者"导弹部队内用于指挥控制、情报报告、目标信息、航迹更新和系统维护监视。

MBDL 是用于在北约地面防空警戒系统的控制报告中心和 TSQ 38 或 NIKE 导弹营作战中心之间传递数据的一种点对点数据链路。它可用来连接控制报告中心 SAM 接口和北约地面防空警戒系统的控制报告中心。由于采用面向硬件的链路格式,使其能力受到限制。它使用 UHF 频段、传输速率750b/s,无密码加密,报文组仅限于 SAM 指挥、SAM 状态和基准航迹。

GBDL 是海军陆战队专用的战术数据链,向低空防空部队提供实时空中图像和指挥控制能力。GBDL 将低空防空单元,如"毒刺"(Stinger)导弹、"复仇者"(Avenger)防空系统和轻型防空装甲车(LAV – AD)互相链接在一起,并把防空通信平台(ADCP)与低空防空单元链接起来。ADCP 可接收 AN/TPS – 59 战术防御预警雷达与 Link 16 传来的数据,再用 GBDL 将战术信息分发给低空防空部队。

IBDL 是只适于"霍克"第三阶段改进型防空导弹单位的双向数据链,只能用于传输"霍克"导弹单位的指挥与控制信息;运作方式与 GBDL 类似,都是先经由 ADCP 接收 AN/TPS – 59 雷达与 Link 16 传来的数据,再以 IBDL 将战术信息分发给"霍克"导弹单位。

PPDL 用于把 AN/TPS – 59 雷达数据传送到海军陆战队防空通信平台(AD-CP)AN/TSQ – 124。数据作为战术弹道导弹(TBM)报文,通过 RS – 232 接口从雷达的计算机传送到数字话音电话/数据适配器(DVT/DA),数据通过 DVT/DA 提供给战术无线电台,用于向 ADCP 传送。

GBDL、IBDL 和 PPDL 是美国海军陆战队、"霍克"部队指定的数据链,这些战术数据链路都将被"可变报文格式"(VMF)所取代。

2. 精确制导武器系统专用数据链

用于武器系统的数据链使用范围较窄,仅用于提供武器引导,一般用于传输中、远程空对空导弹中程导引用的弹道修正指令,或防区外武器等空对面武器的导引数据。

AN/AXQ – 14 数据链系统是休斯公司原为 GBU – 15 滑翔炸弹发展的一种用于武器控制的 L(D)波段双向数据链,并用于 AGM – 130(GBU – 15 附加助推火箭的有动力版本)引导炸弹上。它通过把控制数据从武器系统军官(WSO)传送给武器,并把来自武器光电或红外传感器的视频图像传送到武器系统军官的显示器上,以实现发射飞机和发射后武器之间的双向通信。该系统也能通过保密卫星上行链路,发送和接收往返于控制中心的近实时图像。

AN/AWW – 13 先进数据链工作在 1427MHz ~ 1435MHz 频段,应用于各种制导武器系统。该数据链是飞行员和武器系统之间的通信链路,有指挥、控制和通信功能。该数据链吊舱允许武器控制人员选择导弹的弹着攻击点并将信息传输给导弹。它同时还可以接收导弹数据链发射器传输的导弹寻的器视频图像,并显示到驾驶员的座舱视频显示器上。利用 AN/AWW – 13 数据链吊舱,可以实现控制武器的"人在回路"功能。另外,吊舱包含一个视频磁带记录器(VTR),可全程记录武器发送的视频图像,直到击中目标。它能够回放,用于任务评估或用于训练。

3. 增强型定位报告系统

EPLRS 是美陆军数据分发系统(ADDS)的一个主要组成部分,主要用于近程防空武器系统的数据分发。陆军近程防空营利用 EPLRS 建立数据网,从而将陆军防空指挥和控制系统(A^2C^2)、空战管理作战中心(ABMOC)、传感器和 C^2 节点、导弹连、排和小队指挥部以及各单独武器系统互连起来。EPLRS 向下传递空中图片和武器控制命令,并通过 EPLRS 系统回传武器系统状态。

EPLRS 由美国海军陆战队的"定位报告系统"(PLRS)改进而成,可与 PLRS 相容,它采用现代化的体系结构和最新技术,如现有商业产品(COTS)、外部可编程软件、表面安装技术和超高速集成电路(VHSIC)技术等,这些技术大大提高了 EPLRS 的速率,能实现近实时图像传送。

EPLRS 采用 UHF 波段,具有保密与扩频、跳频等抗干扰功能。其跳速为 512 次/s,频率扩展范围为 420MHz ~ 450MHz,在此之间有 8 个工作频率。EPLRS 在网络控制站的管理下以 TDMA 方式工作。传输速率则从 PLRS 的单工 1200b/s 和双工 600b/s 提高到 2500b/s。EPLRS 的工作原理与结构均与 JTIDS

相似,同样可通过测量信号到达时间来获得相对导航和定位,但由于 EPLRS 用于地面单元且使用视距传播的 UHF 波段,因此其信息的传输必须采用多级中继来克服地形障碍,而为了使其终端能普及到班排级单位与车辆上,又必须降低终端的体积、重量、耗电量与造价,故只能采用有节点的方式,将较复杂的系统功能集中在网络控制站中,而不像 JTIDS 采用生存性较高的无节点体系结构。EPLRS 的无线电终端有单兵携带、车载与(直升机)机载 3 种型式,也可装备在舰艇上。

4. 态势感知数据链

SADL 通过美国陆军的增强型定位报告系统将美国空军的近距离空中支援飞机与数字化战场整合在一起,从而为驾驶员提供战场态势图。SADL 提供保密、抗干扰、非争用的战斗机—战斗机、空—地和地—空数据通信。SADL 利用其固有的用于态势感知的位置和状态报告,可有效解决长期存在的战斗识别问题。SADL 终端机由雷神公司承包生产。

SADL 由增强型定位报告系统和含有一个计算机处理器的多功能显示器组成。SADL 使用 HF 波段,可与 VMF、Link 16 等数据链一同操作,SADL 不断改进的速率和报文结构允许交换 TADIL J(Link 16)的报文,以显示出飞机相对位置、雷达目标、油料状况、武器载荷和其他信息。其工作方式有两种:空—地模式和空—空(战斗机—战斗机)模式。

21 世纪,特种作战部队已经把 EPLRS 确定为"机动大队的骨干通信系统"。装备 SADL 的近空支援飞机提供所有数字化战场部队(包括非 EPLRS 用户)的位置识别。

5.3 战术数据链的基本结构

战术数据链是一个综合的武器系统。综合的武器系统要求横跨平台的技术基础结构和作战基础结构。这些基础结构包括所有操作、维护和使用战术数据链能力的网络参与者都可使用的设备、软件、处理、服务和文档。

5.3.1 战术数据链系统的基本组成

战术数据链用于实时或近实时地交换战术数字信息。除少数数据链外,各种数据链的构成大同小异。其基本组成包括以下几部分:

(1) 通信设备。通过所选媒介物理传递数据所必需的设备(如无线电台和相关的通信协议)。

(2) 报文标准。报文标准定义所交换的信息内容(如格式和实现规则)。

（3）人机接口。用于操作员输入和读出信息（如转换开关和显示器）。

（4）操作规程。管理和指导通过链路交换的信息的使用。

一个典型的数据链系统组成如图 5 – 3 所示。

显示 / 输入 控制台 （用户）	计算机系统	加 / 解密设备	数据终端 设备 （DTS）	无线电台

图 5 – 3　典型的数据链系统配置

其中,计算机系统通常也是各种指挥自动化系统的重要组成部分,所以也通常称计算机系统为战术数据系统(TDS)。它接收各种传感器和操作员发出的各种数据,并将其编排成标准的报文格式。计算机内的输入/输出缓存器,用于数据的存储分发,同时接收链路中其他战术数据系统突发来的各种数据。加密机是数据链路中的一种重要设备,用来确保网络中数据传输的安全。数据终端设备(DTS)是数据链网络的核心部分,主要由调制解调器、网络控制器(以计算机为主)和可选的密码机等组成。通信规程、报文协议的实现都在数据终端机内,它控制着整个数据链的工作并负责与指挥控制或武器控制系统进行信息交换。该设备的主要功能是检错与纠错、调制/解调、网络链接控制、与战术数据系统的接口控制、自身操作方式的控制(如点名呼叫、网络同步和测试、无线电静默等)。无线电收/发设备可以是功能独立的设备,也可以是多功能结合的设备,其收/发方式也不完全一样。

5.3.2　战术数据链的设备特性

总的来说,战术数据链系统由硬件和软件两大部分组成。其软件部分实际上是一套协议规范,它对战术数据链的传输方式、传输的信息格式、各节点的组网方式、使用的硬件规格等进行了具体规定。而硬件部分是依照数据链协议规范来具体实现信息的交换。因此,不同的制造厂商可以有不同的硬件设计、制造出相容于相同数据链规范协议的不同数据链终端组件,如美海军的舰载 Link 11 终端就有 AN/USQ – 74、AN/USQ – 83、AN/USQ – 120 和 AN/USQ – 125 等多种机型,依舰艇型号的不同选择安装在不同的舰艇上。

实际使用时,通常是先由各使用单位依其战术需求选择其适用的数据链协议、再决定采用可相容于所选择数据链协议的终端机。相容于相同数据链协议的不同终端机之间虽然可互相通联,共同进行数据传输作业,但在规格与功能上却依需求或费用而有所差异,如有的终端同时拥有发送与接收的完整功能,而有的只能用于发送或接收信息。这就像商用电脑上的以太网卡一样,虽然有许多厂商推出许多不同品牌、功能、规格与售价各异的产品,但这些产品都遵循并相容于 IEEE 802.3 规范,故可互相连线进行数据传输。使用者可依据需求与预算选择适用的产品。

5.3.3 战术数据链的通信标准

战术数据链区别于其他数据通信系统的特征主要有两个:一个是具有标准化的报文格式,另一个是具有标准化的传输特性。所以,每一条数据链基本都有一套完整的通信标准和报文标准。例如,美军使用的 TADIL A(Link 11)通信标准遵循 MIL – STD – 188 – 203 – 1A,报文标准遵循 MIL – STD – 6011(或北约标准 STANAG 5511);TADIL J(Link 16)的通信标准遵循 JTIDS 和 MIDS,报文标准则遵循 MIL – STD – 6016(或北约标准 STANAG 5516& STANAG 5616)。

不同的数据链系统遵循的通信标准是不同的,采用的频率、调制方式、编码方式、传输速率、发射功率等都有很大的不同。如 Link 11 数据链采用 HF 或 UHF 两种无线电台。HF 无线电台采用调幅(AM)技术,UHF 无线电台使用调频(FM)技术。UHF 地对地通信视距大约是 20 英里~30 英里,地对空通信视距是175 英里。收发距离根据天线高度、发射功率和大气条件的变化而不同。Link 16 数据链的通信系统则采用 JTIDS 或 MIDS 来产生保密、抗干扰、大容量波形,JTIDS/MIDS 工作在 Lx 波段,采用扩频、跳频等多种抗干扰措施来提高抗干扰性。而北约七国共同研制的 Link 22 则将 Link 11 和 Link 16 结合起来,既可采用 Link 11 单音波形,又可采用 Link 16 的 JTIDS 波形,从而具有更强的灵活性。还有一些数据链如美国报文文本格式(USMTF),则对其通信系统没有专门的规定和说明,它们可以采用多种通信系统来传送信息。

5.3.4 战术数据链的报文标准

战术数据链报文标准是指为了实现与其他系统/设备的兼容和互通,该数据链系统/设备必须遵守的一套技术和程序参数。它包括数据通信协议和数据项实现规范。

每一种战术数据链都有一套完整的报文规范。具有标准化的报文格式是战术数据链的一个重要特点。战术数据链采用的格式化报文类型有两种:一种是面向比特的报文;另一种是面向字符的报文。

面向比特的报文就是指采用有序的比特序列来表示上下文信息。利用比特控制字段来构造信息并监督信息的相互交换。像 Link 4A、Link 11/11B、Link 16、Link 22 及 ATDL – 1 等数据链就是采用面向比特的报文。

面向字符的报文则是指采用给定报文代码集合中所定义的字符结构来传送

上下文信息。利用字符代码来构造数据并监督数据的相互交换。例如,美国报文文本格式(USMTF)、超视距目标导引 – GOLD(OTG)等均采用面向字符的报文,而可变报文格式(VMF)虽然是面向比特的,但具有有限的面向字符的字段。

就面向比特的报文而言,主要有固定格式、可变格式和自由正文 3 种类型。固定格式报文中所含数据长度总是固定的,并由规定的标识符识别各种用途报文的格式和类型,它是数据链的主要报文形式。例如,Link 11/Link 11B 采用的"M"系列报文、Link 4A 采用的"V"&"R"系列报文、Link 16 采用的 J 系列报文、Link 22 采用的"F"和"FJ"系列报文、ATDL – 1 采用的"B"系列报文等都是固定格式报文。可变格式类似于固定格式,但其报文的内容和长度是可变的,例如,VMF 采用的 K 系列报文。自由正文没有格式限制,报文中的所有比特都可作为数据,主要用于数字话音交换。由于不同的数据链采用不同的报文标准,因此,不同的数据链之间不能直接互通信息。

以美军广泛使用的 Link 16 数据链采用的 J 序列报文为例。J 序列报文是美国防部指定的用于指挥控制系统的标准报文格式,是美军联合互通的基础。同时,它也是美军实施网络中心战的主要战术数据链。

J 系列报文的编号为 J$n.m$,其中 n 是 J 系列报文中起始字的标识字段 5 比特对应的值 0 ~ 31,m 是子标识字段 3 比特对应的值 0 ~ 7。由此,32 种标识符与 8 种子标识符的组合共可定义 256 种报文格式。既然报文编号是以标识符与子标识符来定义的,那么按照报文格式是通过标识符和子标识符来进行识别的原理,反过来根据报文编号就可以识别出报文格式类别。即对于 J$n.m$ 中的任意一个确定的编号报文,都是这 256 种可能报文之一。由此也唯一地确定了该报文的类型。例如,J3.2 是空中跟踪报文。JTIDS/MIDS 报文编号如表 5 – 2 所列。

在每个时隙的开始,要发送 35bit 的报头。报头后面紧跟 1 个或多个报文。报头不是报文结构的一部分,但是其中包含的信息作用于该时隙内所有报文。报头包含时隙类型、中继传输指示符、类型变更、保密数据单元(SDU)的序号和源跟踪号(TN)字段。SDU 序号字段由发送终端提供。源跟踪号字段由主系统(它识别该时隙内的报文始发者)提供。

Link 16 报文是面向功能的、长度可变的字串,每个字包括 75bit(其中包括 5 个奇偶校验比特)。字的类型分为 3 种,即起始字、扩展字和连续字。报文由一个起始字开始,后面跟随 1 个或多个扩展字。扩展字用于传送逻辑相关的数据字段组,其长度比起始字数据长。扩展字后面可跟随 1 个或多个连续字,连续字提供补充信息,但很少使用。1 个 J 系列报文最多由 8 个字组成。字结构如下:每个 75bit 的字可以是 1 个起始字、1 个扩展字或者 1 个连续字,对它们的区分是靠每个字中的字格式字段即 2bit 字头(第 0、1 位)来识别的。00 表示起始字、

10 表示扩展字、01 表示连续字、11 表示可变报文格式字。每个 75bit 字有 1 个 5bit 奇偶校验段(第 70 ~ 74 位)。在这 3 种字结构中,每种字所传信息位的多少及信息位的分布略有区别。

表 5 - 2　JTIDS/MIDS 报文编号

n \ m	0	1	2	3	4	5	6	7
0——网络管理	入网	测试	网络时间更新	时隙分配	无线电中继控制	再传中继	通信控制	时隙再分配
1——网络管理	连通询问	连通状态	路由建立	确认	收发信者的状态	网络控制初始化	前线所需参与群分配	
2——精确参与者位置和识别(PPLI)	间接接口单元 PPLI		空中 PPLI	海面 PPLI	水下 PPLI	地面点 PPLI	地面轨迹 PPLI	
3——监视	参考点	应急点	空中跟踪	海面跟踪	水下跟踪	地面点/跟踪	空间轨迹	电子战产品信息
4——未用								
5——反潜战					声音方位/距离			
6——情报	情报信息							
7——信息管理	轨迹管理	数据更新申请	相关性	指示器	轨迹标识符	敌我识别/选择识别特征(IFF/SIF)管理	过滤器管理	联系
8——信息管理	单元指示符	任务相关改变						
9——武器协调和管理	指挥	交战协调						
10——武器协调和管理			交战状态	移交		控制单元报告	配对	
11——未用								
12——控制	任务分配	改变航向	飞机的精确航向	航迹	控制单元变更	目标/跟踪相关性	目标分类	目标方位

（续）

n \ m	0	1	2	3	4	5	6	7
13——平台和系统状态	机场状况		空中平台和系统状态	海面平台和系统状态	海水下平台和系统状态	地面平台和系统状态		
14——控制	参数信息		电子战控制协调					
15——威胁告警	威胁告警							
16——未用								
17——其他	目标上空的气象							
18~27——未用								
28——使用国家	美国1（陆军）	美国2（海军）	美国3（空军）	美国4（海军陆战队）	法国1	法国2	美国5（国家安全局）	英国1
29——使用国家	预留	英国2		西班牙1	西班牙2	加拿大		澳大利亚
30——使用国家	德国国家1	德国2	意大利1	意大利2	意大利3	法国3（陆军）	法国4（空军）	法国5（海军）
31——其他	空中重键管理	空中重键						
RTT——往返计时	RTT询问寻址	RTT询问广播	RTT应答					

5.3.5 战术数据链的网络管理

数据链网络管理是数据链系统的重要组成部分,对数据链系统的正常运行至关重要。网络管理系统主要负责设置数据链网络运行参数、监视部队当前位置与战场状况、控制并维护网络的正常操作。战术指挥官可以通过数据链网络管理系统不断修改作战参数以适应作战变化,从而使其指挥与控制网保持最佳性能状态。在和平时期,网络管理工作站自动警告操作员是否违反和平时期的频率使用限制。

由于数据链技术的复杂性,数据链管理成了发挥数据链效能的关键因素之一。有效的战术数据链管理系统可以大大提高军事指挥员提供实时海、空战场图片的能力。外军在发展数据链的同时,数据链管理技术也在同步发展。目前,国外应用比较广泛的数据链管理系统有美国的网络控制和初始化数据准备子系统(NCIDPSS)、英国 JTIDS 空中平台网络管理系统(JAPNMS)、英国的可运输空中平台网络管理系统(TJF)等。

数据链网络管理系统主要功能:数据链的规划及数据链系统的初始化;监视网络运行情况,实时动态调整网络能力;监督和控制系统频率使用;时隙分配、重分配以及时隙使用状况监视;对网络成员的请求进行监控并及时做出响应;对终端和网络操作数据进行记录并对终端记录状况进行控制;控制与管理网络成员间的相互连接关系;控制和管理网络参与成员的中继能力;数据转发能力的初始化、监视和控制;相对导航管理;加密变量管理,根据通信需求及时改变密码,实时保持网络稳健性和一致性;初始化、监视和控制数据链之间的数据转发单元。

典型数据链网络管理系统的组成结构及技术特性如下:

(1) 数据链网络管理系统由数据链网络管理工作站、数据链终端和相关电子设备组成,网络管理工作站负责数据链的网络管理。

(2) 数据链网络管理工作站带 2 个高分辨力大屏幕彩色显示器,网络管理工作站负责监视各数据链终端的工作状态,同时管理和控制各数据链终端的工作。2 个显示器,一个作为图形显示器,负责监视各数据链终端的工作状态(战场状况),另一个作为系统管理控制显示器使用。

(3) 数据链网络管理工作站的操作系统为 WINDOWS NT 实时操作系统,数据链网络管理软件是图形操作界面。

(4) 数据链网络管理工作站有 MIL – SID – 1553 接口。

(5) 带全球地图、图形处理软件,可实时合成战场图像。

(6) 上架安装,坚固、耐用,符合电磁兼容要求。

数据链网络管理系统操作流程可分为数据链规划、数据链初始化、数据链工作状态监控、数据链关闭四个处理过程。处理过程中的功能模块图如图 5 – 4 所示。

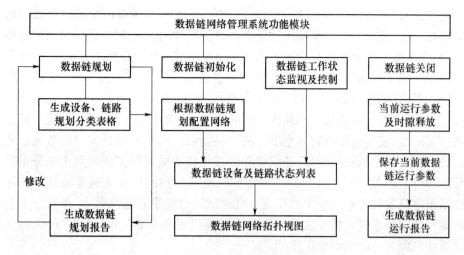

图 5 - 4　数据链网络管理系统功能模块图

5.4　战术数据链的应用

战术数据链是网络中心战体系结构的重要支撑技术。在情报、监视和侦察（ISR），指挥控制以及武器系统中，都能体会到战术数据链的重要作用。

5.4.1　战术数据链在 ISR 系统中的应用

夺取信息优势是充分发挥网络中心战效能的首要条件，是各种军事作战行动制胜不可或缺的关键因素。网络中心战的使用者对信息的收集和将信息分发给作战人员这一点提出了更高的要求。数据链在情报侦察监视系统中的应用主要体现在侦察平台的相互连网以及情报侦察信息的实时、快速传递等方面。

美军认为，最大限度地提高情报侦察能力的关键是通过数据链将各类传感器连成网络。这也是美军网络中心战思想在情报侦察领域的体现。美军清楚地认识到，虽然他们具有多种技术先进的侦察手段，但单靠哪一项都很难完成重要的情报保障任务，必须协调使用各种侦察手段，才能较好地满足作战的需要。因此，美军特别强调在未来的联合作战中充分利用多种侦察手段进行一体化情报侦察。美军现已建立了航天侦察、航空侦察、地面侦察和海上侦察等全方位、全天时、具有较强实战能力的情报侦察体系；实现了传感器信息获取手段多样化、传感器信息处理技术自动化、传感器信息传输过程实时化，并且通过各种数据链实现了网络化和一体化。例如，在阿富汗战争中，美军就利用 Link 16 数据链和其他战术数据链，将 U - 2 高空侦察机、"捕食者"中高空无人侦察机和"全球鹰"

高高空无人侦察机、E-8战场监视飞机、RC-135信号情报侦察飞机等成功地链接在一起,形成一种空基多传感器信息网。同时,通过战区的通信和数据链系统,实现了美军空中作战平台的传感器与地面作战部队的传感器完全链接成网,并且还与几千千米外的美军中央司令部也链接在一起;原先设计作侦察用的"捕食者"无人机,不但可以将获取的战场情报信息通过数据链路与地面部队的传感器进行链接,还直接与翱翔在空中的作战飞机的传感器链接,同时还与战区指挥官链接,使地面指挥官和空中作战飞机能够得到实时或近实时的战场态势信息,该无人机配备导弹以后还能够和作战飞机协同对阿富汗恐怖主义分子进行致命打击。美空军参谋长J.江泊将军在谈到"捕食者"无人机能直接把获取的情报信息实时传输到空中的作战飞机时称,"这件事看起来简单,但实际上它却是一项用数据链直接在战场上把几个月前还根本不能'相互交谈'的烟囱式的系统集成为一体的困难工作。"

在伊拉克战争中,美军共动用了侦察卫星、海洋监视卫星、导弹预警卫星和通信卫星等100多颗。这些卫星与各种预警机、有人/无人侦察机配合,通过各种数据链传输手段,对伊地面和空中目标形成了全天候、立体的监视侦察体系,将数据实时地传送给战区各级指挥所、控制中心、武器平台乃至单兵。

整个监视侦察体系大致可以分为4个层次:距地面600km的太空是由装备有综合广播业务(IBS)、卫星战术数字信息链路J(STADIL J)的多颗间谍卫星组成的"天眼"卫星网;在伊拉克头顶约20km的高空,装备有公共数据链(CDL)的U-2侦察机、"全球鹰"无人侦察机以及装备多条数据链的RC-135信号情报飞机在不断盘旋;在12km的高空,装备有移动目标追踪雷达的预警飞机(E-3和E-2C)和E-8飞机往返巡逻;在6km的天空,则是装备有图像、红外及雷达传感器的"捕食者"无人机在窥探军情。侦察到的所有数据都将传到地面的各级指挥中心、情报系统,地面再以其他诸如增强型定位报告系统(EPLRS)数据链等将情报信息传递给一线的美陆军作战部队,使其得以掌握最新的第一手情报。

此次战争中,美英联军在整个侦察体系网中共用到了IBS、CDL、SCDL、TC-DL、HIDL(英国无人机使用)、Link 16、STADIL J、Link 11等8种主要数据链。在情报侦察系统中,数据链在实现传感器连网及信息的实时传输方面发挥了重要作用。

但这场战争中,尽管陆、海、空、天多层次传感器信息网的建立,为其纵向的信息共享和信息传输奠定了一定的基础,但是,横向的多兵种间的信息共享和资源共享还存在着一定的困难,除了体制方面的约束之外,技术上的不成熟也影响着它的应用和发展。因此,美军在之后数年内追求信息优势的重要措施之一,是传感器信息采用"栅格网"连网的形式。数据链是该网络必不可缺的重要组成部分。

5.4.2　战术数据链在武器系统中的应用

信息化武器的一个重要特点是武器平台之间实现横向组网,并融入信息网络系统,做到信息资源共享,从而最大程度地提高武器平台的作战效能。传统的以坦克、战车、火炮和导弹为代表的陆基作战平台,以舰艇、潜艇为代表的海上作战平台,以飞机、直升机为代表的空中作战平台等,都必须在火力优势的基础上兼有现代信息优势,才能成为真正的高技术信息化武器装备。因此,"数据链"作为一种链接各作战平台、优化信息资源、有效调配和使用作战能量的通信装备,正日益受到重视并被用于链接、整合军队各战斗单元。

为武器平台加装战术数据链可以大大提高其作战效能。20 世纪 90 年代中期,美空军在一项特殊作战项目(OSP)中探讨了 F-15C 飞机使用 Link 16 的好处。其结果表明 F-15C 通过使用 Link 16 数据链,在空战中对空中目标的杀伤率在白天提高了 2.62 倍,在夜间提高了 2.60 倍。参与阿富汗战争的作战人员对 F-15E 上安装的 Link 16 数据链终端(MIDS FDL,多功能信息分发系统战斗机数据链)也相当满意,说它可以提供完整的空中支持,机组人员可以得到实时信息并能够鉴别威胁,避免了无数地面人员的伤亡。

在现代高技术战争中,战争的节奏很快,战场形势瞬息万变,要求对地攻击飞机反应迅速,攻击准确。攻击飞机的反应速度受多种因素的影响,如攻击飞机的战备情况、到目标的距离、获取信息的速度等。飞机装备数据链以后,就可以利用数据链为攻击飞机提供所需的全部信息。

数据链可实现数据的快速传输。快速的数据传输不但可以提高攻击飞机的反应速度,也是提高攻击精度的必要保证。攻击运动目标时,在武器飞行的过程中,目标的位置在不断地变化。武器装备数据链后,在飞行过程中就可以随时更新目标数据,从而大大提高攻击精度。另外,快速的数据传输在执行近距空中支援作战任务时尤为重要。在尽可能短的时间内为飞行员提供尽可能全面的目标信息,是保证攻击任务完成的必要条件。攻击飞机接到作战任务后,携带精确制导炸弹立即起飞。飞机从接到作战任务到起飞离地的时间很短,几乎没有准备的时间,飞行员了解作战任务是在飞机升空之后。攻击飞机利用保密的无线电通信系统和空中预警与指挥系统取得联系,获知作战任务的内容和使用的战术频率。在此过程中,侦察机在计算机上形成发给攻击飞机的作战指令,通过数据链与攻击飞机相连;侦察机通过全球定位系统对本机的位置进行精确定位,误差小于 10m;侦察机工作人员利用数字照相机获取目标的清晰图像,利用激光测距仪确定目标的精确位置,将这些信息输入计算机,并通过数据链传输给攻击飞机。攻击飞机收到信息后进行解调,然后通过 1553B 数据总线传给火控计算机进行瞄准计算。飞行员通过头盔显示器瞄准目标,同时飞机挂载的激光吊舱也指向目标,获取目标及其周围环境的图像。从侦察机传来的目标图像同时显示出来。飞行员将两个图像进行比较,最终确定目标,实施打击。

在伊拉克战争中,大部分参加对伊轰炸的战斗机和轰炸机都安装了目标数据实时接收和修正系统,可在赴目标区的飞行途中通过卫星直接接收情报中心发出的实时数据,并对导弹的制导数据进行适时修正和更新,从而提高了打击目标的灵活性和随机选择性,战斗效果明显提高。在每天赴伊拉克执行轰炸任务的战斗机和轰炸机中,大概有 1/3 的飞机是按起飞前的轰炸计划赴目标区进行轰炸的,而有 2/3 的飞机是在升空之后根据随时收到的目标指令去执行轰炸任务的。例如,3 月 24 日美军共出动了 1500 架次的飞机对伊拉克进行空袭,其中 800 架次是执行打击任务。在 800 架次的打击任务中,有 200 架次是事先计划的,其余架次为临时起飞打击伊拉克的"紧急目标"。

在空战中,谁的雷达先开机,谁将首先暴露目标,遭到攻击。为了掌握战场态势,又要隐蔽接敌,采用多渠道的探测、数据链和多机协同作战,是未来空战必不可少的方式。这种数据链将发展为空/天/地信息传输。敌机的信息可能来自编队中某架开机的飞机(或传统的预警机、地面雷达站),通过数据链传给保持电磁静默的友机实施攻击。在数据链和机间协同作战中,不太先进的飞机也能派上用场。通过数据链系统,还可实现有人驾驶飞机和无人机之间的协同作战。一架或几架有人战斗机,带领几架无人机组成机群,战斗机飞行员实施对无人机的控制,而搜索、攻击等由无人机完成。

美军在进行空中作战时,指挥人员通常位于指挥控制飞机上如 E-3 空中预警与控制系统飞机。指挥控制飞机装有大量的传感器,是指挥人员进行观察和指示所需信息态势的基础。另外,指挥控制飞机上还安装有多种通信系统,包括各种数据链,能够与其他空中平台实现直接互通,这可大大提高飞机的空中作战能力。例如,在海湾战争中,伊方被击落的 39 架飞机中有 37 架是联军通过预警机上联合战术信息分发系统的引导击落的。海湾战争大规模空袭中,联军部队共出动 109868 架次飞机,战损率为 0.041%,仅为过去战损率 0.5% 的 1/12。主要原因之一就是联军一方广泛使用了机载 JTIDS。海湾战争过后,美空军总结时说,JTIDS 使美空军的空中三大支柱 E-3、EC-130E 和 E-8A 三种飞机实现了互通。以这一系统为主组成的大规模的通信网络,将来自多个国家的部队有机地连接起来,使联军对复杂的情况了如指掌。

在科索沃战争中,南联盟米格-29 被北约 F-16 战斗机击落了 5 架。这并

不是因为米格 - 29 的速度慢、升限低、火力弱,而是空战中双方所掌握的信息不在一个层次。虽然米格 - 29 单机性能强于 F - 16,但北约有数据链支撑的预警指挥系统,能够向战斗机提供数百千米范围的敌方飞机信息,并对战斗机进行精确的指挥引导,因而能先敌捕捉住目标,使米格 - 29 的一举一动都在北约飞机的监视之下,并在距敌机数十千米之外用中程拦截导弹进行超视距攻击。而南联盟没有预警机,米格 - 29 也就如盲人骑瞎马,在战争中始终处于被动,被击落也就不足为奇。

JTIDS 特种作战项目组向国会递交的报告,定性地总结了在空对空作战中,用数据链补充话音通信的影响。

(1) 数据链极大地增强了共享的态势感知,因为能够不断地了解友机和敌机的阵位,减少对无线电话音通信的需求,这就意味着飞行员能够将注意力集中于战场空间和他们的行动上。

(2) 不论是否互相分开,每一个飞行员都能够看见其他飞行员的情况。

(3) 这种共享的态势感知,使分散战术变得更加容易,而且可提高飞行效能,需要时,还能够使飞机更迅速地重新编组。

(4) 在夜间和风雨条件下,对抗未装备数据链的对手时,表现出更加明显的互相支持。

(5) 在检验数据链时,4 机(2 机)飞行通常取得理想的效果。这对第一轮的杀伤效果、与数量上处于优势的敌人交战、生存能力、以及使用昂贵的飞机/导弹的成本效能,都有很强的积极作用。当一架 F - 15 无意中锁定另一架友方飞机时,整个错误会用图形显示出来,飞行员用很少的时间就发现了错误,避免可能的自相残杀。

另外,为精确制导武器系统加装数据链,可使武器在发射到击中目标期间连续接收、处理目标信息、选择攻击目标。"战斧 4"导弹就是在"战斧"导弹基础上,加装了数据链设备,实现了数据双向通信能力。其特点一是具备快速精确打击能力。发射准备时间短,确定或改变攻击目标的时间仅需 1min;导弹在飞行400km 到达战场上空后能盘旋待机 2h～3h,在接到攻击命令后 5min 之内,根据侦察卫星、侦察机或岸上探测器提供的目标数据,可打击 3000 平方 km 内的任何目标。其特点二是导弹在飞行中能按照指令改变方向,攻击预定的目标或随时发现的目标。

在新型精确制导武器的发展中,信息平台技术是至关重要的。从导弹武器来讲,要精确打击固定和活动目标,其制导方式就必须由原来的纯惯性制导向惯性制导、指令制导和主动寻的等复合制导方式发展;而进一步提升打击效果、突破敌军防御,则需要实时获得导航定位、动态目标指示等信息,并实施中段变轨、末端修正等技术;在这些技术中指令制导具有高度的灵活性和实时性,可以通过实时战场感知、多信息汇集融合、综合判断、高效指挥控制,达到及时修正、调整、控制导弹攻击目标的目的。这些功能只有建立相应的数据链系统才能保证。

导弹飞行控制数据链的主要功能,是实现对导弹飞行的复合精确制导和超视距控制,实时接收从卫星上发出的重新确定打击目标命令和数据,掌握其飞行姿态,依据目标变化和战场态势变化信息,实施导航信息远程装订、指令接收、侦察数据与先验信息匹配、中段变轨突防、攻击目标再定位和改变等功能,提高导弹打击精度和命中目标概率。导弹飞行控制数据链是使武器平台与信息平台相结合的典型范例,加大了指挥系统对导弹打击过程的干预能力,使战争协同性更强、更灵活、优势更集中。根据导弹飞行控制数据链的使命,系统应由导弹飞控数据链终端(也称弹载数据链终端)、数据中继平台、地面数据链系统和地面战术指挥应用中心等4个部分组成。

5.5 小 结

本章介绍了战术数据链的作用、概念、功能和特点,介绍了美军和北约国家常见的战术数据链,包括了常用数据链、宽带数据链和专用数据链3个方面。分析了战术数据链的组成,并且以美军的战术数据链为例,介绍了战术数据链的通信标准和报文标准等,给出了战术数据链的两方面具体应用。具体内容如下:

(1)战术数据链作为空天信息系统中的重要组成部分,在现代战争中发挥着极其重要的作用,数据链的应用水平在很大意义上决定着信息化战争的水平和能力。关于什么是战术数据链,不同的技术人员和专家站在不同的立场上,从不同角度出发,有不同的定义和理解。

(2)与一般的通信系统不同,数据链系统传输的主要信息是实时的格式化作战数据,包括各种目标参数及各种指挥引导数据。因此,数据链具有一些不同于普通数据通信的特点。

(3)针对现代战争各种作战方式的不同需要,有多种类型的数据链,各种数据链都有其特定的用途和服务对象。美国和西方各国开发和应用了种类繁多的战术数据链,常见的战术数据链形式如下:常用战术数据链,主要包括美军使用的战术数字信息链路系列(TADIL)和北约使用的Link系列;功能相对通用的宽带战术数据链,主要有公共数据链(CDL)、战术公共数据链(TCDL)、高整合数据链(HIDL)以及战术情报广播系统等;专用战术数据链,主要包括防空导弹系统专用数据链、精确制导武器系统专用数据链、增强型定位报告系统、态势感知数据链等。

（4）除少数数据链外,各种数据链的构成大同小异。其基本组成包括通信设备、报文标准、人机接口、操作规程。战术数据链区别于其他数据通信系统的特征主要有两个:一个是具有标准化的报文格式;另一个是具有标准化的传输特性。所以,每一条数据链基本都有一套完整的通信标准和报文标准。

（5）数据链网络管理系统主要负责设置数据链网络运行参数、监视部队当前位置与战场状况、控制并维护网络的正常操作。战术指挥官可以通过数据链网络管理系统不断修改作战参数以适应作战变化,从而使其指挥与控制网保持最佳性能状态。

（6）战术数据链是网络中心战体系结构的重要支撑技术。在情报、监视和侦察(ISR),指挥控制以及武器系统中,战术数据链发挥着重要作用。

思 考 题

1. 请简述战术数据链在现代战争中的作用?
2. 战术数据链的概念包括哪些内容?
3. 战术数据链的功能主要有哪些?
4. 战术数据链的主要特点有哪些?
5. 战术数据链的常见形式有哪几类?
6. 请给出以下英文缩写词的中英文含义:TADIL, MIL – STD, STANAG, JTIDS, MIDS。
7. 战术数据链的基本组成包括哪些内容?
8. 不同的数据链系统遵循的通信标准是不同的,这些不同的通信标准主要体现在哪些方面? 举例说明。
9. 什么是战术数据链报文标准? 战术数据链采用的格式化报文类型有哪两种? 各有什么含义?

第6章　卫星通信系统

卫星通信是现代通信的主要方式之一,它在军事应用上和航天科技上有特殊的地位,是实现现代信息社会的核心科技内容。目前,一些发达国家和军事集团利用卫星通信系统完成的信息传递,其军事通信约占其通信总量的80%以上。与其他通信手段相比,卫星通信具有覆盖面积大,通信距离远,传输频带宽,通信容量大,通信稳定性好、质量高等特点。

本章将在详细介绍卫星通信基本概念、原理、组成和特点的基础上,对卫星通信的多址技术进行简要介绍,同时对星载和地球站设备的工作原理和工作过程进行分析,最后将介绍几个具有代表性的卫星通信系统和美军卫星通信系统。

6.1　绪　论

6.1.1　卫星通信的定义

卫星通信是指利用人造地球卫星作为中继站转发无线电信号,在两个或多个地球站之间进行的通信。这里的地球站就是设置在地表面(地面、海面和大气中)的无线电通信站,用于实现通信的卫星叫做通信卫星。因此,卫星通信实际上就是利用通信卫星作为中继站的一种特殊的微波通信方式。自从1957年苏联把第一颗人造地球卫星送上太空,就使得卫星通信成为可能。

在卫星通信系统中,最常见的是圆形轨道,根据通信卫星距离地面的高度可以将卫星通信系统分为以下几种:

(1) 低地球轨道(LEO)卫星通信系统。卫星距地面500km～5000km,相应轨道周期约为1.6h～1.9h。

(2) 中地球轨道(MEO)卫星通信系统。卫星距地面10000km左右,相应轨道周期约为6h。

(3) 静止轨道(GEO)卫星通信系统。卫星距地面约为36000km,相应轨道周期约为23h56min。通常,这条轨道的倾角为零,且为圆形,因此,它与地球自转同步,在地面上的人看,这颗卫星几乎静止不动。

需要注意,在2000km～8000km的空间有一个由范艾伦(Van Allen)带形成的恶劣的电辐射环境,所以这一高度范围的空间往往不宜于卫星的运行。

　　卫星通信是宇宙无线电通信的形式之一。国际电信联盟(ITU)在世界无线电行政会议(WARC)通过的规定中,确定了有关卫星通信的术语和定义。把以宇宙飞行体为对象的无线电通信统称为宇宙通信,其正式的名称为宇宙无线电通信。共同进行宇宙无线电通信的一组宇宙站和地球站被称作宇宙通信系统。这里,宇宙站是指设在地球大气层之外的宇宙飞行体(如人造通信卫星、宇宙飞船等)或其他天体(如月球或别的行星)上的通信站。宇宙通信有 3 种基本形式,如图 6 - 1 所示。

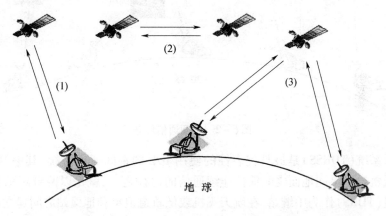

图 6 - 1　宇宙无线电通信的三种基本形式

　　(1) 地球站与宇宙站之间的通信。

　　(2) 宇宙站之间的通信。

　　(3) 通过宇宙站的转发或反射进行的地球站之间的通信。

　　图 6 - 1 中,第三种通信方式就是卫星通信。这 3 种基本形式的组合形成的各种星间通信系统如图 6 - 2 所示,按卫星轨道区分,星间通信大致有以下几种形式:

　　(1) 静止轨道间(GEO - GEO)的星间通信。

　　(2) 静止轨道与低、中轨道移动卫星、宇宙平台等飞行器间的星间通信。

　　(3) 静止轨道以外的多个宇宙飞行器间的星间通信。

　　通常称同轨道卫星间的通信线路为星间链路(ISL),而不同轨道宇宙站间的通信线路称为星际链路(IOL)。美国休斯通信公司开发的 SPACEWAY 毫米波全球卫星通信系统,就是利用静止轨道星间链路的例子,该系统在 2007 年 8 月 14 日发射两颗 SPACEWAY 3 卫星。美国摩托罗拉公司的"Iridium"系统("铱"系统)是利用低轨道星间通信链路连接,构成全球通信网。跟踪与数据中

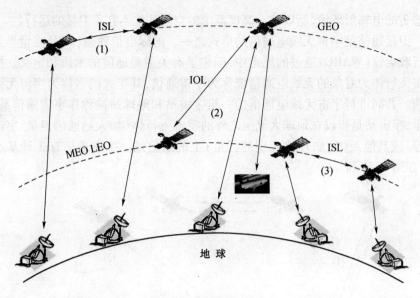

图 6-2　星间通信形态

继卫星系统(TDRSS)是最具代表性的使用 IOL 的星间通信系统,其中,航天飞机或低轨道卫星同地面之间保持连续通信的途径之一,就是以两颗跟踪数据中继卫星(TDRS)作为中继站,在航天飞机或低轨道卫星和地面站之间建立通信。

6.1.2　卫星通信频率分配

在卫星转发器与地面地球站之间,信息是利用电磁波来承载的。通常使用较高的频率,天线才能有效地进行电磁波的辐射,同时也有利于承载较高的信息速率。卫星通信系统常用的频率在 150MHz ~ 300GHz 的范围。图 6-3 展示了由于在晴朗天气条件下,受大气中的 H_2O、O_2 的影响,引起的卫星与地面之间传输链路附加损耗与频率之间的关系。在 10GHz 以下,链路附加损耗较小且平坦。当频率超过 12GHz 后,可以看出损耗上升很快,同时,损耗存在若干个极大点,使得 60GHz 和 22GHz 频率附近不宜于进行星—地之间的信息传送,但能用于卫星之间的星际链路。需要指出的是,图 6-3 是在波束大仰角(接近 90°)条件下的特性。当仰角减小时,电波在大气层中通过的距离增大,附加损耗会有所增加。例如,对于 22GHz 的频率,仰角为 90°时,附加损耗约为 0.5dB;仰角为 10°时,附加损耗可达 2dB。

对于 100MHz 以下的频段不能用于空间通信,而 100MHz 以上定义了 VHF 和 UHF 两个频段。VHF 的范围为 30MHz ~ 300MHz,UHF 的范围为 300MHz ~ 3000MHz。在卫星通信领域 UHF 的范围通常认为是 300MHz ~ 1000MHz。实际

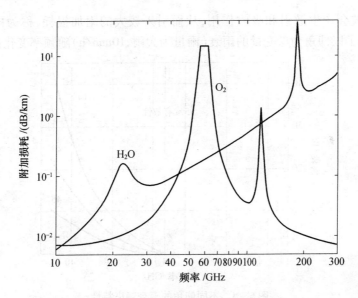

图 6-3　大气吸收附加损耗与频率的关系

上这一频率范围的大部分已为地面无线通信所占用。对于卫星系统而言,由于频率较低,只能传送较低的数据速率,因此,通常只用于低轨小卫星数据通信系统、静止卫星的遥测和指令系统,以及某些军用卫星通信系统。

超高频段(SHF)进一步被划分为更常用的 L、S、C、X、Ku 和 Ka 频段等,具体各频段的频率大致范围如表 6-1 所列。

表 6-1　微波和毫米波频段的命名

频段命名	L	S	C	X	Ku	K	Ka	
频率范围/GHz	1~2	2~4	4~8	8~12	12~18	18~26	26~40	
频段命名	Q	U	V	E	W	D	G	Y
频率范围/GHz	33~50	40~60	50~75	60~90	75~110	110~170	140~220	220~325

在卫星通信系统中,在某一频段内的上行链路频率往往比下行频率高。这是因为 RF 功率放大器的效率随着频率的升高而下降,而地球站较卫星更能容忍这种功放的低效率。同时,通常地球站的发射功率较卫星大 10 倍~100 倍。几个常用频段的上下链路频率的习惯表示如下:L 频段 1.6/1.5GHz,C 频段 6/4GHz,Ku 频段 14/12GHz,Ka 频段 30/20GHz。

图 6-3 表示在晴朗天气条件时,大气(主要是 O_2 和 H_2O 分子)吸收引入的附加损耗。在雨天或有雾的气象条件下,雨滴和雾对于较高频率(如 10GHz 以

上)的电波会产生散射和吸收作用,从而引入较大的附加损耗,称为雨衰。图6-4给出了以仰角为参变量的雨衰(雨量为大雨,10mm/h)随频率变化的情况。

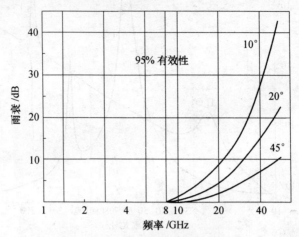

图6-4 不同仰角的雨衰频率特性

由于卫星通信系统覆盖范围广,频率的分配十分重要。为此,国际电信联盟(ITU)在有关规定中将全球划分为3个频率区域;第一区包括欧洲、非洲和俄罗斯亚洲部分、西亚地区以及蒙古等;第二区包括南、北美洲和格陵兰等;第三区为其他亚洲部分(包括我国)和澳洲。图6-5表示出了频率划分的区域图。频率区域的划分有利于区域性业务的频率再利用和全球业务频率的统一规划。

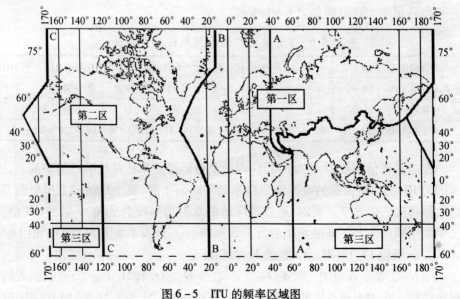

图6-5 ITU 的频率区域图

174

按不同的业务类型对不同频段有一个大致的划分。低于 2.5GHz 的 S 和 L 频段大部分用于移动通信业务和静止卫星的指令传输,以及特殊的卫星通信业务。多数商用卫星固定业务使用 C 频段(6/4GHz),目前该频段已十分拥挤,且存在与地面微波中继网的同频干扰的问题。Ku 频段(14/12GHz)正在被大量利用,同时 Ka 频段(30/20GHz)已开始应用。

6.1.3　卫星通信系统的组成

1. 空间段

卫星通信系统由空间段和地面段两部分组成。空间段以卫星为主体,包括地面卫星控制中心(SCC)以及跟踪、遥测和指令站(TT&C)。卫星星载的通信分系统主要是转发器,现代的星载转发器不仅仅是提供足够的增益,而且具有处理和交换功能。TT&C 与卫星之间有一条控制和监视链路,通常对卫星进行以下几方面的监控:

(1) 在卫星发射阶段,一旦最后一级火箭释放,TT&C 就必须对卫星进行跟踪和定位,并对天线和太阳能帆板的展开实施控制。

(2) 在系统运行过程中,对卫星的位置和轨道进行监测和校正,以便将轨道的漂移(倾斜)和卫星摄动控制在允许的范围内。在卫星寿命的最后阶段,轨道校正的星载燃料已基本耗尽,卫星应撤离服务岗位。GEO 卫星通常的退役方法是利用剩下的少量燃料增加速度,使其轨道升高几千米,退役的卫星将永远停泊在该轨道上。当然,卫星上的转发器应予以关闭,以免干扰正常工作的 GEO 卫星。对于 LEO 卫星,如果不进行轨道校正,将由于大气阻力使其轨道衰减,卫星最终会再进入大气层被烧毁。

(3) 星载转发器是卫星的有效载荷,也是通信系统的主要组成部分之一。SCC 可以有独立于 TT&C 站的天线来对卫星转发器的输出以及整个空间通信分系统进行测试、监控,并对出现的故障进行检修。

(4) 对由于"双重照射"形成的地区性通信干扰问题进行监测。由于地球站或卫星在某个频率上错误地激活其发射机,对正常工作的卫星系统的覆盖区形成"双重照射"而引起严重干扰。TT&C 必须迅速进行检测,探明干扰源所在,使正常业务受到的损害最小。

2. 地面段

地面段设施应能够支持用户访问卫星转发器,并能实现用户间通信。用户可以是电话用户、电视观众和网络信息供应商等。卫星地球站是地面段的主体,它提供与卫星的连接链路,其硬件设备与相关协议均适合卫星信道的传输。除地球站外,地面段还应包括用户终端,以及用户终端与地球站连接的陆地链路设备。当然,地球站应配备与陆地链路设施相匹配的接口或者网关。但是,由于用户终端、陆地链路设施及接口都是地面通信网的通用设备,所以地面段常常被狭义地理解为地球站。地球站可以是设置在地面的卫星通信站,也可以是设置在飞机或海洋船舶上的卫星通信站。

卫星通信业务有固定卫星业务(FSS)和移动卫星业务(MSS)两类,与 FSS 有关的还有卫星广播业务(BSS)。工作于低业务密度地区的一种小型通信地球站称为甚小天线口径终端(VSAT),它能与个人计算机、电话或其他设备相连接。

FSS 能在几兆赫带宽内支持不同的应用。当其在链路上(包括 MSS 和 BSS 链路)有提供不同业务的需求时,采用公共空中接口(CAI)使实现过程变得更为方便。CAI 的概念已用于我国的 VSAT 专用网和巴西的农村电话网。

6.1.4 卫星通信的特点

卫星通信系统与其他通信系统相比,由于卫星能提供较宽范围的无缝连续覆盖,因此,它能为用户的无线连接提供很大的自由度,并能支持用户的移动性。总体来讲,卫星通信系统具有以下特点:

(1)卫星通信系统的服务范围宽,且不受地理条件的限制。卫星能覆盖的范围由卫星的高度和允许的最小仰角确定。1 颗 GEO 卫星能有效地覆盖地球表面约 1/3 的地区(零仰角时能覆盖地球表面的 42%),因此,3 颗 GEO 卫星即可组成覆盖全球的卫星通信系统。一颗低轨卫星的覆盖范围虽然十分有限,但是特定的低轨卫星星座,却可以实现全球覆盖。例如,由 66 颗 LEO 卫星组成的"铱"系统,利用星际链路来扩展每一颗卫星的覆盖范围。位于卫星覆盖范围内的无论海洋、天空还是地面上任何位置的用户,不论他们是固定的还是移动的,都能通过卫星建立链路进行通信。

(2)可利用的带宽很宽。卫星通信系统可利用的频带很宽,从 VHF/UHF 频段(150MHz)至目前已实用化的 Ka 频段(30/20GHz),并在向更高的 40GHz ~ 50GHz 的 Q 和 V 频段拓展。对于 C 频段(6/4GHz)和 Ku 频段(14/12GHz),可利用的频带宽度达 1GHz。因此,卫星通信系统的容量较大。如果采用多波束星载天线等频率再利用技术,可进一步扩大系统的容量。此外,空间光链路正逐步成为星际通信的主流,同时相应技术的改进和发展,将使星—地之间的激光通信成为可能。

(3)卫星通信系统与地面通信基础设施相对独立,网络路由简洁。由于卫星提供了空间转发器,用户之间的通信不依赖于地面通信网,这对于那些地面通信基础设施不足的地区和国家具有重要意义。同时,对于建立或使用地面网需要付出高昂代价的稀业务密度地区,卫星通信系统能发挥重大作用。此外,对于跨国或全国性的公司、行业和政府部门,利用卫星通信系统构成专用网,旁路复杂的地面公用网,用以传输和处理内部信息是十分合适的。我国利用 VSAT 系统建立了银行、海关、气象、电力、石油、煤炭、水文、地震、烟草、证券等专用网。此外,我国除了已在西部地区边远重镇建立 VSAT 话音、数据站外,正着手建立由 VSAT 系统支持的全国乡村信息网。

（4）网络建设速度快、成本低。卫星通信系统与地面光纤和微波中继系统相比,不需要大量的地面工程的基础设施,建设速度快。同时,系统的运行和维护费用低,在系统容量范围内,增加一个地球站的成本较低,特别是对小容量或个人终端而言,所需投资更低。

（5）利于新业务的引入。通常一个卫星通信系统是由统一的业务提供商提供服务,有利于对系统内各地区提供一致（均匀）的服务,这有助于建立跨国公司或行业的远程专用网,对个人用户也较为有利。同时,卫星通信系统对新业务的引入,以及拓展原有业务也较地面网有利,如为个人用户提供 Internet 业务、家庭视频广播节目业务,以及提供接入功能的数字用户线等,同时还可用 VSAT 小站支持多种类型业务。

必须指出,卫星通信系统只是地面公用网的补充、扩展和备份。在由国家、地区骨干网覆盖的高业务密度地区使用卫星系统是不经济的,它只能作为应付灾害等造成地面网故障的备份。对于广大低业务密度地区来说,使用卫星系统比建设地面网更经济。同时,对于某些类型的业务和应用场合,卫星系统具有一定的优势,如视频广播、Internet 接入、国际通信等。

6.1.5　摄动、星蚀及日凌中断

影响卫星通信的因素很多,既包含通信卫星系统本身的技术因素,还包含由环境造成的自然因素,具体来讲其自然因素主要包括摄动、星蚀及日凌中断等。

1. 摄动

在理想条件下的人造地球卫星运动轨道可以利用开普勒定律来确定,但是由于一些其他因素的影响,卫星运动的实际轨道不断发生不同程度的偏离,与理想轨道出现一定差异的现象,这一现象称为摄动,引起人造地球卫星摄动的原因有如下几个方面:

（1）太阳、月亮引力的影响。对于低轨道卫星,地球引力占绝对优势,太阳、月亮引力的影响可忽略。对于高轨道卫星,地球引力虽仍是主要的,但太阳、月亮的引力已有一定的影响。以 GEO 卫星为例,太阳和月亮对卫星的引力分别为地球引力的 1/37 和 1/6800。这些力使卫星轨道位置矢径每天发生微小摆动,还使轨道倾角发生积累性的变化,其平均速率约为 0.85°/年,从地球看去,这种摄动使"静止"卫星的位置在南北方向上缓慢地漂移。

(2)地球引力场不均匀的影响。由于地球并非理想的球体而是略呈椭圆状,且地表面起伏不平,这样就使地球四周等高度处的引力不能保持为常数,即使在静止轨道上,地心引力仍然有微小的起伏。显然地心引力的这种不均匀性,将使卫星的瞬时速度偏离理论值,从而在轨道平面内产生摄动。对静止卫星而言,瞬时速度的起伏,使得卫星的位置在东西方向上产生漂移。

(3)地球大气层阻力的影响。高轨道卫星处于高度真空的环境中,故大气层阻力的影响可不考虑。低轨道卫星,大气阻力可能有一定的影响,它使得卫星的机械能受到损耗,从而使轨道日渐缩小。例如,椭圆形轨道的卫星,由于受大气的阻力,其近地点高度和远地点高度都将逐渐减小。

(4)太阳辐射压力的影响。对于一般卫星来说,太阳辐射压力的影响均不予考虑,但对于表面积较大,且定点精度要求高的静止卫星来说,就必须考虑太阳辐射压力引起的静止卫星在东西方向上的位置漂移。

摄动对静止卫星定点位置的保持非常不利,为此,在静止卫星通信系统中必须采取位置保持技术,以克服摄动的影响,使得卫星位置的经度、纬度误差始终保持在允许的范围内。

2. 星蚀

所有静止卫星,每年在春分和秋分前后各 22 天中,当星下点进入当地时间午夜前后,此时,卫星、地球和太阳共处在一条直线上,地球挡住了阳光,卫星进入地球的阴影区,造成了卫星的日蚀,这种现象被称为星蚀。在此期间,每天发生星蚀的持续时间不等,最长可以达到 72min,一年中约有 52 天星蚀持续时间超过 1h,具体来讲就是从 3 月 8 日—4 月 3 日,以及 9 月 9 日—10 月 6 日。

星蚀期间,卫星所需的能源一般需要依靠星载蓄电池来供给。由于卫星重量的限制,星载蓄电池虽能维持星体正常运转的需要,但难以为各转发器提供充分的电能。因此,希望星蚀发生在服务区的通信业务量最低的时间里,为了调整星蚀发生时间,可以适当地使星下点位置东移或西移。卫星位置西移 1°,星蚀开始时间可推迟 4min;东移 1°,星蚀开始时间则可提前 4min。例如,某国内静止卫星在秋分那天的星蚀原来在平均太阳时间午夜 23h17min 开始,现将该星的定点位置西移 26°,则星蚀开始时间将推迟到午夜后 1h01min。当然,这种偏移将使地球站观看卫星的仰角出现变化,可能会带来一些不利的影响。

3. 日凌中断

每年春分和秋分前后,在静止卫星星下点进入当地中午前后的一段时间里,卫星处于太阳与地球之间,地球站天线在对准卫星的同时可能也会对准太阳,这时强大的太阳噪声使通信无法进行,这种现象通常称为日凌中断。这种中断每年发生两次,每次延续时间约为 6 天,每天出现中断的最长时间与地球站天线口径、工作频率有关。例如,10m 天线在 4GHz 工作,日凌中断期间一天中出现太阳干扰的最长时间约为 6min。因天线波束半功率宽度 $\theta_{1/2} \approx 0.5°$,太阳的视角约为 $\theta_s \approx 0.5°$,最长日凌中断的时间约为地球转过 $2\theta_s + \theta_{1/2} \approx 1.5°$ 所需的时间。

对静止卫星通信系统来说,日凌中断一般是难以避免的。除非用两颗不同时发生日凌中断的卫星,在日凌中断出现前将信道转接到另一颗卫星工作。

月亮也会引起类似的问题,但其噪声比太阳弱得多,不会造成通信中断。

6.2 卫星通信的多址技术

多址技术是卫星通信的一个基本特点,它是卫星通信体制的重要内容。其具体含义是指多个地球站通过共同的卫星,同时建立各自的信道,从而实现各地球站相互之间通信的一种技术。多址技术的出现,大大提高了卫星通信线路的利用率和通信连接的灵活性。虽然多址技术与多路复用是两个不同时概念,但也有相似之处,因为两者都是研究和解决信道复用问题,即多个信号混合传输后如何加以区分的技术问题。

多址技术一般可分为频分多址(FDMA)、时分多址(CDMA)和码分多址(CDMA)3 种,另一种以点波束对不同地区进行覆盖的空分多址(SDMA)没有作为一种多址技术特别列出,是因为在系统中它通常是作为一种资源再利用技术,而在同一波束内仍需采用相应的 FDMA、TDMA 或 CDMA 技术。在 TDMA 技术当中卫星数据网还广泛采用随机多址方式的 ALOHA 技术。

6.2.1 频分多址

频分多址是卫星通信系统中广泛采用的一种多址技术。它对各地球站配置不同的频率,以实现不同地球站之间的连接。这种频率配置可以是预先固定指配,也可以是按需分配。

图 6-6 给出了典型的 FDMA 地球站框图。在这个系统中,地球站接收和发送支路工作在所指配的载波频率上,而载波的信号带宽可支持 8Mb/s 的 E2 数据流,或者 6Mb/s 的 T2 数据流的传输。在 E2(T2)信号带宽内又以 FDM 方式复用 4 路 E1 或者 T1,也就是将 4 个 Modem 分别调谐在各自的载波上,通常系统还备份一个 Modem 作为公用备份。图中左侧的复用器将来自地面网的单路信号,采用时分方式复接为 4 个 E1 的群信号,然后送给 4 个工作在不同载波上的 Modem;同时,它将来自解调器的 4 路 E1 数据流分解为单路信号送往地面接口电路。

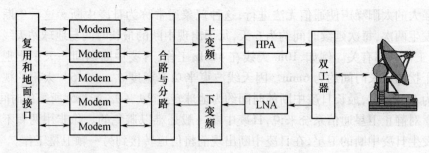

图 6-6 FDMA 的地球站框图

当然,来自地面网的信号也可以是 E1 的数据流。此时"地面接口"不再是单路接口,而是 E1 接口,因此,复接器可省去。为了提高设备的可靠性,图示的系统中还配置了备用 HPA、LNA、上变频器、下变频器和 Modem。

上述情况是针对 E2 这样的中型地球站讨论的。对于更简单的小容量地球站,它可以是每个单路信号有一个 Modem,而不是 E1 的 Modem,这样,各单路信号将工作在不同的载波上。如果此时地球站只有一个 Modem,这就是所谓的单路单载波(SCPC)的小站。此外,地球站也可以只有一个 E1 调制解调器,但各地球站被指配在不同的载频上。

FDMA 方式的缺点是星载转发器将在多载波的情况下工作,为了减小它们之间的互调干扰,必须使发射功率输出电干比饱和点电平足够低,以保证 HPA 的线性,这势必降低转发器的功率,同时,还必须对每一地球站的发射功率进行精确的控制。

6.2.2 时分多址

在时分多址系统中,卫星将在一个 TDMA 帧内的不同子帧时隙接收,并转发来自各个地球站的突发脉冲串,也就是说,每一地球站只在 TDMA 帧的一个子帧内进行接收和发送突发脉冲的操作。为了保证每一地面终端的突发信息能在所指定的子帧时隙到达卫星,对系统定时和信号格式将有严格的要求,为此,每帧内的第一个子帧将由基准站发出"基准"子帧作为同步和网控之用。图 6-7 给出了 TDMA 网络定时的示意图,通常 TDMA 的帧长都取 125μs 的整倍数。

TDMA 地球站的设备配置与 FDMA 站类似,但只有一个高速 Modem,与 FDMA 系统相比 TDMA 系统的转发器不在多载波的条件下工作,因此,几乎可在饱和点附近工作,卫星功率得到了有效的利用。

为了保证 TDMA 系统全网的帧同步,系统中由基准站发送用于全网同步的"基准"子帧,如图 6-7 所示,但是,由于各地球站离卫星的距离各不相同,也就

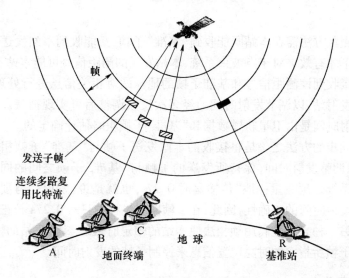

图 6 - 7　TDMA 网络定时示意图

是说从各地球站到卫星的信号传播延时各不相同,于是必须首先保证各站发送的突发子帧在指定的时隙位置到达卫星接收机的输入端口,这就是所谓的"子帧捕获"问题。其次,由于存在卫星位置漂移和地球站时钟相对于"基准"时钟的偏差,各地球站必须维持其子帧与全网"基站"子帧之间的同步关系,即子帧同步的问题。

子帧捕获方法主要包括轨道预测法、相对测距法和被动同步法 3 种。

（1）轨道预测法是根据卫星运动轨迹数据和本站地理位置数据,计算出卫星与地球站的距离和传播延时,再根据所接收的系统"基准"子帧和分配给本站突发子帧的时隙位置信息,确定本站的发射时间。在地球站开始试发送时,可在子帧时隙的中心位置发送捕获子帧。通过报头中独特码,将形成的示位脉冲与"基准"子帧示位脉冲进行比较,逐渐将报头调整至预定位置,即完成捕获。目前,TT&C 系统能够实现对测距 ±30km 的精度到要求,因此,最初发射的捕获子帧误差可控制在 ±100μs 以内。

（2）相对测距法是在不影响其他地球站通信的条件下,用测距信号完成对卫星与地球站之间传播延时的测试,从而完成捕获的任务。带外测距需要占用额外的频带,并需专门的设备;带内测距可用低电平测距测距信号,如低速率宽脉冲测距信号或扩频序列测距信号等。目前,低电平带内测距法的应用较多。

（3）被动同步法是基准站与监控站协调,在发送"基准"子帧的同时,广播卫星精确位置信息的数据。根据这些信息和本站的位置,通过计算可较精确地确定传播延时,进而决定本站确切的发射时间。实验证明,此法的测距精度可达 1ns。

上述测距方法需在本站既能收到"基准"子帧,又能收到本站发送的测距信号的条件下才有效。对于点波束系统,本站发送的测距信号可能本站不能收到,此时需由接收到该测距信号和基准子帧的地球站对相关信息进行处理,并将数据反馈给发射站,以调节发射时间。经多次反馈调整后可实现捕获。发射站的第一次发射时间是由卫星轨道数据和"基准"子帧粗略估计确定的。

子帧同步的方法之一是将接收的本站发送子帧与"基准"子帧相对位置进行比较,以调整发射时间,保持所发送的子帧与"基准"子帧之间的同步。对于静止卫星系统,"地—星—地"传输延时 0.27s,也就是说,发射信号要 0.27s 后才能验证发射时间的正确性,因此,在子帧同步过程中只需 0.27s 校正一次。子帧同步的另一种方法是利用锁相法使本站的帧定时跟踪"基准"站的帧定时,再用为本站子帧所指定的时隙位置信息来控制子帧的发射时间。

6.2.3 码分多址

在 FDMA 系统中,各地球站之间的通信链路采用不同的频率,也就是说,各地球站信号是以不同的频率通过卫星转发的;而在 TDMA 系统中,各地球站均采用相同的载频,但各站之间是在不同时隙传送突发子帧来进行通信的。除上述两种多址方式外,还有一种常用的码分多址(CDMA)方式。在 CDMA 系统中,各地球站同时使用转发器的同一频带,每一信号都分配有一个地址码。在接收端,地球站首先从各站发送的所有信号中识别其地址码,然后再提取发送给本站的信号。

通常地址码由伪随机序列(PN)码构成,该码具有很强的自相关特性,而互相关性很弱。在 PN 码中,M 序列或由它派生的 Gold 码作为地址码,图 6-8 给出了直接序列扩频的 CDMA 系统结构。

在图 6-8 中,速率 R_b 为信源首先利用地址码进行扩频调制,其地址码速率为 R_c,由于 $R_c \gg R_b$,则扩频后的信号频谱被大大地展宽了。接着对扩频后的信号进行中频 PSK 调制,最后通过发射机上变频,发往上行链路。

在接收端,接收到的扩频宽带信号在中频上首先进行解扩,即利用与扩频信号相干的本地地址码信号与之进行相关运算。解扩后,与本地地址码相干的有用信号分量被还原为窄带的信息信号,其他站址的信号频谱仍被扩展为宽带信号。解扩后的信号经过窄带带通滤波器,即可提取出有用信号,其他站址的无用信号经过滤波器的抑制后,仅为较小的干扰分量。经解扩后的信号再送去解调,可保证解调器在较高信噪比条件下工作。同时可以看出,对于信道白噪声的干扰来说,改善的程度决定于扩频信号带宽与信息信号带宽之比,称为扩频处理增

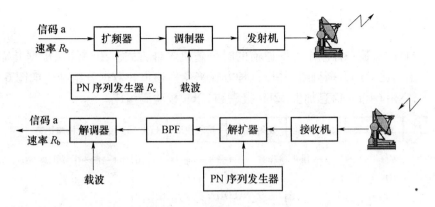

图 6 – 8 CDMA/DS 系统框图

益。具体表示为

$$G_p = \frac{\text{扩频信号速率}}{\text{信源速率}} = \frac{R_c}{R_b} \qquad (6-1)$$

除上述直接序列扩频 CDMA 方式外,CDMA 的实现方式还有跳频和跳时两种。总之可以看出 CDMA 系统具有如下的特点:

(1) 无需对各地球站进行协调,接续灵活方便。在 FDMA 系统中,对各站的上行频率和功率需要严格监控,系统设定的各站的频率和功率不得自行改变,一般也不能自行断开或接通。在新增设线路频率或改变某线路工作频率时,必须对系统整个载波频谱重新排列,使落入带内的互调产物最小。在 TDMA 系统中,全网有统一的定时和严格的同步,某一链路定时不准或失步时,不但本链路不能正常工作,而且可能会对其他链路形成干扰,甚至使全网不能工作。而 CD-MA 系统中各条链路相对独立,各站之间无需协调。同时,便于接纳新的用户而无需信道分配控制,仅在系统容量增加时,传输质量有所下降。

(2) 抗干扰、抗截获能力强。由于采用了扩频技术,高的处理增益使解扩器输出的信噪比提高许多,从而具有强的抑制信道噪声干扰的能力。同时,由于传输频谱的扩展,信号功率谱密度很低,难以被截获,同时由于地址码的伪随机性,使其具有一定的保密性。

(3) 具有克服信道多径传播带来的不利影响的能力。

(4) 频谱利用率低,仅适于低速率数据传输。

由于信号频谱被扩展,在一定转发器带宽和扩频处理增益的条件下,用户信息速率受到了约束。这也是 CDMA 方式不能用于大容量干线通信的原因。目前,CDMA 方式除用于军用卫星系统外,主要用于卫星移动通信系统和少数小容量 VSAT 系统。

6.2.4 ALOHA 方式

ALOHA 是一种用于数据通信的时分随机多址方式。用户终端根据其需要向公用信道发送数据分组,并以这种方式来竞争信道。数据分组结构如图 6 - 9 所示,它由 640bit 信息加上 32bit 报头和 32bit 校验码组成。

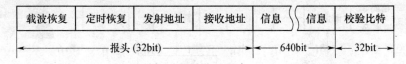

图 6 - 9　ALOHA 数据分组结构

对于工作于同一载频上的用户终端,其发送的分组,能够被系统内的所有用户终端收到,除信息分组的目的终端外,其他终端都将舍弃不属于自己终端的信息分组。目的接收终端在收到此分组信息后,即向发送终端发出"确认信号"。如果接收端检出有错,则向发送端发出重发信号。发送端收到接收端要求重发的信号,或者发送端在发出信息分组后的一定时间内没有收到接收端发回的确认信号,则重新发送该信息分组。

由于各站发送分组的时间是随机的,因此某些站有可能同时发送分组而发生"碰撞",被碰撞的信息都被破坏,需要这些发送站在延迟一定时间后重新发送。重要的是让它们不再同时重发,否则会再次碰撞。在 ALOHA 系统中,各终端延迟时间是随机的,因此,再次碰撞的概率较小。经过计算分析 ALOHA 系统的最大信道利用率为 18%,为了提高最大信道利用率,人们提出了一系列改进方案,如 S - ALOHA 和 R - ALOHA 等。

S - ALOHA 被称为时隙 ALOHA(Slotted - ALOHA),系统以转发器输入端的时间为参考点,将时间轴等分为许多时隙。系统有统一的时钟,要求每个站的数据分组必须落入某一时隙。因此,如果发生碰撞,必定是 100% 的碰撞。由于发送必须按系统的统一时隙进行,从而减少了碰撞机会,提高了信道利用率。分析结果表明,对于 S - ALOHA 系统最大信道利用率为 36%。

R - ALOHA 被称为预约 ALOHA(Reserved - ALOHA),它是在 S - ALOHA 基础上考虑到系统内各站业务量不均匀而提出的改进型。对于发送数据量较大的站,在它提出预约申请后,将用较长的分组在预约时隙发送。美国 AIRPA(高级研究计划局)系统就是一种以 R - ALOHA 方式工作的系统,其短分组长度为 224bit,长分组长度为 1350bit,其中信息数据不少于 1000bit。该系统内短分组与 S - ALOHA 相同,对于长分组,如果传输速率为 54Mb/s,则一个长分组持续时间为 1350/54 = 25(ms)。若某站请求发送 3 个长分组,通过 S - ALOHA 提出预约申请,在经过卫星链路的 270ms 延时之后,该站和系统内所有各站都听到了这一通报。如果这一过程中没有其他站同时发出预约通报,将根据当前排队情况,将这 3 个 25ms 的长时隙安排在恰当的时隙位置上,从而完成预约。系统内的其他各站应避开已预约的时隙发送数据,而该站按预约的时隙发送长分组,就不会发生碰撞。当在系统内没有站提出申请预约时,系统将按 S‒ALOHA 方式工作。分析表明,R‒ALOHA 的信道利用率高达 83%。

6.3　星载和地球站设备

卫星通信系统由卫星星载转发器、地球站接收和发送设备组成,如图 6‒10 所示。从图 6‒10 可以看到,发送端输入的信息经过处理和编码后,进入调制器进行中频调制;已调的中频信号经上变频器将频率搬移到所需求的上行射频频率,最后经过高功率放大器(HPA)放大后,馈送到发送天线发往卫星。

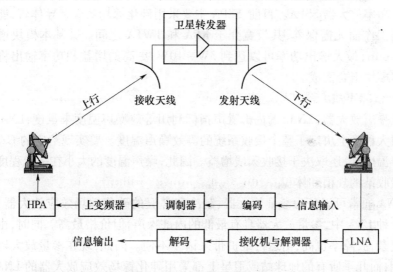

图 6‒10　星载和地球站设备

卫星转发器除了对所接收的上行信号提供足够的增益外,还进行必要的处理。卫星发射天线将信号经下行链路送至接收地球站。地球站首先将接收的微弱信号送入低噪声模块和下变频器,低噪声模块的前端是具有低噪声温度的放大器,以保证接收信号的质量,下变频、解调和解码与发送端的编码、调制和上变频相对应。

6.3.1　高功率放大器和低噪声放大器

对于卫星通信系统的设备,无论是星载设备还是地球站设备,高功率放大器

（HPA）和低噪声放大器（LNA）无疑是两种最重要的部件。

1. 高功率放大器

卫星通信系统中通常采用的 HPA 有 3 种类型：行波管放大器（TWTA）、速调管放大器（KPA）和固态功率放大器（SSPA）。在这 3 种 HPA 中，SSPA 的输出功率最小，KPA 最大，TWTA 居中。虽然 KPA 的输出功率最大，但带宽较窄，通常在 50MHz ～ 100MHz 之间，这类放大器被广泛用于电视广播系统的上行站，以及一些带宽较窄的 FDMA 地球站。TWTA 有放大带宽较宽，在 C 波段能提供 500MHz 的带宽，在 Ku 和 Ka 波段的带宽可达 1000MHz，TWTA 的功率一般在 50W ～ 800W 之间，水冷的 TWTA 功率可达 10kW，可以用于 INTELSAT 的地球站。目前，用于卫星的 TWTA 输出功率一般在 250W 以上，因此，TWTA 具有寿命长、重量轻和效率高的特点。KPA 和 TWTA 的功放管都是真空管，采用热阴极发射，需要精密的高压电源。

在低功率应用场合，如 VSAT 终端站，或者 MSS 的 L 和 S 波段转发器，可采用固态功率放大器 SSPA。目前，SSPA 主要采用砷化镓场效应半导体管，能稳定长时间工作而无需保养，其带宽介于 KPA 和 TWTA 之间。其基本模块增益为 6dB ～ 10dB，最大输出功率可以达到 3W ～ 10W，更高的增益和功率输出将由多个基本模块组合而成。

2. 低噪声放大器

低噪声放大器（LNA）的内部噪声指标利用等效噪声温度来量度，LNA 的性能在很大程度上决定了整个接收系统的等效噪声温度。要实现给定的 G/T 值，除噪声温度外，还取决于接收天线增益。因此，噪声温度的大小在一定程度上决定了接收站的规模和体积。

LNA 通常可以分为参量放大器、制冷和常温的砷化镓场效应放大器 3 种，在这 3 种 LNA 中，参量放大器具有最低的内部噪声，但价格最高。同时，由于它结构复杂，故障率也高，给运行维护带来诸多不便。因此，现在参量放大器已很少应用，而几乎所有的地球站或卫星上都采用砷化镓场效应放大器的 LNA。当然，采用制冷方式工作的 LNA，其噪声温度将比常温 LNA 的噪声温度更低。

在实际应用中，LNA 应尽可能靠近天线的馈源，以减小与接收机之间连接电缆的损耗影响，因此，在工程上，LNA 前端有以下 3 种接法：

（1）LNA 模块只包含低噪声放大器。此时，LNA 的输入、输出频率相同，于是从室外单元到室内接收机之间的设备间链路（IFL），传送的频率是与卫星下行链路相同的 RF 频率。对于 C 或 X 波段，可以采用低损耗的同轴电缆；对于 Ku、Ka 波段，则必须采用波导。

（2）宽带低噪声下变频模块。在 LNA 模块中除低噪声放大器外，还包含宽带下变频器,变频后的高中频一般选在 1GHz 左右,带宽约 500MHz。此时,IFL 可以利用较廉价的同轴电缆传送信号。这种方式对于卫星下行链路工作在什么频段不重要。对于室内接收机,还需要一级下变频器,将宽带信号的某一通路信号变换到低的中频,如 70MHz,以便解调。

(3) 窄带低噪声下变频模块。与接法(2)类似,其输出是低中频的单通道窄带信号,它对 IFL 的要求最低。但这一方式不具有通用性,因为其带宽受到限制。通常仅在较低波段,如 L 波段时应用。

6.3.2 星载转发器

1. 弯管式转发器

星载转发器工作于通信卫星平台上,它提供一个完整的微波传输信道,并可在没有维修和更换器件的条件下稳定地工作多年。图 6-11 给出了星载微波转发器的功能框图。星上的能量来源于太阳能电池单元阵列,当卫星在地球阴影,即发生星蚀时,将由星上蓄电池存储的能量提供足够的功率。对于静止轨道卫星,每年的春分和秋分前后的 20 多天中,每天都有一段时间发生星蚀。

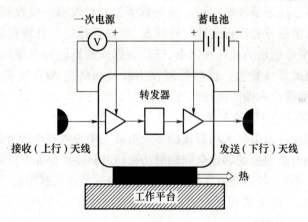

图 6-11 星载微波转发器功能框图

弯管式转发器能够完成对信号的放大和将上行频率变换为下行频率功能,转发器可以是单信道的宽带转发器,带宽一般为 500MHz,也可以是具有多个转发器的多信道转发器。在多信道转发器中,以波导实现的 RF 滤波器组被称为输入复用器(IMUX),IMUX 将宽带信道分隔为若干路信道,即多个转发器,然后分别进行功率放大(PA),在输出端将这些 RF 功率在称为输出复用器(OMUX)的设备中合成,具体结构框图如图 6-12 所示。

星载转发器的功率放大器通常都采用行波管放大器(TWTA)。典型的

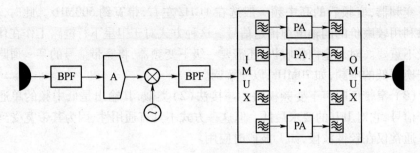

图 6 - 12   弯管式转发器结构框图

TWTA 可将直流电源功率的 60% 转换为 RF 输出,40% 的能量转换为热能。为了供给 TWTA 较高的工作电源电压,转发器上还有电源控制器,能够高效地将直流低电压转换为直流高电压。为了提高星载转发器的可靠性,一些容易失效的模块或部件都有冗余配置。

2. 数字处理转发器

弯管式转发器已广泛应用于卫星通信系统,与这种转发方式相对应,星载数字处理转发器已经逐渐开始应用。星载数字处理转发器在接收到上行信号后,进行必要的数字信号处理再向地球站转发,所要进行信号处理包括时分或分组信道的交换,窄带信道的选择和路由,FEC 数据流的解码和再编码等,其目的是便于下行链路的最佳传输。这些处理技术涉及到高速 A/D 变换、FFT、数字滤波、高速数据的缓存和编解码技术等。

1) 星上交换的 TDMA 转发器

多波束系统将由卫星天线形成的多个点波束实现对整个服务区的覆盖。点波束能有效地提高卫星的等效全向辐射功率(EIRP),并在各点波束之间实现频率的再利用。然而,各点波束区域的信息需要与其他波束区域的信息进行交换。显然,交换功能在星上实现是合适的。如果系统工作为 TDMA 方式,这就能够构成了卫星交换 TDMA。

图 6 - 13 给出了一个 8 波束的星载 SS - TDMA 转发器组成框图。上行(接收机)和下行(放大器)波束是成对的。利用星载微波交换矩阵,可以在不同点波束区域之间进行信息交换,也就是说,网络允许某一地球站通过转发器与本波束内,或者其他波束内的地球站相连接。交换矩阵将在不同波束之间需要传送信息时连接相应的波束。

全网同步是 SS - TDMA 系统可靠运行的关键,它将保证从不同波束来的突发信息按正确的时间到达而不发生碰撞。当其连接某地球站的上行链路的波束不返回到同一下行波束时,要求位于不同波束覆盖范围的发、收地球站必须与卫

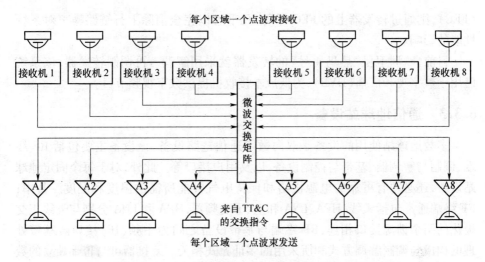

图6-13　8波束的星载 SS-TDMA 转发器组成框图

星交换机同步。目前,跟踪与数据中继卫星系统(TDRS)实现了 SS-TDMA。

2)星载路由器

SS-TDMA 是以模拟方式在射频或中频将较宽频带的信道进行交换。而星载路由器则是以数字方式将地球站传来的低速率突发业务,从一个波束"路由"到另一波束,其实质也是一种交换功能。在星载路由器工作期间,首先,将上行链路分离为多个窄带信号,并以较低的中频输出到数字信号处理器中。处理器先通过 A/D 将信号变换为数字信号流,而后进行的滤波、路由、频率平移、波束形成等处理,都是利用相应的数学模型和算法以软件的方式实现的。

目前,数字处理器在星载处理方面可以实现 50kHz~200kHz 的带宽内传输信息,此时处理器能支持任何调制和多址方式;同时可利用网络操作来对"重构"要求作出响应,以改变信道的分配方式。在波束形成方面,一个信道能驱动多个馈源喇叭,通过调整它们的幅度和相位,产生所需的波束形状和增益。

3)解调—再调制转发器

卫星通信系统中,端—端的链路分为上行和下行两部分,中间则由星载转发器中继。弯管式转发器的任务是将接收到的上行微弱信号放大,再转发到下行链路。因此,全链路的噪声是上行和下行链路各自引入噪声的叠加。如果上行和下行的 C/N 相等,则全链路 C/N 将比上行的 C/N 低 3dB,这将对系统性能带来较大影响。如果在卫星转发器上使用再生中继方式,即转发器对信号进行解调和重新调制,那么上行链路噪声的影响只以误码的方式传递到下行链路,它对整个系统性能的影响比弯管式的中继方式小。如果下行链路采用前向纠错

(FEC),则通过转发器上的 FEC 译码,几乎可以完全消除上行链路噪声对系统性能的影响。

目前,欧洲卫星"热鸟 4 号"的转发器就采用解调—再调制转发器,该系统已用于数字视频广播(DVB),为低成本接收机提供数字视频节目。

6.3.3 通信地球站设备

多数地球站使用的设备是双向数字通信链路设备,该设备主要包括 RF 终端、调制与解调器、基带与控制设备,以及用户接口等。此外,对于每个固定地球站设备,还必须有可靠的电源供给和保持电气性能所需的温度和湿度。其中,RF 终端通常包括天线、HPA、LNA 和上、下变频器,HPA 和 LNA 分别与天线正交极化的两个馈源接口相连,RF 终端与基带设备之间为中频(IF)接口。基带处理的构成与调制解调方式和所采用的多址方式相关。复接器可与若干独立的数据信道相连接。地球站的末端是与地面某种类型设备相连接的接口,地面线路可以是光缆或微波链路,它将业务延伸到相应的业务点,如电话交换局、办公楼或电视演播室等。地球站一般还设置有本地或远端的监视和控制(M&C)设备,以便于对地球站的操作和管理。

1. 射频部分

1)天线

对于干线的大型地球站,由于可以采用大功率的放大器,系统设计的上行链路比下行链路有较高的传输可靠性,使得雨衰时中断率减小。这类地球站往往需要采用几千瓦,至少几百瓦的 HPA。同时,为了达到较高的 EIRP,还需采用高增益的天线,天线增益决定于上行频率和天线尺寸。由于大型地球站的大功率微波辐射会危害人体健康,因此,大型地球站通常设置在人烟稀少的地方,或进行必要的屏蔽。

卫星通信系统中,目前地球站应用最多的天线是卡塞格伦天线,它由馈源、主反射器(抛物面)和副反射器(双曲面)组成。馈源喇叭辐射的电波首先投射到副反射器上,再反射到主反射器,主反射器电波形成平行波束反射出去,形成波束的定向发射。卡塞格伦天线是一种后馈式天线(常规的抛物面天线为前馈式天线),它的馈源和低噪放大器等组合在一起,有一个较为理想的安装位置,减少了馈线损耗带来的不利影响。同时,可以利用对副反射器形状的修正,改善射向主反射器的能量分布,使主反射器上的能量分布更均匀,减少能量的"外溢"损失,从而提高天线效率。

然而,卡塞格伦天线的副反射器及其支架对主反射器形成的平行波束产生阻挡,从而使效率下降并产生旁瓣效应。如果采用非旋转对称的反射器,如环面天线反射器,再采用特殊的馈源设计,可以避免卡塞格伦天线副反射器阻挡的不利影响。

2）高功率放大器（HPA）

为了将若干个发射链路与天线连接,需要采用耦合系统。如果每一载频采用单独的功率放大器,应在 HPA 后使用合路器作为耦合系统,以便将各个 HPA 的输出合路为一个输出口送至天线。HPA 后合路器有两种:一种是波导耦合合路器,该耦合器的缺点是引入了 3dB 的损耗,优点是由于耦合器没有频率特性,发射载频的安排和发射分组时的灵活性高。另一类耦合器是滤波器型合路器,这种以滤波器组构成的合路器,能将每一射频通道低损耗地连接到天线公用端口,但是这类耦合器在载频重新安排和分组方面没有灵活性。与 HPA 后合路器相对应,有另一种 HPA 前合路器,实质上它与 HPA 后合路器类似,只是它置于 HPA 之前,将多路发射载波合路后送入一个宽带功率放大器,进行多载波放大。它操作灵活,不损失 HPA 输出功率,但对放大器的线性度要求高。

对于 Ku 和 Ka 频段的地球发射站,要求有自动的上行链路功率控制（UPC）,以补偿链路的衰落,其目的是补偿雨衰。然而,必须在卫星上进行测量后才能进行准确的调节,而在卫星上不能提供这一功能。通常用地球站测试的下行功率来近似表示上行链路的状况。UPC 是对较长时间变化的一种广义的补偿,如用户停留在树林中,或雨衰等附加损耗进行补偿。而对于用户在运动载体上所引起的衰耗,快速的起伏是不能通过功率控制来抑制的,因此,链路预算时必须留有足够的功率余量。

3）低噪声放大器（LNA）

为了使天线不致过大,通常是以特定的接收系统等效噪声温度 T,以及所需的 G/T 值来确定所需的最小天线增益。

4）上、下变频器

上变频器将中频传号变换为射频信号,下变频器则将射频信号变换为中频信号。若信号带宽较窄,如 36MHz 带宽,中频可选为 70MHz。对于带宽较宽,如 72MHz 的情况,中频道常选为 140MHz。

带宽是上、下变频器的性能指标之一。变频器带宽有射频和中频带宽两种含义。射频带宽是指变频器覆盖射频带宽的能力,即通过改变上（下）变频器的本振频率来发射（接收）整个射频频带内的任一载波。中频带宽决定于变频器覆盖各载波信号带宽的能力,也就是变频器在中频信号带宽。此外,载频频率容差（初始误差和长期频漂）、线性度也是变频器的性能指标。

2. 中频与基带处理部分

中频和基带处理单元能够完成调制解调、编解码和复用等重要功能。

调制/解调在 IF 载波上进行,每一载波需要一个 Modem。对于 FDMA 系统,IF 将配置多个 Modem,而 TDMA 系统的每个站则只需一个 Modem,当然,这个 Modem 应是宽带的,具有发送和接收相当于网络容量数据速率的能力。卫星链路和接收机的端引入的噪声和失真,虽然经过相应的处理得到一定程度的抑制,但其影响不能根本消除,使得对解调后的信号进行判决有时会产生误码。典型的卫星 Modem 通常包括卷积编/解码电路,视其纠错能力,能够将 BER 降低至 $1/100 \sim 1/10000$。此外,还包括 TDMA 同步电路,以及基带处理的压缩解压、预加重/去重电路等。

地球站发送和接收的比特流通常是由不同应用的数据复用而成的,其中包括通信信息数据、网络控制指令和设备监视数据等。通常在主数据流,也就是信息数据流中插入不同的数据块,采用 TDM 复用方式或分组方式,并周期性地插入用于提取位同步的定时码字。对于动态带宽分配的系统,采用某种形式的分组传输方式,这与一般的电信网相同,可采用常规的复接器和分组交换机。

3. 地面接口与陆地链路

1) 陆地链路

地球站的地面接口可视为卫星通信系统的业务终点,它通过陆地链路与地面网或用户终端相连接。大型地球站的地面接口非常复杂,对于一些简单的终端,如 VSAT 远端站可直接与用户设备相连。

地球站通过陆地链路与远端的一个或多个用户连接起来,其距离在几百米至百千米之间。由于 C 波段卫星系统与地面微波中继系统是共用频段,所以地球站通常远离城市,以减少 RFI,相应的陆地链路需要认真考虑。而地面微波中继系统干扰对 Ku、Ka 频段卫星系统没有影响,地球站可以靠近城区,其陆地链路可以较短。

在地球站与 RF 终端之间的设备间链路(IFL)通常采用电缆,在 RF 终端的机房内设置有支持相应业务的基带设备和接口设备。如果所有业务要传送到附近的城市,其陆地链路传输设备可以是单跳地面微波链路,并安装足够的收发单元来承载话音、数据和视频业务。位于市区的电信局则通过由光缆或传统的多芯电缆构成的公用或专用本地环路与用户设备相连接。在地球站与用户设备之间也可设置专用的陆地链路直接相连,从而对电信局和本地环路形成旁路,这将允许用户对资源的控制,并消除了通过公用设施所带来的延时。采用公用网链路和专用旁路链路互为冗余配置,将极大地提高陆地链路的可靠性。

2) 地面接口

地球站与用户设备之间的接口,或者与地面网的接口是卫星通信网的重要组成部分,这些接口将直接影响系统的 QoS。通常,进入卫星网的业务和信令都需要进行转换,接口标准化是实现设备之间,或者不同通信网之间互连互通的有效途径。

卫星通信系统常常用于为两个或多个地面网之间提供连接链路,即使是专用卫星网,其用户也需要与地面公用网,或者其他专用网的用户进行通信。由于各地面网和卫星网的时钟是相互独立的,而且各网络可能从属于不同地区或国家的运营上,要采用统一的时钟实现同步传输是极其困难的。因此,必须在接口处采取控制时钟误差的措施,基于滑动帧,即利用缓存器吸收网间定时误差的准同步工作方式,就是常用的一种接口技术。在卫星通信中,电话、数据、广播电视的地面接口,绝大多数都是数字的。

4. 其他类型的地球站

除了上述通信地球站外,地球站还包括地面跟踪、遥测和指令站(TT&C)、TV 上行站和广播中心、TV 单收站,以及 MSS 地球站。

6.4　典型卫星通信系统

6.4.1　VSAT 系统

VSAT(Very Small Aperture Terminal)是 20 世纪 80 年代初发展起来的一种卫星通信系统,它的中文含义为甚小口径天线地球站,通常是指天线口径小于 2.4 米,G/T(天线增益/天线温度)值低于 19.7dB/K 的高度智能化控制的地球站。目前,采用扩频方式的 C 频段 VSAT,其天线口径可进一步压缩;Ku 频段的天线口径已经小于 1.8m。

按 VSAT 所承担主要业务的不同可分成两大类:一类是以数据为主的小型数据地球站;另一类是以话务为主、数据兼容的小型电话地球站。VSAT 由于应用了大规模集成电路、数字信号处理和微处理器等新技术,因而具有成本低、体积小、智能化、高可靠、信道利用率高和安装维护方便等特点,特别适用于缺乏现代通信手段、业务量小的专用卫星通信网。自 VSAT 问世以来,它立即得到各国的重视,至 80 年代中期获得广泛应用,成为卫星通信中的热门领域之一。

1. 系统的组成

VSAT 系统由通信卫星转发器、天线口径较大的主站(中枢站)和众多甚小天线口径的小站组成。VSAT 网中的空间通信由 Ku 频段(11GHz～14GHz)或 C 频段(4GHz～6GHz)的卫星转发器提供。主站通常有主、备用两份设备,天线口径在 3.5m～11m 之间。VSAT 网小站(终端)除天线以外其他设备与主站的类似。

终端通过设备之间的电缆,将室内单元连接到射频单元。射频单元与天线一起设置在室外,以提供频率变换等功能及收信机功能等。

室外单元的射频设备包括天线、低噪声放大器(LNA)、上下变频器、固态放大器(SSPA)。SSPA 的一般输出功率为 5W、10W、30W 不等。为减少信号功率的损耗和引入的噪声,一般都将 SSPA、LNA 和上、下变频器直接安装在天线后面,并由室内经电缆供电。因室外工作环境恶劣,室外设备既要密封(为了防雨防潮),又要能承受温度的大范围变化,因此,对室外单元各个部件的要求极高。

中频及基带部分属于室内单元,它们主要包括调制解调器、前向纠错编译码器以及其他基带设备等,其具体组成根据业务类型不同而略有不同。

从中枢站(主站)到 VSAT 小站的信道叫出境路由,系统中所有小站都有相同的出境路由。从 VSAT 小站到中枢站(主站)的信道称为入境路由,由于 VSAT 小站天线小、功率低,因此,入境路由的速率要低于出境路由的速率。

VSAT 网络从传输方向上可分为 2 种,即单向 VSAT 网络和双向 VSAT 网络;从传输方式上可分为 4 种,即点对点、点对多点广播式、多点对点搜集式和点对多点的多边通信网络;基于网络功能特点 VSAT 网络可分为 4 种,即数据交换、电路交换、视频/音频/数据分布网络和微型终端网络;从网络拓扑结构上可分为 2 种,即星形拓扑结构和网状拓扑结构。

2. 接入方式

接入方式是决定 VSAT 性能的关键要素之一,同时也决定着系统的工作量和总延时,早期 VSAT 大都采用了 FDMA、TDMA、CDMA 和空分多址(SDMA)等多址方式。随着技术的进步,分组数据传输的大规模地兴起,VSAT 系统又增添了不少新型多址连接方式,例如随机多址连接(RA)和按需分配的多址方式(DAMA)等。当然,在 VSAT 系统中,不同的网络拓扑结构,不同的传输链路,其接入方式也是不同的。

3. 主要类型

(1)非扩展频谱 VSAT。这种类型的 VSAT 工作于 Ku 频段,具有高速度和双向的通信特点,采用无扩频相移键控调制技术和自适应带宽接入协议。

(2)采用扩展频谱的 VSAT。这种类型的 VSAT 工作于 C 频段,可提供单向或双向数据通信业务。

(3)扩展频谱超小口径终端(USAT)。它的天线口径通常为 $0.3m \sim 0.5m$,是目前最小的双向数据通信地球站。

(4)T 型小口径终端(TSAT),这种类型的终端可以传输点对点双向数据、图像和话音,能与 ISDN 接口不需要主站就可以构成网状结构,是一种较高级的 VSAT,TSAT 系统一般采用 2.4m 口径天线,目前,有报道说可以采用口径更小的天线。TSAT 系统通过 Ku 频段和 C 频段的卫星转发器工作,安装简便,网路结构容易改变,适合于多种应用场合。

4. 主要特点

(1) VSAT 网主要用于传输实时数据业务,信道响应时间十分重要,它对信号质量和网络利用率影响很大。因此,信道响应时间就成为 VSAT 的网络资源之一。在一般情况下,较大的业务量和较快的信道响应时间将占用较多的网络资源。

(2) 从 VSAT 系统的业务性能分析,在整个系统中,参与组网的 VSAT 小站数目越多,网络的利用率就越高,这时每个小站所承担的费用也就越小。

(3) 中枢站至小站采用广播式的传输方式,向全网发布信息。各小站按照一定的协议选取本站要接收的信息。因此,在系统设计时,为了保障出站链的数据高传输速率,以充分提高卫星转发器的利用率,中枢站天线口径选得较大。

(4) 通常小站至中枢站的业务量小,在系统设计时对于中枢站链路,应当优先考虑 VSAT 小站的高频功率放大器(HPA)的利用率。其多址接入规程大多采用 TDMA 方式,以尽可能地缩小天线口径,降低高频功率放大器的输出功率。

VSAT 站主要采用软件管理,易于控制。一般天线口径较小,设备结构紧凑,全固体化,功耗小,环境条件要求不高。

对于 VSAT 小站而言,其公用部件主要是指共用的主站和卫星转发器,因此,随着小站数量的增加,每个小站的均摊费用会逐步降低。当然,随着 VSAT 小站数据终端站(DTE)的数量、速率、活动系数的变化,小站费用、共用设备(即主站和卫星转发器)费用在每站每月费用中也会发生一定的变化。

6.4.2　Inmarsat 系统

最早的卫星移动通信系统,是利用美国通信卫星公司(COMSAT)的 Marisat 卫星进行卫星通信的,它是一个军用卫星通信系统。20 世纪 70 年代中期为了增强海上船只的安全保障,国际电信联盟决定将 L 波段中的 1535MHz ~ 1542.5MHz 和 1636.3MHz ~ 1644MHz 分配给航海卫星通信业务,这样,Marisat 中的部分内容就提供给远洋船只使用。

1982 年形成了以国际海事卫星组织(Inmarsat)管理的 Inmarsat 系统,开始提供全球海事卫星通信服务。1985 年对公约作修改,决定把航空通信纳入业务之内,1989 年又决定把业务从海事扩展到陆地。1994 年 12 月的特别大会上,国际海事卫星组织改名为国际移动卫星组织,其英文缩写仍为 Inmarsat。

目前,Inmarsat 已是一个有 79 个成员国的国际卫星移动通信组织,约在 143 个国家拥有 14 万多台各类卫星通信设备,它已经成为全球唯一的海上、空中和陆地商用及遇险安全卫星移动通信服务的提供者。中国作为创始成员国之一，由中国交通部和中国交通通信中心分别代表中国参加了该组织。

1. 系统的组成

(1) 卫星

Inmarsat 通信系统的空间段由 4 颗工作卫星和在轨道上等待随时启用的 4 颗备用卫星组成。这些卫星位于距离地球赤道上空约 35700km 的同步轨道上，轨道上卫星的运动与地球自转同步，即与地球表面保持相对固定位置。所有 Inmarsat 卫星受位于英国伦敦 Inmarsat 总部的卫星控制中心（SCC）控制，以保证每颗卫星的正常运行。

每颗卫星可覆盖地球表面约 1/3 面积，覆盖区内地球上的卫星终端的天线与所覆盖的卫星处于视距范围内。4 个卫星覆盖区分别是大西洋东区、大西洋西区、太平洋区和印度洋区。目前使用的是 Inmarsat 第三代卫星，它们拥有 48dBW 的全向辐射功率，比第二代卫星高出 8 倍，同时第三代卫星有 1 个全球波束转发器和 5 个点波束转发器。由于点波束和双极化技术的引入，使得在第三代卫星上可以动态地进行功率和频带分配，从而大大提高了卫星信道资源的利用率。为了降低终端尺寸及发射电平，Inmarsat - 3 系统通过卫星的点波束系统进行通信。除南北纬75°以上的极地区域以外，4 个卫星几乎可以覆盖全球所有的陆地区域。

(2) 岸站（CES）

CES 是指设在海岸附近的地球站，归各国主管部门所有，并归它们经营。它既是卫星系统与地面系统的接口，又是一个控制和接续中心。其主要功能包括：对从船舶或陆上来的呼叫进行分配并建立信道；信道状态（空闲、正在受理申请、占线等）的监视和排队的管理；船舶识别码的编排和核对；登记呼叫，产生计费信息；遇难信息监收；卫星转发器频率偏差的补偿；卫星的闭环测试；在多岸站运行时的网络控制功能；对船舶终端进行基本测试等。每一海域至少有一个岸站具备上述功能。典型的 CES 抛物面天线直径为 11m ~ 14m，收发机采用双频段工作方式，C 频段用于语音，L 频段用于用户电报、数据和分配信道。

(3) 网路协调站（NCS）

NCS 是整个系统的一个重要组成部分。在每个洋区至少有一个地球站兼作网络协调站，并由它来完成该洋区内卫星通信网络必要的信道控制和分配工作。大西洋区的 NCS 设在美国的 Southbury，太平洋区的 NCS 设在日本的 Ibaraki，印度洋区的 NCS 设在日本的 Namaguchi。

(4) 船站（SES）

SES 是设在船上的地球站。因此，SES 的天线在跟踪卫星时，必须能够排除船身移位以及船身的侧滚、纵滚、偏航所产生的影响;同时在体积上 SES 必须设计得小而轻,使其不致影响船的稳定性,在收发机带宽方面又要设计得有足够带宽,能提供各种通信业务。

SES 根据 Inmarsat 业务的发展,各种通信业务站被分为 A 型站、B 型站、M 型站和 C 型站,1992 年 ~ 1993 年投入应用的 B、M 型站,采用了数字技术,它们最终将取代 A 型站和 C 型站。每个 SES 都有自己专用的号码,通常 SES 由甲板上设备(ADE)和甲板下设备(BDE)两大部分组成。ADE 包含天线、双工器和天线罩;BDE 包含低噪声放大器、固体高功放等射频设备,以及天线控制设备和其他电子设备。射频部分也可装在 ADE 天线罩内。

2. Inmarsat 航空卫星通信系统

Inmarsat 航空卫星通信系统主要提供飞机与地球站之间的地对空通信业务。该系统由卫星、航空地球站和机载站 3 部分组成,具体形式如图 6 - 14 所示。

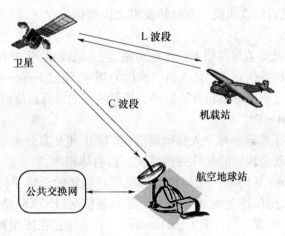

图 6 - 14　Inmarsat 航空卫星通信系统

卫星与航空地球站之间采用 C 频段,卫星与机载站之间采用 L 频段。航空地球站是卫星与地面公众通信网的接口,是 Inmarsat 地球站的改装型;机载站是设在飞机上的移动地球站。Inmarsat 航空卫星通信系统的信道分为 P、R、T 和 C 信道,P、R 和 T 信道主要用于数据传输,C 信道可传输话音、数据、传真等。

航空卫星通信系统与海上或地面移动卫星通信系统有明显差异,例如,飞机高速运动引起的多普勒效应比较严重,以及机载站高功率放大器的输出功率和天线的增益受限。因此,在航空卫星通信系统设计中,采取了许多技术措施,如采用相控阵天线,使天线自动指向卫星;采用前向纠错编码、比特交织、频率校正和增大天线仰角,以改善多普勒频移的影响。

目前,支持 Inmarsat 航空业务的系统主要有以下 5 个:

(1) Aero – L 系统。低速(600b/s)实时数据通信,可用于航空控制、飞机操纵和管理。

(2) Aero – l 系统。利用第三代 Inmarsat 卫星的强大功能,并使用中继器,在点波束覆盖的范围内,飞行中的航空器可通过更小型、更廉价的终端获得多信道话音、传真和电路交换数据业务,并在全球覆盖波束范围内获得分组交换的数据业务。

(3) Aero – H 系统。支持多信道话音、传真和数据的高速(10.5kb/s)通信系统,在全球覆盖波束范围内,用于旅客、飞机操纵、管理和安全业务。

(4) Aero – H + 系统。是 H 系统的改进型,在点波束范围内利用第三代 Inmarsat 卫星的强大容量,提供的业务与 H 系统基本一致。

(5) Aero – C 系统。它是 Inmarsat – C 航空版本,是一种低速数据系统,可为在世界各地飞行的飞机提供存储转发电文或数据报业务,但不包括航行安全通信。

Inmarsat 的航空卫星通信系统已能为旅客、飞机操纵、管理和空中交通控制提供电话、传真和数据业务。从飞机上发出的呼叫,通过 Inmarsat 卫星送入航空地球站,然后通过该地球站转发给世界上任何地方的国际通信网络。

3. Inmarsat – P

Inmarsat 为了实现全球个人移动通信,在 1991 年 9 月公布了 Inmarsat 21 世纪工程计划,也就是现在的 ICO 通信系统。目前体积小、重量轻、费用低的通信终端(称 Inmarsat – P 终端),已经能够提供用户越洋的全球手持卫星话音通信以及数据、寻呼、定位等业务,并能与国际公众通信网(PSTNS)接口。自 1995 年 ICO 全球通信公司成立到目前为止,Inmarsat – P 系统正在按照预定的方案和计划如期进行和落实,部分功能和业务目前已经能够实现。

1) 系统的组成

Inmarsat – P 系统由空间段、地面段和用户终端组成。Inmarsat – P 使用 GSM 标准作为其主要的数据通信技术平台,同时保留与非 GSM 标准业务漫游的兼容能力。

空间段:Inmarsat – P 的空间段由在高度 10355km 轨道运行的 10 颗主用卫星、2 颗备用卫星及相关控制设备组成。每颗卫星至少能支持 4500 个电话,采用时分多址技术,一颗卫星有 163 个点波束,由网络协调中心(NCC)通过网络协调站(NCS)实施系统的全面管理和运作。

地面段:地面段由合理分布在全球不同地方的 12 个卫星接续枢纽站(SAN)

和两个网络中心(NME)与一个通过光缆组成的全球网络相互连接而构成。每个SAN站提供与Inmarsat－P卫星转接的基本接口,同时存储必要的用户数据,SAN站还与地面各种互连接点相连,作为与公众电话交换网、移动网和数据网的基本接口,SAN站由当地运营者管理和维护。

用户终端段:Inmarsat－P系统的用户终端可以是单模手持电话机,也可以是兼容陆地蜂窝系统的双模式手持机。双模式手持机可自动选择卫星或地面操作模式,也可由用户根据现有的卫星和地面系统可利用的程度及用户的意愿进行选择,其手持机与当前的蜂窝系统、电话手持机在体积外观和话音质量方面都非常相似。

Inmarsat－P手持电话还具有一些可供选择的特点:其中包括外部数据接口和内部缓冲储存器等,另外它们也可支持数据通信、中文、寻呼、传真和智能卡(SIM)的使用。同时,Inmarsat－P用户电话还有多种用户终端形式,如车载、航空、船舶等终端以及半固定和固定终端(如农村电话亭和集体电话)等,其中有许多终端可以使用比手持电话更高增益的发射功率,以支持传播更高比特率的数据。

2) 系统特点

(1) 系统有50多个国家的直接投资者,国际卫星移动组织的各个成员国是间接投资者,具有广泛的国际基础,是该领域唯一不受某一大国操纵的公司,因此,有可靠的国际保障,不受国际突发事件和政治因素的影响。任何国家和政治组织是不可能利用其实施通信封锁和经济制裁的。

(2) 系统采用成熟的技术,在技术上非常可靠。

(3) 系统有提供海上和航空移动通信的能力,能够继承国际移动卫星组织承担海上遇险安全通信义务。

(4) 系统充分考虑到各国主权问题,所有通信必须经过当地业务提供者的关口站,不损害当地的电信经营者的利益,也不侵犯当地的电信主权,有可靠的通信安全保障。将要在我国建设的卫星接续枢纽站(SAN)就是其网络的重要组成部分之一。

(5) 系统所采用的频率是经过国际电联无线电大会批准的专用频段,我国国家无线电管理委员会也作出了相应的规划,预留了相应的频段。

(6) 系统采用卫星/蜂窝网双模制式,其通信规程与各国已有的地面蜂窝网的通信系统兼容,既可较好地提高现有地面网络通信系统的利用率,也可使地面网络覆盖不到的地区实现移动通信,因此,它是地面蜂窝网的有利补充。

(7) 系统投资者绝大部分是各国的电信经营者,而不是通信设备生产厂家,这避免了产品的独家垄断经营,降低用户的各方面费用。

6.4.3　Iridium 系统

Iridium 系统（"铱"系统）是美国摩托罗拉公司（Motorola）于 1987 年提出的低轨全球个人卫星移动通信系统，它与现有通信网结合，可实现全球数字化个人通信。

1. 系统概况

"铱"系统的设计思想与静止轨道移动卫星通信不同，后者采用成本昂贵的大型同步卫星，面"铱"系统则使用一种小型的相对简单的智能化卫星，这种卫星可以使用多种商业化的运载装置进行发射。由于卫星轨道高度很低，所以必须用许多颗卫星来覆盖全球，而不可能像静止轨道卫星那样用三颗卫星就可覆盖全球。因此，"铱"系统的主体是由 77 颗小型智能卫星互连而成的网络，这些卫星在 780km 的地球上空围绕 7 个极地轨道运行，所有卫星都向同一方向运转，正向运转越过北极再远行到南极。由于 77 颗卫星围绕地球飞行，其形状类似"铱"原子的 77 个电子绕原子核运动，故此系统取名为"铱"系统。

作为世界上第一个低轨道移动卫星通信系统方案，"铱"系统于 1990 年 6 月提出后即引起了极大的关注，1991 年 6 月成立了铱公司。为了便于实现"铱"系统计划和提高系统性能，铱公司以后又提出了一些改进措施。其一是 1992 年 8 月提出的，把全系统包含有 77 颗卫星减为 66 颗，仍然是每轨道 11 颗，但这时全球经度上距离相等的极轨道就只有 6 个了。另一个改进措施是把原单颗卫星的 37 个点波束增加到 48 个点波束，以使系统能把通信容量集中在通信业务需求量大的地方，也可以根据用户对话音或寻呼业务的特殊需要而重新分配信道。另外新的波束图还能减少干扰。

"铱"系统采用蜂窝设计，其原理与地面蜂窝移动电话系统类似。实际上，"铱"系统就好比把地面蜂窝"倒过来"安置在天上。一个卫星就是一个基地站，而形成覆盖小区的天线和无线中继器均安装在卫星上，而不是设在地面上。但是，对于"铱"系统而言，卫星星座相对于地面移动用户是做高速运动的，所以整个蜂窝覆盖区以高速扫掠过地球表面，而地面移动用户反而可以看做是相对静止的。

由于卫星距地面较低，卫星与移动通信用户之间通信距离较近，因此，可以使用小天线、小功率、重量轻的移动电话机，通过卫星直接通话，面且由于话音时延短，用户感觉不出来，因此不需要回波抵消器。

2. 系统组成

"铱"系统主要由空间段、系统控制段（SCS）、用户段、关口站段（GW）4 部分组成。

（1）空间段

由分布在 6 个极地圆轨道面的 72 颗星（6 颗备用星）组成。"铱"系统星座设计能保证全球任何地区在任何时间至少有一颗卫星覆盖。"铱"系统星座网提供手机到关口站的接入信令链路、关口站到关口站的网路信令链路、关口站到系统控制段的管理链路。每个卫星天线可提供960条话音信道,每个卫星最多能有两个天线指向一个关口站,因此,每个卫星最多能提供1920条话音信道。每一颗"铱"系统卫星可向地面投射48个点波束,以形成48个相同小区的网络,每个小区的直径为689km,48个点波束组合起来,可以构成直径为4700km的覆盖区,铱系统用户可以看到一颗卫星的时间约为10min。每个卫星有4条星际链路,一条为前向,一条为反向,另两条为交叉连接。星际链路速率高达25Mb/s,在L频段10.5MHz频带内按FDMA方式划分为12个频带,在此基础上再利用TDMA结构,其帧长为90ms,每帧可支持4个50Kb/s用户连接。

（2）系统控制段(SCS)

SCS是"铱"系统的控制中心,它提供卫星星座的运行、支持和控制,把卫星跟踪数据交付给关口站,利用寻呼终端控制器(MTC)进行终端控制。SCS包括3部分:遥测跟踪控制(TT&C)、操作支持网(OSN)和控制设备(CF)。SCS有3方面功能:空间操作、网络操作、寻呼终端控制。SCS有2个外部接口,一个接口到关口站,另一个接口到卫星。

（3）用户段

该段指的是使用"铱"系统业务的用户终端设备,主要包括手持机(ISU)和寻呼机(MTD),将来也可能包括航空终端、太阳能电话单元、边远地区电话接入单元等。ISU是铱系统移动电话机,包括两个主要部件:SIM卡及无线电话机,它可向用户提供话音、数据(2.4Kb/s)、传真(2.4Kb/s)。MTD类似于目前市场上的寻呼机,分两种:数字式和字符式。

（4）关口站段

关口站是提供铱系统业务和支持铱系统网络的地面设施。它提供移动用户、漫游用户的支持和管理,通过PSIN提供铱系统网络到其他电信网的连接。

一个或多个关口站提供每一个铱系统呼叫的建立、保持和拆除,支持寻呼信息的收集和交付。关口站由以下分系统组成:交换分系统、地球终端(ET)、地球终端控制器(ETC)、消息发起控制器(MOC)、关口站管理分系统(GMS)。关口站有4个外部接口:关口站到卫星,关口站到国际交换中心(ISC),关口站到铱系统商务支持系统(IBSS),关口站到系统控制段(SC)。

3. 系统现状

（1）频率使用

"铱"系统分别使用了Ka频段和L波段。Ka频段应用关口站到卫星之间链路,以及卫星到卫星之间的链路,关口站到卫星之间的上行链路使用29.1GHz

~29.3GHz,卫星到关口站下行链路使用 19.4GHz ~ 19.6GHz,"铱"系统星际链路使用 23.18GHz ~ 23.38GHz。"铱"系统用户链路使用 L 频段,用户终端到卫星上行链路使用 1621.35MHz ~ 1626.5MHz,卫星到用户终端下行链路使用 1616MHz ~ 1626.5MHz。

"铱"系统于1991 年向国际电联申请了所需使用的频率,其申请的频率符合 WARC – 92 会议精神,美国 FCC 也于 1995 年向"铱"系统颁发了频率使用许可证,中国国家无委已于 1998 年 9 月向"铱"系统颁发了试验许可证。

（2）应用现状

1998 年 5 月 7 日,"铱"系统利用 67 颗卫星,完成了由 66 颗星组成的卫星星座。1998 年 11 月 1 日正式提供话音业务,11 月 16 日开始提供寻呼业务,但由于通信费用昂贵、通话质量不理想,加之面临地面 GSM 和 CDMA 系统迅速发展的竞争,系统用户数比预计少很多,庞大的系统运行、维护开支和巨额亏损与债务,在经营不到 1 年时间便于 1999 年 8 月 13 日向美国破产法院申请破产保护,并于 2000 年 3 月 18 日获得批准。目前由新的铱公司经营"铱"系统,美国国防部是其最大的用户。"铱"系统主要用于国际、军事、应急、海运、采矿、森林、建筑、石油和天然气以及航空等通信,并于 2001 年 3 月开始商业运行。截至 2002 年 5 月,共有 78 颗铱星在轨运行,其中 71 颗为工作星,7 颗为备份星,中国"长征"火箭曾发射过 12 颗铱星。

6.4.4 美军卫星通信系统

美国军用卫星通信系统,无论是技术水平,还是系统规模和综合能力,都处于军事卫星通信领域绝对领先的地位。目前全世界 30 多个国家拥有的 900 多颗卫星中,美国就独占 400 多颗。尤其是最近几次高技术战争中,美国等联军部队使用了各种卫星数十颗之多。经过 50 多年的发展,美国军用卫星通信系统已经形成了由宽带卫星通信系统,宽带广播卫星通信系统,受保护的卫星通信系统,窄带卫星通信系统以及商用卫星通信系统构成的体系结构,如图 6 – 15 所示。除此之外,其卫星系统中还包括用于转发地球站对中、低轨道航天器的跟踪、遥控信息和对航天器发回地面的数据进行中继的跟踪和数据中继卫星系统（TDRSS）。下面就对部分卫星通信系统进行简要介绍。

1. 国防卫星通信系统（DSCS）

DSCS 是美国战略战术远距离军用通信系统,能够提供多信道通信服务,为国家高级指挥人员提供保密话音和高数据率通信,是战略远程通信的支柱。DSCS 共发展了 3 代,目前在轨运行的是 DSCS Ⅲ。

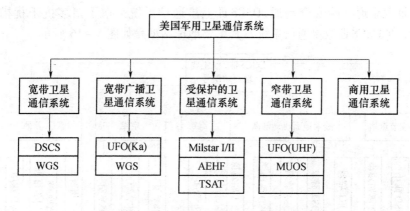

图 6 - 15 美国军用卫星通信系统体协结构

1）DSCS Ⅰ

DSCS Ⅰ于 1966 年—1968 年间陆续发射,共 26 颗小卫星,设计寿命为 3年,其上行频率为 8GHz,下行频率为 7GHz。卫星分 4 次发射,每次发射 6 颗 ~8颗,它们均运行于静止轨道,主要解决远程战略通信问题。

2）DSCS Ⅱ

1971 年 DSCS Ⅱ开始服役。卫星设计寿命为 5 年,位于地球静止轨道,采用自旋稳定方式。与 Ⅰ代不同,卫星有遥控分系统,姿态控制和位置保持能力。它在通信载荷和传输容量方面均有相当大的提高,每颗卫星能提供 1300 路双工话音,100Mb/s 数据。可以同时兼容两代的地面终端,不仅能用于远程战略通信,还可支援突发事件等作战活动。

3）DSCS Ⅲ

DSCS Ⅲ由 12 颗工作星、2 颗备份星共 14 颗卫星组成,位于地球静止轨道,每颗卫星的设计寿命为 10 年,能保证除两极外全球所有地区 24h 不间断通信。该系统于 1982 年 10 月 30 日发射第一颗卫星 DSCS Ⅲ -1,于 2003 年 8 月 29 日发射系统的最后一颗卫星 DSCS Ⅲ -14,共计有 14 颗卫星,目前约有 8 颗卫星在轨正常工作。前 10 颗卫星每星的通信总容量为 100Mb/s,后 4 颗卫星属于军方寿命延长(SLEP)改进项目,使用超高频进行通信,每星通信总容量为 200Mb/s。

4）DSCS Ⅲ通信终端

DSCS Ⅲ系统能够完成的任务:与国家指挥当局、国防通信局与联合司令部和特种司令部之间的通信;预警机和战区飞机间的通信;支援应急事件或局部战争的高容量、高可靠性通信;以宽带信道来保证高质量的高速数据或高分辨力图形和图像的保密传输,快速传送传感器数据;提供其他传输手段不便完成的远距离通信和支援海军的舰岸通信。考虑到卫星通信的暴露性和易扰性,为确保

DSCSⅢ卫星通信的安全畅通,DSCSⅢ卫星通信系统采取了诸多抗干扰措施。具体来讲DSCSⅢ卫星通信系统及其主要地球站型号如图6-16所示。

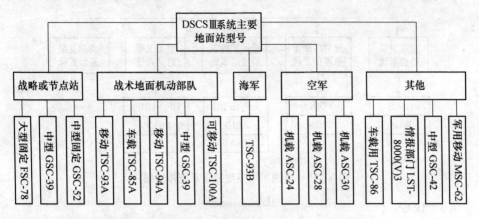

图6-16　DSCSⅢ卫星通信系统及其主要地球站型号

5) DSCSⅢ转发器信道

对于工作于不同频率的每个信道(转发器),既可以通过不同天线接收上行信号,也可以利用其他覆球喇叭天线接收信号。采用多波束时,还可用覆球波束和窄波束来接收。发射时也有相同情况,一个信道的信号可以通过不同天线发向地球站,收发多天线的相互组合交链,使系统的使用变得更为灵活。由于多波束的运用使其增加了抗干扰性能,其中单信道转发器除能接收 UHF(300MHz ~ 400MHz)的信号,还能接收 SHF 信号。卫星上行/下行链路频率配置情况如表6-2所示。

表6-2　卫星上行/下行链路频率配置

转发器	信道	1	2	3	4	5	6	单信道
上行	频率/MHz	7975~8025	8040~8115	8130~8215	8230~8315	8340~8400	7900~7950	300~400
	带宽/MHz	50	75	85	85	60	50	100
下行	频率/MHz	7250~7300	7315~7390	7405~7490	7505~7590	7615~7675	7700~7750	225~260
	带宽/MHz	50	74	85	85	60	50	35
	功率/W	40	40	10	10	10	10	70

2. 特高频后继星卫星通信系统(UFO)

UFO 是美军特高频和极高频卫星通信系统系统,可分为空间段、地面段和用户段。空间段搭载了全球广播业务载荷,地面段包括地面网络,用户段由各种用户终端组成,目前有近7500个终端。UFO 用于全球战略、战术通信、为舰舰、舰岸和舰与飞机之间提供话音、数据链路,涉及指挥、控制、通信、计算机、情报、监视和侦察的所有方面,是美军最主要的提供战术行动的窄带业务通信系统。

1)空间段

UFO 星座运行于赤道上空的对地静止轨道上覆盖地球南北纬 70°之间的区域,星座由 9 颗业务星和 1 颗备份星共 10 颗卫星组成,第一颗卫星 UHF – FO2 于 1993 年 3 月 9 日升空,最后一颗 UHF – FO11 于 2003 年 12 月 18 日发射升空。所有 UFO 卫星都采用波音 601 通信卫星平台,卫星采用三轴稳定和抗核加固设计。每颗 UFO 卫星具有带宽为 25kHz 的 UHF 信道 17 条,带宽为 5kHz 的 UHF 信道 25 条,带宽为 25kHz 的 SHF(7GHz ~ 8GHz)信道 1 条,以及 11 条 EHF 信道;卫星功率为 2500W,设计寿命为 14 年。

2)地面段

海军 UHF 卫星通信系统为舰队、潜艇、飞机和其他国防部用户提供全球通信服务。一个典型的海军特遣部队会用到战斗群指挥网、链路协调网、战术指挥官信息交换子系统、战术数据信息交换子系统、战术情报网、普通用户数字信息交换子系统、舰队卫星广播子系统、战术接收设备(TRE)等 UHF 网络。

3)UFO 的应用

UFO 星座为美国国防部提供了用于全球战略、战术通信的能力,为舰舰、舰岸和舰与飞机之间提供话音链路,是美国海军目前最主要的通信系统。

搭载全球广播业务专用载荷(DBS)的是 UHF – FO8、FO9 和 FO10 卫星,目前已全部部署完毕。这 3 颗卫星使用极大容量的 Ka 频段有效载荷,作为临时的全球广播业务系统。下行链路工作在 20.2GHz ~ 21.2GHz,Ka 频段有效载荷包括 4 个,功率为 130W,速率为 24Mb/s 的军用 Ka 频段转发器,3 个指向可调的下行链路点波束天线,1 个指向可调的,以及 1 个固定的上行链路天线。每颗卫星都具有 96Mb/s 的通信能力。在这 3 个指向可调的下行链路点波束天线中,其中 2 个点波束都能覆盖星下直径为 930km 的区域,每个转发器可支持最高达 24Mb/s 的速率,这两个点波束都分配有 2 个转发器。第三个下行链路点波束能覆盖星下直径为 3700km 的区域,支持 1.5Mb/s 的数据率。

3. 军事星(Milstar)

军事星是美国军事战略战术中继卫星通信系统的简称,是一种对地静止轨道军用卫星通信系统。该系统能够保证美国在核战争条件下的三军保密通信,为部队尤其是为大量战术用户提供实时、保密、抗干扰的通信服务,其通信波束可以全球覆盖。系统于 20 世纪 80 年代初开始实施,系统包括卫星、三军用户终端和一个卫星测控站。卫星的发展经历了 Milstar – Ⅰ、Milstar – Ⅱ、Milstar – Ⅲ 阶段,其中,Milstar – Ⅰ 有 2 颗卫星,Milstar – Ⅱ 有 4 颗卫星,所有卫星均由洛克希德·马丁公司制造,采用三轴稳定技术。

1) Milstar – Ⅰ

Milstar – Ⅰ – 1 和 Milstar – Ⅰ – 2 均属于 Milstar – Ⅰ 系列卫星,分别位于 120°W 和 4°E 的对地静止轨道上。卫星的质量约 4.67t,太阳帆板输出功率为 8kW,设计寿命 7 年,目前已超期服役。星体采用了先进的抗核加固技术,携带一个低速率通信载荷(LDR),一个星间通信载荷。LDR 用于战略战术部队的增强型高生存性和最低限度通信,可发送和接收速率为 75b/s ~ 2400b/s 的声码和数据信息。该卫星主要保障战略司令部在紧急状态时能够顺利下达指令,核力量是该系统的最优先的用户,其次则是陆、海、空军的非核作战部队。两星配对工作,提供对美太平洋至大西洋部队的保密通信覆盖。

2) Milstar – Ⅱ

Milstar – Ⅱ 系列卫星以战术通信为主。第一代 Milstar 卫星投入应用后,激发了美军发展第二代 Milstar 卫星的积极性,三颗 Milstar – Ⅱ 卫星形成全球覆盖的抗干扰卫星通信网。与 Milstar – Ⅰ 不同 Milstar – Ⅱ 卫星在轨寿命达 10 年以上,它同时配置了 LDR 和 MDR(中速率通信载荷)有效载荷具有增强型的战术通信能力,其中包括为移动部队提供高数据速率通信,以及对敌方干扰中心实施自适应天线调零。

3) Milstar – Ⅲ

为降低成本,美军已制订了容量更大、性能更好的 Milstar – Ⅲ 卫星,该卫星采用星上处理技术、星间链路技术,以及轻型多功能通信天线的组合阵列和宽带频率合成技术等,为此也将该卫星称为"先进极高频通信卫星"(AEHF)。2010 年初第一颗 AEHF 卫星在制造商洛克希德·马丁公司的厂房里进行最后的测试,预计将在 2010 年 7 月 31 日由"宇宙神" – 5 火箭发射。第二颗和第三颗 AEHF 卫星也正在进行最后的集成和测试,分别准备在 2011 年和 2012 年发射。

卫星采用商业通信卫星的 A2100 卫星平台,每颗星的质量为 2500kg ~ 3000kg,每颗星的通信能力是 375Mb/s,覆盖范围为南北纬 65°之间,总通信能力比原军事星大 10 倍,数据传输速率将增加 25 倍,同步信道数量将增加 2 倍 ~ 3 倍。这样的传输速率将允许战术军事通信系统传输准实时视频、战场地图和目标数据等。

4) 通信终端

美军约有上千套 Milstar 用户终端投入使用,主要终端类型有车载式 SMART – T、单信道便携式 SCAMP、LGT(ASCAMP),AN/USC – 38(V)、指挥所用 AN/FRC – 181、机载/舰载终端等。其中,车载式接收机按标准的集装箱运输要求设计,能完全适应师团级的作战要求。便携式接收机完成一次架设则不到 5min,

适用于班组及特种部队,机载和舰载则分别服务于空军和海军的作战需要。

5）性能指标

Milstar 系列卫星是第一个使用毫米波的卫星通信系统上、下行频率为(44/20GHz),星间链路(ISL)为 60GHz。提供的主要业务有声码话、各种数据信息。第一代的两颗军事星仍是按冷战要求研制的,它能以 75b/s～24000b/s 的低速率提供 192 条双工通信信道,每条信道能容纳 1 名～4 名用户。第二代军事星在第一代军事星的低速率有效载荷基础上,增加 48kHz～1544kHz 中速率有效载荷,以适应战术用户的需求。其每条信道能容纳 1 名～70 名用户,总通信能力比第一代军事星高 100 倍,而且一个新用户只需几分钟就能与卫星联通,并有轨道机动能力。

4. 跟踪与数据中继卫星系统(TDRSS)

跟踪和数据中继卫星系统最早是由休斯公司提出的,用于完成美国航空航天局(NASA)与航天飞机、未来空间站及低轨道无人航天器之间的通信服务。TRW 公司负责制造了头 7 颗 NASA 的"跟踪和数据中继卫星系统"(TDRSS)卫星,分别命名为 TDRS1～TDRS7。1984 年 4 月 4 日,美国发射了第一颗 TDRS 卫星,直至 1993 年 1 月第六颗 TDRS 卫星发射后,该系统才具备了在轨运行和轨道备份能力。1995 年 7 月 13 日发射了第 7 颗 TDRS 卫星作为应急备用星,结束了长达 10 余年的第一代跟踪与数据中继卫星系统的建设工作。

1）ATDRSS

根据中低轨航天器,特别是当时自由号空间站发展的需要,并考虑第一代跟踪与数据中继卫星系统的寿命问题,NASA 计划发展第二代跟踪与数据中继卫星系统,也就是跟踪与数据获取卫星系统(TDASS)。后来,因经费问题不能直接建设 TDASS 系统,而改为采用"高级跟踪与数据中继卫星系统"作为过渡。最初计划研制 9 颗卫星,后因国会否决改为 3 颗,由美国休斯公司承制,从而形成了 ATDRSS 系统。3 颗卫星分别称为 TDRS－H、TDRS－I、TDRS－J,其中,TDRS－H 和 TDRS－I 已于 2000 年 6 月和 2002 年 9 月相继发射,TDRS－H 处于部分工作状态,TDRS－I 处于校验状态。这 3 颗卫星用来补充和增强现有 TDRSS 系统的功能,并提供带宽更宽、频率选择更灵活的空间数据和图像中继,从而将第一代 TDRSS 系统升级为 ATDRSS 系统。

2）空间段

目前,美国 TDRSS 系统的空间段由地球同步轨道上的 6 颗在轨中继星组成,系统取代了大部分航宇局地基测控站,其东、西双星对 200km 高的用户航天器轨道的覆盖范围为 85%,对 1200km～2000km 高的用户航天器轨道的覆盖范围为 100%,最高可跟踪到 5000km 高的航天器,单址通信业务对 12000km 高的航天器仍能 100% 覆盖。

第一代 TDRS 星上有两个单通道天线、一个 S 波段天线,当卫星不能指向地面时,能够接收来自任何方向的指令。第二代 TDRS 星上功能有所改进,相对于第一代 TDRS 卫星,它大大增强了 S 波段多址能力,增加了 Ka 波段高速数据率业务,增加了卫星自主操作能力,提高了下行链路的质量。其中,新增的 Ka 波段单通道业务和已有的 Ku 波段业务是时分式的。需要注意,Ka 波段系统是当前 Ku 波段用户服务的备份,支持与 Ku 波段同样的数据传输速率。

3)地面段

TDRSS 系统的地面部分包括白沙综合设施(WSC)、网络控制中心、地面飞行跟踪与数据网(GSTDN)、航宇局通信网,以及远方地面中继终端(RGTR)。网络控制中心位于戈达德航天飞行中心,负责协调天基网的所有行动;远方地面中继终端位于澳大利亚的堪培拉,扩大了"伽马射线观测台"(GRO)卫星的观测范围。

4)测控通信能力

TDRSS 系统通过航宇局通信网(NASCOM)接口,在用户星控制中心和在轨用户星之间,"弯管"式地提供前向(到用户星)和返向(来自用户星)通信链路和信息传递业务。另外,系统还提供用户航天器仿真和 TDRSS 系统校验业务,即利用地面终端站产生的数据模仿用户航天器,校验 TDRSS 的性能。利用仿真在完成各种检验测试的同时,可以模拟用户航天器的动力学特性。表 6-3 列出了 TDRSS 系统可提供的服务。

表 6-3　TDRSS 系统可提供的服务

类别	频率/MHz	服务类型	最大数据速率/(Kb/s)	每颗星可提供的服务数	白沙站能力
S 波段单通道服务	2020.4 ~ 2123.3	前向链路	300	2	10
S 波段单通道服务	2200 ~ 2300	返向链路	6Mb/s	2	10
Ku 波段单通道服务	13.747GHz ~ 13.802GHz	前向链路	25Mb/s	2	10
Ku 波段单通道服务	14.887GHz ~ 15.119GHz	返向链路	300Mb/s	2	10
S 波段多通道服务	2103.1 ~ 2109.7	前向链路	10	1	4
S 波段多通道服务	2284.5 ~ 2290.5	返向链路	100	10	20

5. 宽带全球卫星系统(WGS)

WGS 是美国一种高容量军用卫星通信系统,以前叫宽带填隙卫星通信系统(Wideband Gapfiller Satellite),用来填补现有卫星通信系统与转型卫星通信系统之间的通信覆盖间隙,是 DSCS 向先进宽带系统过渡的桥梁。每一颗 WGS 卫星都是对现有 DSCS 的增强，能够提供高数据通信能力，可以使各种平台、陆海空部队及其指挥员快速、实时地访问信息，为美国及其盟国提供更好的天基通信能力和全球广播服务。系统于 2006 年首次发射卫星，计划在 2012 年前总共发射至少 6 颗 WGS 卫星。

1）空间段

WGS 空间部分由分别运行在太平洋、印度洋和大西洋地区上空的 3 颗对地静止轨道（GEO）卫星组成，分别定点在赤道上空 60°E、175°E 和 120°W，另外 WGS-4、WGS-5、WGS-6 与前 3 颗 WGS 卫星有所不同，增加了无线电旁路能力，它能提供的数据率为 311Mb/s，支持机载情报、监视与侦察平台。在该星座最终建成后将具有向全球美军及盟军提供网络通信的功能获得完全的作战力。

卫星由美国波音公司制造，每颗 WGS 卫星发射重量约为 5.9t，功率为 13kW，设计寿命为 11.8 年，造价为 3.5 亿美元。它是美军在轨服役通信卫星中性能最高的一颗，可通过双向点对点、多播及广播的方式向作战人员快速分发大量数据，它不仅容量大大增加，能以更高数据率向作战人员提供信息，而且运行十分灵活。WGS 还增加星际链路，采用激光通信技术，在特高频能力基础上又增加极高频能力，使卫星通信容量增加，从而可以传输更多的信息，并且具有更强的抗干扰能力。

2）用户段

WGS 能够提供机载、舰载车载和便携终端，与现有 DSCS 和 GBS 系统的用户终端相兼容，并且也能向上升级，可以和现有的及新的 X 频段的 GBS 终端互通。预计 2010 年前美国军方将从多家公司订购 1700 个 WGS 卫星的地面宽带终端，这些宽带终端可在 Ka 频段上使用。另外在未来 10 年内，美国陆军还将采购军用多频段/多模式集成卫星终端（MIST），它能提供高达几兆每秒的移动通信容量。因此，WGS 系统能满足美军更快速、更高效地获取信息的需求，提高了固定、机动和移动用户的访问容量，各种平台、陆海空部队及其指挥官都能够利用 WGS 进行快速、实时地信息访问。

3）WGS 系统应用

WGS 是 DSCS3 的后继卫星，用于增强美国国防部的通信业务，为美国及其盟国提供更好的天基通信能力和全球广播业务（GBS）。其主要任务包括：提供超 SHF 频段宽带通信业务，该业务目前由 DSCS 提供；提供 Ka 频段 GBS，该业务目前由 UFO 上的 Ka 频段全球广播业务转发器提供。WGS 将为作战和固定用户提供 24h 连续不间断的卫星宽带业务。它将支持美国的作战信息交换需求保障作战命令和控制指令的执行，保障通信以及计算机的正常运作；保障情报、监视以及侦察等（C^4ISR）；保障作战管理以及战斗支持信息。WGS 是高性能卫星通信系统的关键组成部分,可用于快速向士兵分发大量数据。WGS 系统能够用于 X 到 Ka 频段跨频传输,使美军卫星通信能力有了转折性的突破,通过它美军能够向地球上几乎每个角落快速发送大容量的信息,为军队提供前所未有的宽带密集型应用,如视频流、远程会议、实时数据传输和高分辨力成像。此外,这种新型宽带能力还可为新一代无人空中飞行器,如全球鹰提供支持。

WGS 系统将提供早期的转型能力,以支持 2009 年及以后的转型通信体系中的政府军事目标。WGS 系统能够满足美国国防部获得更快速、更高效信息的需求,提高固定和机动/移动用户的访问能力,在 WGS 系统中各种平台、陆海空部队,及其指挥官都能利用其进行快速、实时的信息访问。

6.5 小 结

本章主要介绍卫星通信相关的基本概念、原理、组成和特点,对卫星通信的多址技术进行研究,介绍了星载和地球站设备的主要部件和技术指标,最后介绍几个具有代表性的卫星通信系统,以及美军主要卫星通信系统组成、作用和性能指标,其具体内容如下:

(1) 卫星通信是指利用人造地球卫星作为中继站转发无线电信号,在两个或多个地球站之间进行的通信。考虑到大气的影响,目前常用频段包括 L、S、C、X、Ku 和 Ka 频段等。为了便于对卫星通信系统进行分析,通常将系统划分为空间段和地面段。自然因素对整个系统的影响包括摄动、星蚀及日凌中断等。

(2) 多址技术是卫星通信的一个基本特点,可以大大提高卫星通信线路的利用率和通信连接的灵活性。对于卫星通信系统多址技术具体可以分为频分多址、时分多址和码分多址 3 种,同时对不同地区进行覆盖的空分多址,也可以认为是一种多址技术。

(3) 卫星通信系统由卫星星载转发器、地球站接收和发送设备组成,高功率放大器(HPA)和低噪声放大器(LNA)是其中最重要的部件,星载转发器主要包括弯管式转发器和数字处理转发器,地球站使用的设备主要包括 RF 终端、调制与解调器、基带与控制设备,以及用户接口等。

(4) 卫星通信系统在所有卫星系统当中,应用最早、使用最为广泛、占据天空卫星数量最多,其中最具代表性的系统包括 80 年代初发展起来的 VSAT 卫星通信系统、能够提供卫星移动通信的高轨道卫星通信系统、Inmarsat 系统以及低轨道卫星移动通信系统、Iridium 系统。当然,如果从体系上来讲,美国军用卫星通信系统,无论是技术水平,还是系统规模和综合能力,都处于世界卫星通信领域绝对领先的地位。

思 考 题

1. 简要叙述卫星通信的主要优缺点。

2. 试着比较卫星通信系统和其他通信系统,简单说明你认为卫星通信系统适合什么样的应用领域。

3. 卫星通信系统包括哪几个部分?

4. 解释什么是频分多址,说明频分多址和频分复用的不同。

5. 说明什么是卫星通信系统中 TT&C 设施,该设备是属于空间段还是地面段?

6. 星载数字处理转发器可以有哪些类型和功能? 它们对系统有何影响?

7. 描述一个典型 VSAT 系统的运作过程,并列举一些现有 VSAT 系统的缺点。

8. 想像一下 TDRSS 系统的应用场合可以有哪些?

9. 上网了解 Iridium 系统。

10. 上网了解美军卫星通信系统相关知识。

第7章　卫星导航定位系统

　　导航是一种为运载体航行时提供连续、安全和可靠服务的技术和方法。顾名思义,它的基本作用是引导飞机、船舰、车辆等,还有个人,安全准确地沿着所选定的路线,准时地到达目的地。导航的历史久远,利用天体进行导航是最古老、简便、可靠的导航方法,但是,利用任何自然天体进行导航都不可避免受到观测时间、地点、气象等诸多自然因素的影响和限制。随着现代科学技术的发展,特别是在宇航技术、电子计算机技术领域里取得重大突破的基础上,人们从利用自然天体定位,逐步发展到设置人造天体来导航,同时,将集成电路、新的电子元器件、电波传播的研究、信息论、自动控制理论、系统工程论等应用于导航中,诞生了卫星导航技术。

　　本章将在详细介绍卫星导航定位系统基本概念、原理、组成和分类的基础上,将对 GPS 全球定位系统进行较为详尽分析,同时还要探讨 GPS 增强系统所涉及到的问题,介绍 GLONASS 系统 GALILEO 系统相关内容,最后对我国卫星导航系统进行简要地介绍。

7.1　绪　　论

7.1.1　导航的基本概念

　　导航是将航行体从起始点导引到目的地的技术或方法,为航行体提供实时的位置信息是导航的基本任务,因此,导航是一种广义的动态定位。能够向航行体的操纵者或控制系统提供航行体的位置、速度、航向等即时运动状态的系统称为导航系统。目前,广泛使用的导航方法有以下几种。

1. 航标方法

　　过去,人们习惯称之为目视方法,这是一种借助于信标或参照物把运动物体从一个地点引导到另外一个地点的方法。目前,在飞机进场着陆时,这种方法仍在使用,其经验性很强。

2. 航位推算法

　　它是通过推算一系列测量的速度增量来确定位置的。航位推算导航技术克

212

服了前一种方法的缺点,不受天气、地理条件的限制,是一种自主式导航方法,保密性强。其缺点是随着时间的推移,其位置累积误差会越来越大。惯性导航系统在原理上就是采用这种方法。但人们常说的航位推算大都采用方位仪(如磁罗盘)和速度表,利用方位仪将速度表所测的载体速度分解成东向和北向分量,然后分别积分,计算出各个方向上所经过的距离。目前,航位推算法仍广泛使用在航海、航空和车辆自动定位系统中。

3. 天文导航

通过对天体精确地定时观测来定位的一种方法。它采用光学的六分仪、星跟踪器等光学传感器测量出视野中天体的方位,再根据当时的时间,便能确定载体处于地球表面上的某一个圆环上,观测两颗或更多天体并进行处理,便可以确定出载体在地球表面的位置。目前,天文导航仍广泛用在航海和航天,特别是星际航行中。它的缺点是误差累积及受时间和气象条件的限制,定位时间长,操作计算比较复杂。

4. 惯性导航

它是通过积分安装在稳定平台上的加速度计输出,来确定载体的位置和速度。它完全依靠载体上的导航设备自主地完成导航任务,和外界不发生任何光、电联系。因此,它是一种自主式导航方法,隐蔽性好,工作不受气象条件的限制。这一独特的优点,使其成为航空、航海和航天领域中一种广泛使用的主要导航方法。其主要缺点是导航误差随时间累积。目前,惯性导航系统常常和其他导航系统综合使用。

5. 无线电导航

它是通过测量无线电波从发射台(导航台)到接收机的传输时间来定位的一种方法,也可以通过测量无线电信号的相位或相角来定位。按照发射机或转发器所在的位置,无线电导航可分为地面(陆)基无线电导航以及空间(星)基无线电导航。

6. 卫星导航定位

卫星导航是以人造卫星作为导航台的星基无线电导航,是一种利用人造地球卫星进行用户定位测量的技术,是以用导航卫星发送的导航定位信号确定载体位置和运动状态、引导运动载体安全有效地到达目的地的一门新兴科学。卫星导航在军事和民用领域具有重要而广泛的应用。它可为全球陆、海、空、天的各类军民载体,提供全天候、24h 提供高精度的三维位置、速度、精密时间信息。

7.1.2 卫星导航定位系统的分类

根据卫星导航定位系统工作的不同机理,可以划分为以下不同技术类型的系统。

1. 按测量的参数分类

1）测距导航系统

这种系统通过测量卫星与用户之间的距离来进行定位,根据测距方法的不同又进一步可以划分为无源测距和有源测距两种类型。所谓无源测距,就是利用卫星发射信号,用户通过测量卫星到用户间距离的方法实现定位。由于用户不发射信号,所以这种系统隐蔽性好,且用户数量不受限制,但卫星设备和用户设备都较复杂。GLONASS 系统、GPS 系统都属无源测距导航定位系统。

有源测距则采用双向测距定位方法。例如,地面站通过 2 颗或者更多颗卫星向用户发射询问信号,用户接收并发回应答信号,由地面站测量信号的传播距离。由于地面站和卫星的坐标是已知的,因此可以求得用户位置。有源测距系统的卫星和用户设备都要发射和接收信号,隐蔽性不好,但卫星设备和用户设备较简单,我国北斗双星定位系统就属于有源测距导航定位系统。

当然,测距系统的卫星可以是静止卫星,也可以不是静止卫星,只要工作过程中位于地面站视界内即可,用户则要处于卫星的工作区内。测距的方法有电磁波测距和激光测距两种。激光测距比电磁波测距精确,但成本高,易受环境干扰,使用较少。

2）测距差导航系统

在同一时刻对几颗卫星进行距离测量,或在几个位置上对同一颗卫星的距离进行测量,利用距离差来定位的系统称为测距差导航系统。

3）卫星多普勒导航系统

利用测量卫星多普勒频率实现导航定位的系统称为卫星多普勒导航系统。卫星在轨道上运行,由于卫星与卫星导航仪之间的距离在变化,会产生多普勒效应,使卫星导航仪接收到的卫星信号频率,与卫星发射频率之间相差一个多普勒频率,或称多普勒频移。多普勒频移与卫星和卫星导航仪之间的距离变化率成正比,所以可用它来确定卫星导航仪与卫星之间的相对位置。一般卫星导航仪用测量多普勒频移积分他的方法来定位,而不是通过测量瞬时的多普勒频率来定位,因为测量多普勒频移积分值比测量瞬时多普勒频率要精确。子午仪系统就是一种卫星多普勒导航系统。

4）测角导航系统

用确定一颗或多颗卫星相对于某一基准方向的夹角,来实现定位的系统叫做测角导航系统。

5）混合导航系统

同时采用两种以上测量方法来定位的系统叫做混合导航系统,如测距法与测量多普勒频移积分方法相结合的系统。

2. 按工作区域分类

全球覆盖系统的导航定位作用范围可覆盖全球。例如,子午仪系统和 GPS 系统都可实现全球范围的导航定位。区域覆盖系统的导航定位作用范围有限,例如国本土范围内和沿海周边地区的导航定位服务。

3. 按能否连续定位分类

连续定位的卫星导航系统可实现连续的、近乎实时的导航定位。例如,GPS 系统每天可提供 24h 的连续导航定位,系统一次定位时间只要几秒钟,最多几十秒就可以完成。而断续定位的卫星导航系统每次导航定位之间有较长的间隔,只能间断定位。例如,子午仪系统只能实现间断定位,系统一次定位时间需 8min ~ 10min,不同地理位置的测站,则需 1.5h ~ 4h 才能定位一次。

4. 按卫星运行轨道的高度分类

轨道高度在 900km ~ 2700km 之间的低轨道卫星定位系统,如子午仪系统,该系统卫星轨道高度约为 1000km。轨道高度在 10000km ~ 25000km 之间的中轨道卫星定位系统,如 GPS 系统,该系统卫星轨道高度约为 20230km。轨道高度在 36000km 的高轨道卫星定位系统,如我国北斗双星定位系统的卫星轨道就是同步轨道。

7.1.3　卫星导航定位的原理

导航的核心是定位,卫星定位就是在测站上以卫星为观测目标,获取测站至卫星的观测矢量 ρ,利用观测矢量和已知的卫星位置矢量 r 计算测站点坐标。图 7 - 1 给出了原理示意图。

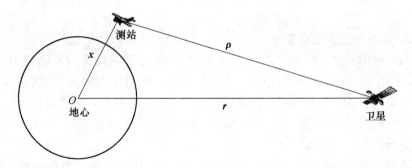

图 7 - 1　定位原理示意图

从图中可以看到,在准确已知卫星位置矢量 r、观测矢量 ρ 的情况下,测站的位置矢量 x 可以表示为

$$x = \rho - r \qquad (7-1)$$

式(7-1)是利用卫星进行测站点定位的基本方程式,其前提是需要准确获得观测矢量。现代导航卫星多采用测距离差或测距离体制进行定位。因此,导航卫星的定位原理与上述稍有不同,但基础方程仍是式(7-1),所不同的是联立多个距离差或距离方程来确定用户坐标定位。具体来讲,主要就是双曲线交会定位和三球交会定位。

1. 双曲线交会定位

对于测站 U,S_1 和 S_2 为两颗观测卫星,测量卫星 S_1 和 S_2 到测站 U 距离差,在不同时间观测 3 组数据,建立 3 个不相关的方程,就可以解算出用户的位置。由于两定点的距离之差为常数的动点的轨迹是双曲线,因此,这种定位方法被命名为双曲线交会定位。距离差的测定有许多方法,子午仪卫星导航采用的是多普勒法,欧米伽导航系统采用的是相位差法,罗兰导航系统采用的是脉冲时间差法,这些方法的具体内容,可参阅相关文献。

2. 三球交会定位

所谓三球交会,也就是以位置已知点(如卫星)为球心,以观测边长为半径,3 个这样的大球可交会出测站点坐标,对于 S_1、S_2 和 S_3 为 3 颗已知位置的卫星,ρ_1、ρ_2 和 ρ_3 为测站 U 观测各卫星所得的对应边长。对每每一颗卫星可以得到一个方程

$$\sqrt{(X-X_i)^2+(Y-Y_i)^2+(Z-Z_i)^2}-\rho_i=0 \quad (i=1,2,3) \quad (7-2)$$

式中:(X,Y,Z) 为测站点待求坐标;(X_i,Y_i,Z_i) 为卫星已知坐标。

3 个观测值可以列出 3 个方程。由于卫星坐标为已知,3 个方程只有 3 个未知数,故可以求解得出测站坐标。

3. GPS 系统的定位原理

GPS 定位采用三球交会原理,因此可以利用式(7-2)来解算测站 U 的坐标,但实际上,测站(用户接收机)一般不可能有十分准确的时钟,它们也不与卫星钟准确同步,因此,用户接收机测量得出的卫星信号在空间的传播时间是不准确的,计算得到的距离也不是用户接收机和卫星之间的真实距离,通常将这种距离叫做伪距。

假设用户接收机在接收卫星信号的瞬间,接收机的时钟与卫星导航系统所用时钟的时间差为 Δt,则式(7-2)将改写成

$$\sqrt{(X-X_i)^2+(Y-Y_i)^2+(Z-Z_i)^2}+c\cdot\Delta t=\rho_i \quad (i=1,2,3,4)$$

$$(7-3)$$

式中：c 为电磁波传播速度（光速）；Δt 是未知数。

只要接收机能测出距 4 颗卫星的伪距，便有 4 个这样的方程，把它们联立起来，便可以解出 4 个未知量（$X,Y,Z,\Delta t$），即能求出接收机的位置和准确的时间。

当用户不运动时，由于卫星在运动，在接收到的卫星信号中会有多普勒频移，这个频移的大小和正负是可以根据卫星的星历和时间，以及用户本身的位置算出来的。如果用户本身也在运动，则这个多普勒频移便要发生变化，其大小和正负取决于用户运动的速度与方向。根据这个变化，用户便可以算出自己的三维运动速度，这就是 GPS 测速的基本原理。另一种求解用户速度的方法是，知道用户在不同时间的准确三维位置，用三维位置的差除以所经过的时间，求解用户的三维运动速度。

综上所述，GPS 卫星导航系统可以给出用户准确的三维位置、三维速度和时间信息。另外，人们还在研究利用 GPS 载波相位进行高精度定位和姿态确定问题。利用载波相位测量技术，可使定位精度达到厘米级甚至毫米级。这方面原理已经取得突破，非实时应用已无问题，在测绘中还能用作动态测量，如 RTK，通过进一步努力，还可用于导航。用载波相位测量载体的航向与姿态角（俯仰与横滚）也可达到很高的精度。

7.1.4　航行体对导航定位系统的要求

导航的基本作用是为运载体航行服务，它所提供的服务应该满足航行所提出的特定要求。现代导航不仅要解决航行的目的性，更要解决航行的安全性、服务的连续性和有效性。为了便于国际和国内的顺利通航，要在全世界范围内使用一些具有规定性能的导航系统。导航系统的性能是由其信号特性和性能参数来描述的。一般说来，要衡量一个导航系统的优劣，必须考虑其精度、覆盖范围、信息更新率、可用性、可靠性、完善性、多值性、系统容量和导航信息的维数等参数。

1. 精度

导航系统的精度指系统为运载体所提供的位置与运载体当时的真实位置之间的重合度，常用导航误差的大小来衡量。受各种各样因素的影响，导航误差是一个随机变化的量，因此，常用统计的度量单位来描述，即用定位误差不超过一个数值的概率来描述。

有些导航系统只为运载体提供一维位置，如高度或方位，此时精度用 2σ 来描述，相当于 95% 的置信度。即每次测量结果有 95% 的可能性其误差小于等于这个 2σ 值。有些导航系统给出运载体的二维位置，常常是水平位置，此时精度用 $2D_{rma}$ 来描述，D_{rma} 是距离误差均方根值的缩写。二维导航系统的误差分布是一个椭圆，椭圆的椭圆度影响着 $2D_{rma}$ 与置信度之间的关系。如果椭圆是很扁的,即向一条线收束,那么$2D_{rma}$的置信度趋于95 %,就是一维的情况。如果椭圆非常接近于圆,则置信度趋于98% 。在军事上常不使用$2D_{rma}$而用圆概率误差(CEP)来描述水平定位精度。CEP 是一个以运载体真实位置为圆心的圆的半径,在所有可能的导航定位值中,有50% 落在这个圆内,即相当于50% 的置信度。一般来说,$2D_{rma}$值等于 CEP 值的2.5 倍左右。

此外,衡量导航系统精度的方法还有预测精度、重复精度和相对精度。预测精度是导航测量结果相对于地图上标出的位置的精度,重复精度是指用户回到从前曾用同一导航系统测定过的位置的精度,相对精度指用户测量出的位置相对于另一个同时用同一导航系统测量出的位置的精度。

2. 可用性与可靠性

导航系统的可用性是指它为运载体提供可用的导航服务的时间的百分比。导航系统的可靠性是系统在给定的使用条件下,在规定的时间内,以规定的性能完成其功能的概率,可靠性的主要标志是系统发生故障的频度和平均无故障工作时间。在导航中还有信号可用性的提法,信号可用性指从导航台发射的导航信号可以使用的时间的百分比,它与发射台及电波传播环境有关。

3. 覆盖范围

覆盖范围指的是一个面积或立体空间,在这一范围内,导航信号足以使导航设备或操纵人员以规定的精度定出载体的位置。覆盖范围受到系统几何关系、发射信号功率电平、接收机灵敏度、大气噪声条件,以及其他影响信号可用性等因素的影响。

4. 导航信息更新率

导航信息更新率是指导航系统在单位时间内提供定位或其他导航数据的次数。对更新率的要求与运载体的航行速度和所执行的任务有关系。例如对于飞行器来说,如果导航信息更新率不够,在两次为飞行员提供定位数据之间的时间内,飞行器当前位置与上一次的指示位置有可能相差很远,这就会使导航系统服务的实际精度大打折扣。另外,现代飞行器常常依靠自动驾驶仪以实现自动化,因此,导航系统必须能与自动驾驶仪交联工作,自动驾驶仪要求导航系统输入的导航信息应具有与飞行器本身的航行条件和飞行操作相当的更新率,才能精确和平稳地操纵和控制飞行器。

5. 导航信息多值性

有些导航系统为运载体给出的位置信息可能有多种解释或位置指示发生了重复,这便产生了多值性问题。当然运载体实际只能处在其中某一个位置上,不可能同时在几个位置上。为了认定其中确实的一个,必须采用辅助手段。因此一旦存在多值性时,具有解决多值性的手段也是对导航系统的要求之一。

6. 系统容量

系统容量是导航系统提供导航服务的用户数量的多少,导航要求能在其覆盖区内同时为所有需要导航服务的用户提供服务。导航系统的容量通常由系统的工作方式决定。有些导航系统的工作方式是导航台发射信号,运载体上只需载有导航接收机,因此,无论有多少运载体都没有关系,即可以为无限多的用户提供导航服务。这种用户设备由于工作时不发射信号,称作无源工作。有些导航系统则不然,一个导航台只能与数目有限的用户设备配合工作,即系统只能为有限数量的运载体服务。

7. 系统完善性

完善性指的是当导航系统发生任何故障或误差变得超出了允许的范围时,系统发出及时报警的能力,这显然是必要的。例如,飞机向跑道下滑的阶段,如果导航系统发生了故障或误差超过了允许的范围而驾驶员未及时发觉,而继续按导航系统的指示飞行,便有可能使飞机偏离或滑出跑道甚至撞到地上,酿成事故。

8. 导航信息的维数

导航信息维数指的是导航系统为用户所提供的是一维、二维还是三维的运动状态信息。导航系统从导航信号中导出的第四维,如时间信息和其他信息也属于这个参数。

7.2　GPS 系统

7.2.1　GPS 的建立

1957 年 10 月 4 日,苏联发射了人类历史上第一颗人造地球卫星,美国约翰·霍普金斯大学应用物理实验室的研究人员通过对这颗卫星用无线电方法跟踪观察,发现了所测得的电波信号的多普勒频移曲线与卫星运动之间存在着一一对应的关系。这意味着,置于地面已知位置的接收站,只要能够测得卫星通过其视野期间的多普勒频移曲线,就可以确定卫星运行的轨道。反之,若卫星轨道(位置)已知,那么,根据接收站测得的多普勒频移曲线,也能确定接收站的地理位置。这便是世界上第一个投入运行的美国海军导航卫星系统(NNSS),亦称子午仪(Transit)系统的理论基础。

子午仪系统于 1964 年建成并投入使用,并于 1967 年对全球民用开放。其主要贡献在于:它开辟了世界卫星导航的历史,回答了远的作用距离和高的定位精度统一的可行性问题。但是,由于覆盖上存在着时间间隙,使用户得不到连续定位,平均每1.5h,最长8h～12h定位一次,而且由于采用单星、低轨、低频多点测量多普勒频移的测速体制,使每次定位时间较长,从几分钟至十几分钟不等,加之定位精度不尽人意,因此,其应用受到了极大的限制。为了实现全天候、全球性和高精度的连续实时导航与定位,促使人们寻找新的更理想的卫星导航系统。GPS正是在这种背景下应运而生的。

1967年—1969年期间,美国国防部着手建立陆、海、空三军使用的新型全球导航卫星系统。美国海军启动了定时/导航卫星系统(TIMATION)计划,提出了用伪码测距来代替多普勒测速的构想,并用铯原子钟成功代替石英钟,分别于1967年、1969年和1974年相继发射了3颗中高轨道TIMATION卫星,1977年又发射了两颗导航技术卫星NTS-2和NTS-3。后者就是GPS系统的第一颗卫星,星钟使用铯钟,GPS系统时标准是美国海军天文台的铯原子频标组。海军还在NOVA卫星上试验了伪码测距技术,取得了相同的定位精度,并将时间同步精度提高到微秒量级。

与此同时,美国空军也开始了代号为621B的卫星导航系统试验,先发射一颗"静止"卫星,再发射3颗或4颗具有一定轨道倾角的准同步轨道卫星,试验获得成功。后来,美国国防部综合了两军对导航定位的要求,吸取TIMATION和621B的优点,于1973年决定联合开发NAVSTAR/GPS(NAVigation Satellite for Timing And Ranging/Global Positioning System)系统,定义它为一种全天候、空基导航系统,能满足陆、海、空三军的需要以精确连续地确定部队在地球或近地空间的位置、速度和时间。

GPS系统的建设分3个阶段实施:第一阶段是系统原理、方案研究阶段(1973—1979);第二阶段是工程开发和系统试验阶段(1979—1983);第三阶段是系统生产、部署和应用研究阶段(1983—1987)。原计划整个系统于1987年建成,由于经费等原因,将计划推迟了6年左右。原计划由3条倾角为63°圆轨道上的24颗卫星组成,在经费缩减下曾将计划改变为6条轨道18颗卫星组成,由于不能提供满意覆盖,1986年又改为21颗卫星的优化星座组合,最后在1993年采用了6条倾角为55°圆轨道上的24颗卫星组成的实用星座,此外尚留有有源在轨备用卫星1颗～4颗。

到1993年7月,星座中已布满24颗GPS卫星(Block Ⅰ/Ⅱ/ⅡA)供导航使用,1993年12月8日,美国国防部正式宣布GPS具有初始运行能力。当24颗工作卫星(Block Ⅱ/ⅡA)在指定的轨道正常运行而且经过军事实践证实后,达到了全运行能力。1995年4月27日美国国防部宣布GPS达到全运行能力。

建成后的GPS能为陆地、海洋、航空和航天用户服务,能为上述各类用户提供精密的位置、速度、时间和姿态信息,实现全球性、全天候、连续性和实时性的导航、定位和定时功能。

7.2.2　GPS 组成

GPS 由以下三大部分组成：

空间段——GPS 卫星星座；

地面段——运行控制系统；

用户段——GPS 信号接收机。

1. 空间段

空间段由高度为约 20230 km 的 21 颗工作卫星和 3 颗在轨热备份卫星组成卫星星座。卫星分布在 6 个等间隔的、倾角为 55°的近圆轨道上，运行周期为718 min。GPS 卫星上包括控制卫星自身工作的遥测、跟踪、指令系统，电源系统和计算机，以及具有长期稳定度的原子钟，其误差为 1s/300 万年，同时卫星上还包括 L 波段双频发射机、S 波段接收机、伪随机码发生器及导航电文存储器。

卫星的主要任务是播发导航信号。目前卫星采用 3 种频率工作，即 f_1（1575.42MHz）和 f_2（1227.6MHz）用于导航定位，f_3（1381.05MHz）是 GPS 卫星的附加信号，发射能探测到大气中核爆炸的星载传感器信息。在卫星飞越地面控制部分上空时，接收由地面控制部分用 S 波段发送到卫星的导航电文和其他信息，并用 L 波段发送给地面用户，同时接收地面控制部分发送的卫星调度和控制命令，适时地改正运行偏差或启用备用时钟等。

卫星采用两种伪随机码对发射信息进行调制，一种是保密的精密码（P 码），它同时调制在 f_1 和 f_2 两个频率上，主要是向美国及其盟国的军事用户提供精密定位服务（PPS）；另一种是粗捕获码（C/A 码），仅调制在 f_1 频率上，向全世界民用用户提供标准定位服务（SPS）。卫星发播的导航电文包括卫星星历、时钟偏差校正参数、信号传播延迟参数、卫星状态信息、时间同步信息和全部卫星的概略星历。导航电文通过两种伪随机码的扩频调制后发射给用户，用户通过对导航电文的解码，可以得到以上各参数，用于定位计算。GPS 的星历数据和用户定位数据都采用 WGS84 全球测地坐标系统。

GPS 卫星分为 Block-Ⅰ和 Block-Ⅱ两类，共有 5 个型号，1978 年—1985年总共发射了 11 颗 Block-Ⅰ卫星，轨道倾角 63°，卫星高度 20183km，其中除1981 年一次发射失败外，其余都成功发射，平均实际使用寿命 7.5 年。从Block-Ⅱ卫星开始其轨道倾角为 55°，发射信号加密，星上存储数据及自治工作能力为两星期，设计寿命为 7.5 年，轨道高度为 20230km。目前，GPS 实际上已有 30 颗卫星在工作，用户的可见卫星数比上述还应增加。表 7-1 给出了2006 年 12 月的 GPS 星座。

表 7 - 1　2006 年 12 月 的 GPS 星座

发射序号	PRN 号	发射时间	轨道位置
Block - Ⅱ卫星			
12	14	1989 - 02 - 14	E1
13	02	1989 - 06 - 10	B3
14	16	1989 - 08 - 17	E3
15	19	1989 - 10 - 21	A4
16	17	1989 - 12 - 11	D3
17	18	1990 - 01 - 24	F3
18	20	1990 - 03 - 25	B2
19	21	1990 - 08 - 02	E2
20	15	1990 - 10 - 10	D2
Block - ⅡA 卫星			
21	23	1990 - 07 - 03	D1
22	24	1990 - 11 - 26	E4
23	25	1992 - 02 - 23	A2
24	28	1992 - 04 - 09	C2
25	26	1992 - 07 - 07	F2
26	27	1992 - 10 - 09	A3
27	32	1992 - 11 - 22	F1
28	29	1992 - 12 - 18	F4
29	22	1993 - 02 - 02	B1
30	31	1993 - 03 - 20	C3
31	07	1993 - 05 - 13	C4
32	09	1993 - 06 - 26	A1
33	05	1993 - 08 - 30	B4
34	04	1993 - 10 - 26	D4
35	06	1994 - 03 - 10	C1
36	03	1996 - 03 - 28	C2
37	10	1996 - 07 - 16	E3
38	30	1996 - 09 - 12	B2
39	08	1997 - 11 - 06	A3

（续）

发射序号	PRN 号	发射时间	轨道位置
Block – Ⅱ R 卫星			
40	13	1997 – 07 – 23	F3
41	11	1999 – 10 – 07	D2
42	20	2000 – 05 – 11	E1
43	28	2000 – 07 – 16	B3
44	14	2000 – 11 – 10	F1
45	18	2001 – 01 – 30	E4
46	16	2003 – 01 – 29	B1
47	21	2003 – 03 – 31	D3
48	22	2003 – 12 – 21	E2
49	19	2004 – 03 – 20	C3
50	23	2004 – 06 – 23	F4
51	02	2004 – 11 – 06	D1
Block – Ⅱ M 卫星			
52	17	2005 – 09 – 26	C4
53	31	2006 – 09 – 25	A2
54	12	2006 – 11 – 17	B4

2. 地面段

地面段由 1 个主控站、3 个注入站和 5 个监测站组成。主要任务是跟踪所有的卫星,进行轨道和时钟的测定、预测修正模型参数、同步卫星时间、向卫星加载导航电文等。

主控站设在美国本土科罗拉多,主要任务是收集和处理本站和各监测站的跟踪测量数据,计算卫星的轨道和钟参数,将预测的卫星星历、钟差、状态数据和大气传播改正参数,并将这些数据编制成导航电文传送到 3 个注入站,以便最终向卫星加载数据。主控站还负责纠正卫星的轨道偏离,必要时调度卫星,让备用卫星取代失效的工作卫星。另外,还负责检测整个地面系统的工作,检验注入给卫星的导航电文,监测卫星是否将导航电文发送给了用户。

5 个监测站分别设在科罗拉多的斯普林斯、夏威夷、大西洋的阿森松岛、印度洋的迭戈加西亚岛、北太平洋马绍尔群岛的夸贾林环礁。监测站配有精密的铯钟和伪距测量接收机,主要任务是为主控站提供卫星的测量数据。在主控站的遥控下,每隔 1.5s 进行一次伪距测量,利用电离层和气象数据,每 15min 进行一次数据平滑,然后发送给主控站。

3个注入站分别与设在阿森松、迭戈加西亚和夸贾林的监测站共置。主要任务是将主控站发送来的导航电文用S波段射频链上行注入到相应的卫星上。上行注入每天1次或2次,每次注入14天的星历。如果某地面站发生故障,那么,在各卫星中预存的导航信息还可用一段时间,但导航精度却会逐渐降低。此外,注入站自动向主控站发射信号,每分钟报告一次自己的工作状态。

3. 用户段

用户段主要是各种类型的GPS接收机。接收机通常由天线单元和接收单元两部分组成。接收机的主要功能是接收卫星发播的信号,并利用本机产生的伪随机码取得距离观测值和导航电文,根据导航电文提供的卫星位置和钟差改正信息,计算接收机的位置。用户接收机有许多种类型,按使用环境可以分为低动态接收机和高动态接收机,按所使用的信号种类和精度可分为单频粗捕获码(C/A码)接收机和双频精码(P码)接收机,按用途可分为测量型、授时型、导航型和姿态接收机,导航型接收机按载体形式又可分为机载式、弹载式、星载式、舰载式、车载式、手持式等。

7.2.3　导航信号结构

用户接收机从导航信号的时间标记上提取传播延时,得到距离信息;从导航信号载波的多普勒频移提取出速度信息。星历、时钟及大气校正参量、时间标记等则由卫星发出的数字调制信号传送给用户。因此,掌握GPS的信号结构显得异常重要。

1. 信号组成

在GPS中将信息进行编码之后,利用数字调制方式进行发送。考虑到保密通信和提高抗干扰能力,采用直接序列扩频,在L波段的载频进行相移键控(BPSK),然后由卫星天线发射。卫星上采用稳定的度为10^{-13}的原子钟,经频率合成器得到$f_0 = 10.23\text{MHz}$的基准频率,经倍频产生的两个载波L_1和L_2,具体频率为

$$f_1 = 154 \cdot f_0 = 154 \cdot 10.23 = 1575.42 \quad \text{(MHz)}$$

$$f_2 = 120 \cdot f_0 = 120 \cdot 10.23 = 1227.6 \quad \text{(MHz)} \qquad (7-4)$$

使用两个载频,是为了对电离层产生的附加延时进行双频校正。对于BPSK波形如图7-2所示,信号的组成如表7-2所列。

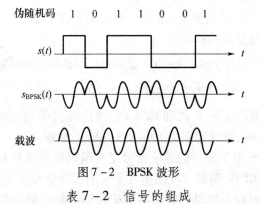

伪随机码　1　0　1　1　0　0　1

图 7 - 2　BPSK 波形

表 7 - 2　信号的组成

信号成分	频率(速率)
基准频率/MHz	$f_0 = 10.23$
f_1/MHz	$154 \cdot f_0 = 1575.42$(波长约为 19.0cm)
f_2/MHz	$120 \cdot f_0 = 1227.6$(波长约为 24.4cm)
P 码(精码)	10.23Mb/s
C/A(粗获码)	1.023Mb/s
导航电文	50b/s

C/A 码和 P 码是两个伪随机噪声(PRN)序列。粗获码(C/A 码)是一种短码,每个码元周期为 $T_{C/A} = \dfrac{1}{1.023} \times 10^{-6}$ s,对应光传输距离约为 300 m,C/A 码序列周期为 1ms,每个卫星分配不同的 C/A 码。精码(P 码)是一种长码,每个码元周期 $T_P = \dfrac{1}{10.23} \times 10^{-6}$ s,对应光传输距离约为 30 m,P 码序列周期约为 266.4 天,对这 266.4 天又分成许多段,每段长为 1 个星期,分配到 1 颗特定的卫星。

C/A 码和 P 码的作用相当于测距中的定时信号,又作为扩频的 PRN,经过接收机解扩后用户就可得到导航电文和卫星星历等参数。表 7 - 3 比较了 C/A 码和 P 码的特性。

表 7 - 3　C/A 码和 P 码的特性

信号成分	C/A 码	P 码
载波频率/MHz	1575.42	1227.60 或 1575.42
码元速率/Mb/s	1.023	10.23
码长/bit	1023	约 6×10^{12}(=7d)
码发生器	2 个 10 级移位寄存器	4 个 12 级移位寄存器

P 码调制在 L_1 和 L_2 载波上,而 C/A 码仅调制在 L_1 载波上且与 P 码相位相差 $90°$,则 GPS 卫星发射的信号为

$$L_1(t) = A_C C(t) D(t) \sin(2\pi f_1 t + \varphi_C) + A_P P(t) D(t) \cos(2\pi f_1 t + \varphi_{P1})$$
$$L_2(t) = A_P P(t) D(t) \cos(2\pi f_2 t + \varphi_{P2}) \qquad (7-5)$$

式中:$P(t)$、$C(t)$ 为产生的 P 码和 C/A 码,由伪随机序列构成;$D(t)$ 为导航数据,码元宽度为 20ms,码元速率为 50b/s;A_C、A_P 为振幅。

这样看来,GPS 卫星发射的导航信号是将编码脉冲信号先经伪随机码扩频后,再对载频进行 BPSK 调制形成的信号。采用这种信号格式,不仅提高了系统导航定位的精度,并使系统具有极高的抗干扰能力和极强的保密性。其关键在于用了伪随机码扩频,为此,这里先对伪随机码作一简介。

2. m 序列

m 序列是最长线性反馈移位寄存器序列的简称,它是由带线性反馈的移位寄存器产生的周期最长的一种序列。为了掌握其工作原理,首先给出一个关于 m 序列的例子,如图 7-3 所示。

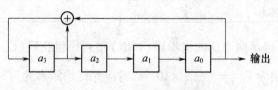

图 7-3 m 序列产生器

在图 7-3 中给出了一个 4 级反馈移位寄存器,若其初始状态为 $(a_3, a_2, a_1, a_0) = (1,0,0,0)$,则在移位一次时,由 a_3 和 a_0 模 2 相加产生新的输入 $a_4 = 1 \oplus 0 = 1$,则新的状态变为 $(a_4, a_3, a_2, a_1) = (1,1,0,0)$,这样移位 15 次后又回到初始状态 $(1,0,0,0)$,具体输出情况如表 7-4 所列。

不难看出,若初始状态为全"0",即 $(0,0,0,0)$,则移位后得到的仍为全"0"状态。这就意味着在这种反馈移位寄存器中应避免出现全"0"状态,不然移位寄存器的状态将不会改变。由于 4 级移位寄存器共有 $2^4 = 16$ 种可能的不同状态,除全"0"状态外,只剩 15 种状态可用,即由任何 4 级反馈移位寄存器产生的序列的周期最长为 15。

通常,应用时希望用尽可能少的级数产生尽可能长的序列。由上例可见,一个 n 级反馈移位寄存器可能产生的最长周期等于 $(2^n - 1)$,因此,反馈电路如何连接才能使移位寄存器产生的序列最长,这就是本节后面将要讨论的主题。

表7-4　各次移位后移位寄存器的状态

序号	1	2	3	4	5	6	7	8	9	10	11	12	13	14	15	16	⋯
a_3	1	1	1	1	0	1	0	1	1	0	0	1	0	0	0	1	⋯
a_2	0	1	1	1	1	0	1	0	1	1	0	0	1	0	0	0	⋯
a_1	0	0	1	1	1	1	0	1	0	1	1	0	0	1	0	0	⋯
a_0	0	0	0	1	1	1	1	0	1	0	1	1	0	0	1	0	⋯

在图7-4中给出了一个线性反馈移位寄存器组成的通用结构。反馈线的连接状态用c_i表示,$c_i = 1$表示此线接通(参加反馈),$c_i = 0$表示此线断开。可以看到反馈线的连接状态不同,就可能改变此移位寄存器输出序列的周期p。

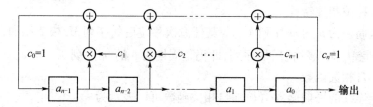

图7-4　线性反馈移位寄存器

根据出现的位置不同,可以列出下列方程

$$f(x) = c_0 + c_1 x + c_2 x^2 + \cdots + c_n x^n = \sum_{i=0}^{n} c_i x^i \qquad (7-6)$$

式(7-6)被称为特征方程(或特征多项式)。式中系数c_i取1或0;x^i仅指明c_i所在的位置,其本身的取值并无实际意义,也不需要去计算x的值。例如,若特征方程为

$$f(x) = 1 + x + x^4 \qquad (7-7)$$

则它仅表示x^0, x^1和x^4的系数$c_0 = c_1 = c_4 = 1$,其余的c_i为0($c_2 = c_3 = 0$)。按这一特征方程构成的反馈移位寄存器就是图7-4所示的。

可以证明,一个n级线性反馈移位寄存器的相继状态是具有周期性的,其周期最大值为$2^n - 1$,当然要产生这个最大周期($p = 2^n - 1$)序列的充要条件,就是线性反馈移位寄存器的特征多项式$f(x)$为本原多项式。对于n次本原多项式$f(x)$,它需要满足的条件如下:

(1) $f(x)$为既约的多项式,即不能分解因子的多项式;

(2) $f(x)$能够被($x^p + 1$)整除,其中$p = 2^n - 1$;

(3) 但$f(x)$不能被($x^q + 1$)整除,其中$q < p$。

3. m 序列的性质

（1）均衡特性

在 m 序列的一周期中，"1"和"0"的数目基本相等。准确地说，"1"的个数比"0"的个数多一个，这种特性被称为 m 序列的均衡特性。

（2）游程分布

在一个序列当中，取值相同的那些相继的（连在一起的）元素合称为一个游程。一般说来，在 m 序列中，长度为 1 的游程占游程总数的 1/2；长度为 2 的游程占游程总数的 1/4；长度为 3 的占 1/8；…，依次规律向后递推。可以证明，长度为 k 的游程数目占游程总数的 2^{-k}，其中 $1 \leqslant k \leqslant (n-1)$；而且当 $1 \leqslant k \leqslant (n-2)$ 时，在长度为 k 的游程中，连"1"的游程和连"0"的游程各占 1/2。

（3）移位相加特性

一个周期为 p 的 m 序列 M_p，与其任意次移位后的序列 M_r 模 2 相加，所得序列 M_s 必是 M_p 某次移位后的序列，即仍是周期为 p 的 m 序列。

（4）自相关函数

对于连续的周期函数 $s(t)$ 的自相关函数可以表示为

$$R(\tau) = \frac{1}{T} \int_{\frac{T}{2}}^{\frac{T}{2}} s(t)s(t+\tau) \mathrm{d}t \tag{7-8}$$

对于用"0"和"1"表示二进数序列来讲，根据其编码理论可以证明，其自相关函数的计算公式如下

$$R(j) = \frac{A-D}{A+D} = \frac{A-D}{p} \tag{7-9}$$

式中：A 为该序列与其 j 次移位序列在一个周期中对应元素相同的数目；D 为该序列与其 j 次移位序列在一个周期中对应元素不同的数目；p 为该序列的周期。

计算结果表明，$R(\tau)$ 曲线是由 $R(j)$ 各点连成的折线，如图 7-5 所示。

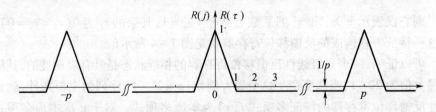

图 7-5　m 序列的自相关函数

4. C/A 码和 P 码的产生

在 GPS 系统中，利用 m 序列（伪码）具有良好的相关特性，能拒收不需要的

卫星信号,并分开需要同时接收的不同卫星的信号。可给不同的卫星指配不同结构的伪码,当接收某颗卫星信号时,用户只要把这颗卫星设置指配的伪码作为本地的跟踪伪码,则对这颗卫星的信号进行跟踪时,相关函数值为1,而对别的卫星信号,其相关函数值为极小。GPS系统中使用了两种伪随机码,一种是用于分址、搜捕卫星信号、粗测距、且具有一定抗干扰能力的粗获码,称C/A码;另一种是用于分址、精密测距、具有更强抗干扰能力的精码,称P码。C/A码发生器是由两组10级移位寄存器构成,码长为$2^r - 1 = 1023\text{bit}$,码发生器的时钟频率为$f_0/10 = 1.023\text{MHz}$,所以C/A码的码率为1.023MHz,周期为1ms。

C/A码是两个m序列G_1和G_2经模2相加(即波形相乘)得到的乘积码,亦称Gold序列,可表示为

$$C/A_i(t) = G_1(t) \cdot G_2(t + n_i t_0) \qquad (7-10)$$

式中,$n_i = 1, 2, \cdots, (2^{10} - 1)$,$\dfrac{1}{t_0} = 1.023\text{MHz}$,两个$m$序列$G_1$和$G_2$的本原多项式为

$$G_1(x) = 1 + x^3 + x^{10}$$
$$G_2(x) = 1 + x^2 + x^3 + x^6 + x^8 + x^9 + x^{10} \qquad (7-11)$$

因此,加上G_1和G_2本身,总共有1025个不同结构的C/A码对应于卫星,所以每颗卫星发射唯一的一组C/A码。P码的产生原理与C/A码相同,可以证明,一周期的码元数为

$$N = 235\ 469\ 592\ 765\ 000 \quad (\text{bit}) \qquad (7-12)$$

考虑到码元速率为$f = 10.23\text{MHz}$,则相应的周期为

$$T = \frac{N}{10.23 \times 10^6 \times 86400} = 266.4 \quad (\text{天}) \qquad (7-13)$$

由于P码的码元宽度为$0.098\mu s$,相当于距离29.3m,所以,若码元对准误差采用码元宽的$1/10 \sim 1/100$时,则测距误差约为$2.93\text{m} \sim 0.293\text{m}$,仅为C/A码的1/10。但是由于P码很长,不容易捕获,目前须利用C/A码进行捕获。

7.2.4　导航电文

利用GPS进行导航和定位时,必须知道GPS卫星的瞬间位置。通常得到GPS卫星轨道信息的方法有两种,其一称为导航电文信息,适用于标准定位服务SPS,导航电文是GPS卫星发射的广播电文,它包含卫星预报轨道信息;另一种轨道信息称为精密轨道信息,适用于精密定位服务PPS,它是由卫星跟踪台站根据实际卫星观测资料计算得来的。因为精密轨道信息是通过实测值事后处理得

到的,要想得到这种信息需要一定的时间,但这种信息定位精度高。

广播轨道信息主要根据解析轨道时刻之前的卫星观测资料,通过求解卫星轨道方程得到未来卫星的轨道参数。所以,这种轨道信息可在进行 GPS 卫星观测时实时得到,这也就是广大用户在导航定位中接收卫星信号所得到的导航电文。因为是通过以前卫星跟踪资料预报得到的轨道信息,所以随时间的推移,预报轨道会偏离实际轨道,导航和定位的精度较低。

导航电文是卫星以二进制码的形式发送给用户的导航定位数据,故又称为数据码,或 D 码。它包括的内容主要有卫星星历、卫星钟校正、电离层延迟校正、工作状态信息和 C/A 码转换到捕获 P 码的信息、全部卫星的概略星历。

总电文由 1500bit 组成,分为 5 个子帧,每个子帧在 6s 内发射 10 个字,每个字 30 bit,共计 300 bit,每个字的发射时间为 0.6s。每个子帧均以遥测字 TLM 打头,后跟一个转换字 HOW,之后分别传送的是数据,具体帧结构如图 7-6 所示。

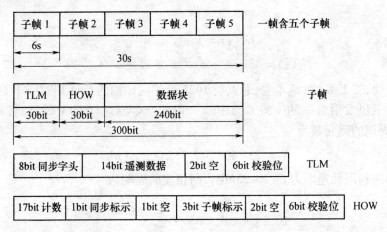

图 7-6　导航电文帧结构

子帧 1 数据块部分包含有卫星时钟校正参量,时钟基准时间、时钟校正参量的老化度、卫星钟校正量所对应的时刻等与时间相关的参数。子帧 2、子帧 3 的数据块部分含有卫星星历或轨道参数等。子帧 5 的数据块中含有 24 颗卫星的信息,有历书的基准时间、粗略的星历和卫星钟修正量,以及卫星标识和卫星健康状态等,由于每颗卫星的数据需占用一个子帧,所以 24 颗星需 24 个子帧才能把数据送完,这样,全部 24 颗卫星的历书以 25 帧为一周期,共计需 12.5 min 才能将各星的历书数据发送完。第 4 子帧除了 TLM 和 HOW 字以外,其余空着以便备用。

7.2.5　伪随机码测距

无线电测距的基本原理,就是测定电磁波传播时间,也就是信号的传播延迟 τ,从而得到距离观测量

$$\rho = c \cdot \tau \tag{7-14}$$

式中:c 为电磁波传播速度。

测距所使用的信号可以是窄脉冲信号,也可以是周期信号。当所测距离很长时需要较大的信号功率,才能进行有效的检测。根据信号检测理论,在噪声为具有均匀功率谱的白噪声条件下,测距的最佳接收机是相关接收机。这种接收机首先由本机产生与发射信号相同的复制信号,然后使用该信号与所接收机的信号和噪声之和进行相关计算,最后,通过测量相关函数最大值的位置来确定目标的距离,而这种方法也正是伪随机码测距技术的理论基础。

图 7-7 是伪随机码测距原理图。由卫星时钟控制的伪随机码 $x_s(t)$,从卫星天线发播,经传播延迟 τ 到达接收机。接收机于 t 时刻接收到的卫星信号为 $x_s(t-\tau)$。由接收机时钟控制的本地码发生器产生一个与卫星伪随机码相同的本地码 $x(t+\delta t)$,δt 为接收机时钟与卫星时钟的钟差。经码移位电路将本地码移位 τ',得到 $x(t+\delta t-\tau')$,将其送至相关器与所接收到的卫星信号 $x_s(t-\tau)$ 进行相关运算,经积分器可得相关输出

$$R(\Delta\tau) = \int x_s(t-\tau) \cdot x(t+\delta t-\tau') \mathrm{d}t \tag{7-15}$$

式中,$\Delta\tau = \delta t - \tau' + \tau$。

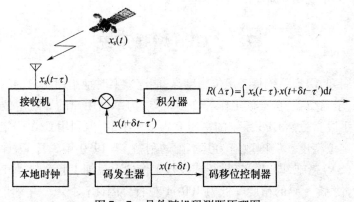

图 7-7　是伪随机码测距原理图

如果调整本地码延迟 τ',使相关输出达到最大值,根据伪随机码的自相关特性,可知

$$\Delta\tau = nT \quad (n = 1,2,3,\cdots) \tag{7-16}$$

则

$$\tau' = \tau + \delta t - nT \quad (n = 1,2,3,\cdots) \tag{7-17}$$

式中：T 为伪随机码的周期；n 为整周期数；τ' 为所测定的本地码延迟。

因此，当测得本地码延迟 τ' 后，即可得

$$\rho' = \rho + c\delta t - n\lambda \quad (n = 1,2,3,\cdots) \tag{7-18}$$

式中：ρ' 为所测定的距离观测值；ρ 为卫星信号传播的真实距离；λ 为伪随机码的波长。

式(7-18)为伪随机码测距的基本方程，其中，$n\lambda$ 称为测距模糊度。在使用单一周期信号测距时，如果信号波长小于所测距离，则存在模糊度问题。用 GPS 的 P 码测距时，由于其波长远大于所测距离，此时 $n=0$，则

$$\rho' = \rho + c\delta t \tag{7-19}$$

称为无模糊测距。利用 C/A 码测距，其波长 $\lambda = 300\text{km}$，只要知道卫星至接收机的概略距离精确至 300km，即可确定 n 值，此时也就没有模糊度问题。

由式(7-19)可知，由于存在接收机时钟与卫星时钟的钟差 δt，使所测定的距离 ρ' 不等于卫星至接收机间信号传播距离，因此，这个距离被称为伪距离观测值。若能精确求出接收机时钟和卫星时钟相对 GPS 基准时的钟差 δt，即求得并予以修正，则可由 ρ' 求得 ρ。实际上，卫星时钟钟差在导航电文中已给出，而接收机时钟钟差不知道，在定位解算中常作为一个待定参数。因此，观测伪距定位，需至少同步观测 4 颗 GPS 的伪距。

7.3　GPS 增强系统

众所周知，GPS 系统具有定位精度高，能连续实时地给出用户的三维位置和速度数据，全球覆盖，全天候工作等许多特点，为军民用户的导航定位提供了非常方便的手段。虽然 GPS 系统的军用 P 码是保密的，但利用 C/A 码定位也可获得很高的定位精度。美国政府为其本国的利益，于 1990 年 3 月 17 日采用了选择可用性(SA)措施，即对第二批正式投入工作的卫星加上频率抖动和卫星星历数据偏量，使 C/A 码的精度降低为 100 m 左右。因此，对于一些要求更高的应用场合，精度就显得不够了，所以，进一步提高 GPS 的精度，对军事和民用来说都具有重大的意义。为此，自 SA 宣布之后，世界各国的 GPS 用户为解决高精度定位问题，非常重视差分 GPS 技术的研究。

7.3.1 差分 GPS 技术

差分 GPS 技术(DGPS)很早就被人们所应用,它实际上是在一个测站对两个目标的观测量,两个测站对一个目标的观测量或一个测站对一个目标的两次观测量之间进行求差,其目的在于消除公共项,包括公共误差参数。

1. GPS 定位误差

GPS 定位误差可分为以下三大类:

(1) 对每一个用户接收机所公有的定位误差,即卫星钟误差、星历误差、电离层误差和对流层误差。

(2) 不能由用户测量或由校正模型来计算的传播延迟误差。

(3) 各用户接收机所固有的误差,即内部噪声、通道延迟和多路径效应。

利用差分技术,第一类误差可完全消除,第二类误差大部分可消除,当然这还要取决于基准接收机和用户接收机的距离,第三类误差则无法消除。

2. DGPS 处理方式分类

根据差分 GPS(DGPS)技术测量数据处理方式不同,可以分成以下列两类:

(1) 实时 DGPS 测量。站际之间实施 DGPS 数据的传输,以确保动态用户在航行过程中,实时处理差分数据,不断解算出用户的实时的三维坐标。

(2) 后处理 DGPS 测量。站际之间不进行 DGPS 数据传输,而是在 DGPS 测量之后,对动态接收机和基准接收机的 GPS 观测数据进行联合解算,求得动态用户在各个时元的三维坐标。例如,GPS 航空摄影测量技术就是采用后处理 DGPS 测量。

3. DGPS 数据的不同分类

根据基准站所提供的 DGPS 数据不同,可以分为以下几种类型:

(1) 位置差分。参考站向动态用户站发送的 DGPS 数据是位置校正值,以此改正动态用户站所解算出的三维位置。

(2) 伪距差分。参考站向动态用户站发送的 DGPS 的数据是伪距校正值,以此改正动态用户站所测得的伪距,进而解算出动态用户站的三维位置。

(3) 载波相位差分。参考站向动态用户站发送的是 DGPS 数据是载波相位测量校正值,以此改正动态用户站所测得的载波滞后相位,进而解算出动态用户站的三维位置。这种差分技术,定位精度高,但信息处理量大,实时性较差,多用于测绘行业,其动态测量模式被称为 RTK。

虽然上述 3 种差分工作原理相同,但由于所发送的校正信息不同,因此,差分定位精度也不同,其中载波相位差分精度最高,伪距差分次之,位置差分最差。本章仅对伪距差分和位置差分的原理,以及相应的系统进行介绍。

7.3.2 位置差分

从系统的构成和原理上讲,位置差分都是最简单的一种差分方式。安装在参考站上的 GPS 接收机观测 4 颗卫星后便可进行三维定位,解算出参考站的坐标。由于存在着轨道误差、时钟误差、SA 影响、大气影响、多路径效应以及其他误差,解算出的坐标与参考站的已知坐标是不一样的,其误差为

$$\begin{cases} \Delta x = x' - x_0 \\ \Delta y = y' - y_0 \\ \Delta z = z' - z_0 \end{cases} \qquad (7-20)$$

式中:x', y', z' 为 GPS 实测的坐标;x_0, y_0, z_0 为采用其他方法求得的参考站精确坐标;$\Delta x, \Delta y, \Delta z$ 为坐标修正量。

参考站利用数据链将此修正量发送出去,由用户站接收并对其解算的用户站坐标进行修正,即

$$\begin{cases} x_u = x'_u - \Delta x \\ y_u = y'_u - \Delta y \\ z_u = z'_u - \Delta z \end{cases} \qquad (7-21)$$

从式(7-21)可以看到:

(1) 当作位置差分测量时,参考站只需向动态用户发送 3 个 DGPS 数据($\Delta x, \Delta y, \Delta z$),易于实施 DGPS 数据传输。

(2) 精度分析表明,参考站和动态接收机,必须观测同一组在视 GPS 卫星,才能够高精度地测得动态用户三维坐标,否则,达不到 DGPS 测量提高定位精度的目的。

(3) 当参考站和动态接收机之间的距离(简称为 DGPS 站间距离)在 100km 以内时,位置 DGPS 测量能够显著地提高动态用户的位置测量精度。随着 DGPS 站间距离的加长,动态用户的位置测量精度,将随之而降低。

7.3.3 伪距差分

伪距差分是目前用途最广的一种差分技术,几乎所有的商用差分 GPS 接收机均采用这种技术,RTCM 和 RTCA 均推荐伪距差分。

其具体原理如下:在参考站上的接收机要求能够得到它至可见卫星的距离,并将此计算出的距离与含有误差的测量值加以比较,利用一个 $\alpha—\beta$ 滤波器将此差值滤波并求出其偏差。然后将所有卫星的测距误差传输给用户,用户利用此测距误差来修正测量的伪距。最后,用户利用修正后的伪距求解出本身的位置。

基准站的 GPS 接收机测量出全部卫星的伪距 ρ_i 和收集全部卫星的星历文

件,利用已采集的轨道根数可计算出各个卫星的地球坐标$(x_{s_i}, y_{s_i}, z_{s_i})$,同时,可采用各种方法精确求出基准站的地球坐标$(x_a, y_a, z_a)$。这样,利用每一时刻计算的卫星地球坐标和基准站的已知地球坐标反求出每一时刻到卫星基准站的真距R_i。设参考站的地球坐标为(x_a, y_a, z_a),参考站到卫星s_i的真实距离为

$$\sqrt{(x_{s_i} - x_a)^2 + (y_{s_i} - y_a)^2 + (z_{s_i} - z_a)^2} = R_i \qquad (i = 1, 2, 3)$$

$$(7-22)$$

伪距修正量和它的变化率分别为

$$\Delta \rho_i = R_i - \rho_i$$
$$\Delta \dot{\rho_i} = \Delta \rho_i / \Delta T \qquad (7-23)$$

因而加给用户的修正量为

$$\Delta \rho_i^u = \Delta \rho_i + \frac{\Delta \rho_i}{\Delta T}(t - t_0) \qquad (7-24)$$

基准站将$\Delta \rho_i$和$\Delta \dot{\rho_i}$传送给用户台,用户台测量出伪距ρ_i^u,再加上以上的修正量,便求得经过改正的伪距,即

$$\rho_{i\text{corr}}^u = \rho_i^u + \Delta \rho_i + \frac{\Delta \rho_i}{\Delta T}(t - t_0) \qquad (7-25)$$

这种差分的优点在于:

(1)修正量是直接在 WGS84 坐标系上计算的,无需坐标变换,因而可保证精度。

(2)这种方法能提供伪距修正量及其变化率,可以精确地考虑时间延迟的影响。

(3)它能提供所有卫星的修正量,用户可选用任意 4 颗卫星定位。

与位置差分相似,伪距差分能将两站绝大部分公共误差消除,但随用户到参考站距离的增加,系统误差将增大。表 7-5 是差分 GPS 误差随用户至参考站距离变化的预算。

表 7-5 DGPS 误差预算

距离/km	0	30	150	300	600
卫星时钟误差/m	0	0	0	0	0
卫星星历误差/m	0	0.1	0.5	1.0	2.0
电离层效应/m	0	2.7	5.3	7.0	9.0
对流层效应/m	0	2.0	2.0	2.0	2.0
接收机噪声/m	1.0	1.0	1.0	1.0	1.0
UERE(RMS)	1.0	3.5	5.8	7.4	9.5

虽然表7-5中的数值代表了一种特殊工作环境下的结果,但其变化趋势足以说明某些误差被 DGPS 彻底消除了,另一些误差不受距离变化的影响,更多的误差随距离增大而增大。

7.3.4　局域和广域差分 GPS

1. 局域差分 GPS

局域差分 GPS 是在地球上已知点上设置一部 GPS 接收机,GPS 接收机有对该点的三维位置坐标指示值。因为 GPS 系统有误差,这个指示值与真实坐标值有差异。这个差异是因为对卫星的距离测量不准引起的,因此,可由这个差异反算出对各颗在 GPS 接收机视界内的卫星的测距误差。再把这些测距误差作为校正数据,并通过通信链路广播出去,附近的用户 GPS 接收机在接收 GPS 卫星信号的同时,从通信链路接收来自基准 GPS 接收机的误差数据,用来校正自己的 GPS 测量数据,从而达到提高自己的定位精度的目的。局域增强所依据的是在同一地区、同一时间内,GPS 缓慢变化的系统误差,这些误差包括卫星钟误差、星历误差、电离层延迟误差、对流层延迟误差和 SA,对定位精度的影响是相同或相近的,因此,经差分处理后会显著地消除它们,从而改善系统精度。

局域差分 GPS 有两种基本工作方式,一种是位置差分,另一种是伪距差分。局域差分 GPS 包括一个基准接收机、一个广播台,两者一起构成差分台。用户则有相应的广播信号接收机和 GPS 用户接收机。为了保证系统的完善性,差分台还要配置监视器,监视 GPS 卫星、基准接收机的工作和广播发射机的工作。这样一套系统通常也被称为局域扩展系统(LAAS)。

2. 广域差分 GPS

局域差分 GPS 只能覆盖不大的区域,如果整个陆上空域都要用局域扩展系统覆盖起来,这就是广域差分 GPS。广域增强系统是在大范围内比较稀疏地布设一些监测站,对 GPS 系统的误差、完善性和电离层延时进行监测,然后把监测结果借助数据通信网实时地传送到地面上的主站,主站利用这些数据对系统的各种误差因素进行解算,再把解算结果上传至专门设置的静地卫星,以通过卫星通信链路播发至这个大范围内的各用户,用户利用它对自己的解算数据进行修正,使大范围内都能达到飞机 I 类着陆所要求的精度。

广域增强广播卫星星历的误差矢量和速率误差矢量,因此,克服了局域增强只在小范围内起作用的缺点。不过电离层修正仍与用户所在的位置有关,为此要根据各基准站所收集到的电离层传播延迟数据,形成大范围内的修正数据格网图,这个图和星历误差矢量一起广播至用户。当然实际上这种广域增强不仅空用,其他海陆用户也可以利用。广域增强系统的静地卫星用与 GPS 相同的频率与扩频码播发信号给用户,因此,用户为利用广域增强信号,不需要另有一台差分修正信号接收机,基本上只要用原 GPS 接收机作一些软件修改即可,这就保证了广域增强系统的用户可接受性。

广域差分是伪距差分在空域上的扩展,旨在消除用户至参考站距离对差分工作的影响。广域差分 GPS 由一些主站、许多本地监测站和用户广播广域系统信号的地球静止(GEO)卫星组成。广域差分 GPS 各部分之间的信息流通关系可归纳如下:

(1)位置精确已知的本地监测站收集数据,其中包括对 GPS 卫星的观测量、对 GEO 卫星的观测量、大气观测量等,经合理性检验之后,由平面通信网传送至主站。

(2)主站将确定电离层校正值、卫星轨道、卫星矢量误差和卫星的完善性。在主站中这些导出数据还要与由本地监测站发来的数据一起经过独立的验证之后,才变为 WAAS 的广播电文,上行注入 GEO 卫星。

(3)GEO 卫星将广域系统电文广播给用户。

(4)用户利用所接收到的广域系统电文以提高其定位精度、完善性、可用性和连续性。

3. WAAS 系统

广域差分 GPS 不像局域差分那样,广播的是伪距误差这样的标量,而提供的是卫星实际星历与广播星历之间的矢量误差,即由三维位置误差和时间所组成的矢量,因此,差分效果不受用户距监测站距离的影响。但电离层传播修正量是随用户位置不同而不同的,为此 WAAS 系统把其覆盖区划成一个个方格,GEO 广播的是在格子节点上垂直方向的实时电离层传播修正量,而用户则要根据自己的位置选择适当的节点再乘以一定的倾斜系数以完成修正。

WAAS 系统的功能主要有以下 3 个:

(1)提高整个覆盖范围的定位精度,使之达到 7.6 cm (95%),即 I 类精密进近的要求。

(2)提高完善性,使对每次进近提供危险误导信息的概率降至 4×10^{-8},报警时间达 5.2 s。

(3)可用性提高到 0.999。

上述功能的实现是因为 WAAS 的 GEO 卫星也发射类似 GPS 的伪距测量信号,通常 GEO 卫星是几乎静止的,其效果相当于 3 颗 GPS 卫星。现在看来,WAAS 最主要的作用是提高完善性,包括在航路导航阶段的完善性。

WAAS 之所以用 GEO 卫星广播差分电文,原因之一是可以把其信号做得与 GPS 卫星相类似,这样用户不需要像局域差分时那样,还要有差分数据接收机,而只需对 GPS 接收机作最小的硬件修改,主要改软件即可同时接收 WAAS 与 GPS 信号,这就提高了 WAAS 的用户可接受性。

实现广域差分的方式有很多种,这不仅取决于工作空域大小,还与用户的性质有关,但基本上都包括了对主要误差源的附加修正。

FAA(联邦航空局)在其 1994 年的一项计划中列出,卫星导航系统将支持未来飞行安全性、有效性、增加机场和空域能力等一系列要求,正在着手推行 WAAS 和 LAAS(局域系统)方案。WAAS 用来改善 GPS SPS 信号的完善性、可用性和精度,通过卫星广播对飞机的基本 GPS SPS 修正信号,支持航路达到 Cat. I,实现所有飞行阶段的基本导航方式需求。

LAAS 也能改善 GPS SPS 信号的能力,支持 Cat. I 到 Cat. III 的精密进场,它的修正信号是通过在飞机视线内的地面参考站发布的,作用距离通常不超过 80km, 1995 年 FAA 完成了用 DGPS 进行 Cat. IIIb 自动着陆可行性的飞行测试,波音公司进行了它自己的类似试验,采用 B – 757 飞机和分别由 Collins/DASA、Honeywell/Pelorus1996 年 3 月在西安咸阳机场进行 Collins/DASA 的演示。

WAAS 是以 GPS 为基础的导航增强系统,它包括了 GEO、WRS(广域基准站)、WMS(广域主控站)和 GES(地面地球站),但具体的布置可能不同。

7.3.5 GPS 现代化

GPS 现代化的提法是 1999 年 1 月 25 日美国副总统以文告的形式发表的。文告只提出了几项民用 GPS 导航技术的改进和发展,但其整个 GPS 现代化实质是要加强 GPS 对美军现代化战争中的支撑和保持全球民用导航领域中的领导地位。随后美国军方和波音公司(GPS 系统主要制造商)发表的文章都阐明了它的内涵主要包括以下 3 个方面:

(1) 保护。即 GPS 现代化是为了更好地保护美方和友好方的使用,要发展军码和强化军码的保密性能,加强抗干扰能力。

(2) 阻止。即阻扰敌对方的使用,施加干扰,施加 SA, AS 等。

(3) 保持。即是保持在有威胁地区以外的民用用户有更精确、更安全的使用。

1. 军事部分

美国提出 GPS 现代化的基本目的是满足和适应 21 世纪美国国防现代化发展的需要,这是 GPS 现代化中第一位的,也是根本的。具体地说,GPS 现代化是为了更好地支持和保障军事行动。引用美军一名将领的原话:在军事行动的,或有危险的,或有威胁的环境下,要求 GPS 能对作战成员的战斗力提供更好的支持,对他们的生命提供更安全的保障,能有助于各类武器发挥更有效的作用。

美国经过调查认为,军事用户对 GPS 的需求大体有以下 4 个主要方面:

(1) 在今后"信息战"、"电子战"的背景下,GPS 必须要有更好的抗电子干扰能力。

(2) 要有安全的 GPS 使用范围,这包括两方面的含义,一是 GPS 用户能安全使用,二是对不同类型 GPS 用户要有不同使用范围,要区别对待。

(3) GPS 用户要有更短的首次初始化时间。

(4) 和其他军事导航系统和各类武器装备要相互适配。

使用美国 GPS 精码 P(Y)的除美国军方以外,目前美国军方授权所在国家和地区的军方使用的有 27 个。其中主要是北约国家的军方,在授权亚太地区军方使用的国家和地区主要有韩国、中国台湾、日本、新加坡、沙特阿拉伯、科威特、泰国等。GPS 除了在各类运载器的导航和定位方面发挥了巨大作用外,在对战斗人员的支持和援助中发挥了关键性作用,因此获得了极高的评价。

在上述军事用户需求调查的基础上,美国军方和情报部门在 1999 年 6 月作出以下 4 项 GPS 现代化的相应技术措施:

(1) 增加 GPS 卫星发射的信号强度,以增加抗电子干扰能力。

(2) 在 GPS 信号频道上,增加新的军用码(M 码),要与民用码分开,M 码要有更好的抗破译的保密和安全性能。

(3) 军事用户的接收设备要比民用的有更好的保护装置,特别是抗干扰能力和快速初始化功能。

(4) 创造新的技术,以阻止和阻扰敌方使用 GPS。

2. 民用部分

为了更好地适应民用导航、定位、大气探测等方面的需求,美方认为它大体有以下 5 个主要方面需要实施现代化过程:

(1) 改善民用导航和定位的精度。

(2) 扩大服务的覆盖面和改善服务的持续性。

(3) 提高导航的完善性(Integrity),如增强信号功率,增加导航信号和频道。

(4) 保持 GPS 在全球定位系统中技术和销售的领先地位。

(5) 注意和现有的以及将来的民用其他空间导航系统的匹配和兼容。

基于上述需求,美方拟采取的措施有以下几种:

(1) 在一年一度评估的基础上,决定是否将 SA 信号强度降为零。

(2) 停止 SA 的播放,使民用实时定位和导航的精度提高 3 倍~5 倍,这已在 2000 年 5 月 1 日零点开始实行。这里要说明一点,美国军方已经掌握了 GPS 施加 SA 的技术,即 GPS 可以在局部区域内增加 SA 信号强度,使敌对方利用 GPS 时严重降低定位精度,无法用于军事行动。

（3）在 L2 频道上增加第二民用码,即 CA 码。这样用户就可以有更好的多余观测,以提高定位精度,并有利于电离层的改正。

（4）增加 L5 民用频率,这有利于提高民用实时定位的精度和导航的完善性。

3. 进程安排

GPS 现代化第一阶段发射 12 颗改进型的 GPS BLOCK ⅡR 型卫星,它们具有一些新的功能,即能发射第二民用码,在 L2 上加载 CA 码,在 L1 和 L2 上播发 P(Y)码的同时,在这两个频率上还试验性的同时加载新的军码(M 码)。ⅡR 型的信号发射功率,不论在民用通道还是军用通道上都有很大提高。

GPS 现代化第二阶段发射 6 颗 GPS BLDCK ⅡF 型卫星,给卫星上除了有上面提到的 GPS BLOCK ⅡR 型卫星的功能外,还进一步强化发射 M 码的功率和增加发射第三民用频率,即 L5 频道。GPS ⅡF 型卫星的第一颗的发射不迟于 2005 年。到 2008 年在空中运行的 GPS 卫星中,至少有 18 颗 IIF 型卫星,以保证 M 码的全球覆盖。到 2010 年 GPS 卫星系统应全部以 IIF 卫星运行,共计 24 + 3 颗。

GPS 现代化计划的第三阶段发射的 GPS BLOCK Ⅲ型卫星,在 2003 年前完成代号为 GPS Ⅲ的 GPS 完全现代化计划设计工作。

但是由于技术原因,原定于 2005 年发射的 GPS BLDCK ⅡF 型卫星系列延误了好长时间,现在终于在 2009 年 3 月 24 日成功发射了一颗 GPS BLOCK ⅡR 型卫星系列的 ⅡR20 - (M)卫星,它具有发射 L1、L2、L3、L5 频道信号的功能,是 GPS 现代化走向发播三个民用频率（L1、L2、L5）的第一步,是 GPS 现代化进程的一个里程碑。而对这一 CPS 卫星还首次检测到它在发射 L3 频道信号,据有关资料,它是为安装在 GPS 上的,用于发现核爆炸或其他高能量红外辐射事件的核爆炸侦察系统(NDS)平台提供通讯联系。

7.4　GLONASS 系统

GLONASS 是俄罗斯的以空间为基础的无线电导航系统,是继美国 GPS 之后又一个全天候、高精度的全球卫星导航定位系统。在功能上类似于 GPS,它能给具有相关装备的用户提供位置、速度和时间信息。俄罗斯联邦政府宣称,GLONASS 将无偿提供给全球民用用户使用,基于 C/A 码的单点实时定位精度为:在水平方向不低于 60m,在垂直方向的定位精度不低于 75m。俄罗斯声称,他们不打算采用任何人为降低系统精度的措施。

GLONASS 空间部分在 1996 年完成,它由 21 颗卫星星座加 3 颗处于工作状态的备用卫星组成,由俄罗斯空军监控运行。地面控制部分由散布在全俄罗斯的许多地面设备组成,控制和跟踪卫星,并把星历、定时信息及其他数据上传加载给卫星。俄罗斯及其以外的其他团体研制了各种民用和军用用户设备。

1. 星座和轨道

GLONASS 星座由 21 颗处于工作状态的卫星加 3 颗处于工作状态的在轨备份卫星组成,24 颗卫星均匀地分布在升交点赤经相隔 120° 的 3 个轨道平面上。21 颗卫星星座为地球表面 97% 的区域提供 4 颗卫星的连续可见性,而 24 颗卫星星座使地球表面上 99% 以上的地区同时连续观测到的卫星不少于 5 颗。俄罗斯认为,21 颗卫星星座足以满足大部分导航目的的需要。

根据 21 颗卫星的概念,所有 24 颗卫星的性能由 GLONASS 控制者来确定,并启用“最佳”的 21 颗卫星,其余 3 颗卫星留作备份或备用。其间将定期地对这种“混合”进行评估,如有必要,就重新规定新的最佳的 21 颗组。俄罗斯政府已经讨论过要将该星座的规模增加到 27 颗卫星,24 颗为工作卫星,3 颗不工作留作备用。但目前俄罗斯的正式 GLONASS 文件表明,该星座将是 21 颗卫星加 3 颗工作的预备卫星。

每颗 GLONASS 卫星都处在离地面 19130km 的圆轨道上,倾角为 64.8°,轨道周期为 11 小时 15 分。

2. 地面控制设备和用户

地面控制部分负责下列功能:

(1) 测量和预测各颗卫星的星历。

(2) 将预测的星历、时钟校正值和历书信息上行加载给每颗 GLONASS 卫星,以便以后编入导航电文。

(3) 使星钟与 GLONASS 系统时同步。

(4) 计算 GLONASS 系统时和 UTC 之间的偏差;

(5) 卫星的指挥、控制、内务和跟踪。

到 1995 年为止,俄罗斯已研制了两代用户设备。第一代接收机只能用 GLONASS 来工作,与西方的同类 GPS 接收机相比,它偏大和偏重,有 3 种基本设计,即 1 通道、2 通道和 4 通道接收机。第二代接收机是 5 通道、6 通道和 12 通道设计,采用了大规模集成电路和数字处理技术,而且民用接收机可用 GPS 和 GLONASS 两种系统来工作。

俄罗斯用户设备的主要设计单位是圣·彼得堡的俄罗斯无线电导航和时间研究所,Kampas 设计局和俄罗斯科学和航天仪器研究所。

3. GLONASS 与 GPS 技术方案比较

表 7 – 6　GLONASS 与 GPS 技术方案比较

名　称	GLONASS	GPS
卫星数	24	24
轨道面数	3	6
轨道离地高度/km	19130	20183
运行周期	11h15min40s	11h58min
轨道倾角/(°)	64.8	55
载波频率/MHz	L1 = 1598.0625 ~ 1607.0625 L2 = 1242.9375 ~ 1249.9375	L1 = 1575.42 L2 = 1227.60
PR 码速率/(Mb/s)	民用码 0.511 军码 5.11	民用码 1.023 军码 10.23
接入方式	FDMA	CDMA
时间基准	UTC(苏)	UTC(USNO)
坐标系	PZ – 90	WGS – 84
SA	无	2000 年 5 月 1 日以前有
AS		有
电文速率/b/s	50	50
电文长度/min	2.5	12.8
地面控制区段分布	俄罗斯境内	全球

从表 7 – 6 可以看到技术方案存在的差异主要表现在以下几方面：

(1) GPS 增加卫星数要克服的主要困难是其 C/A 码周期太短,使互相关特性不好。

(2) GPS 卫星用 6 个轨道面,GLONASS 用 3 个轨道面。GPS 用 6 个轨道面有历史原因,从覆盖和星历维护来看,GLONASS 的 3 个轨道面设计似乎更好一些。

(3) GPS 的卫星轨道高度和运行周期造成星座每 24h 重复一次,而 GLO-NASS 是卫星大约 8 天重复一次。从减小地球重力场不均匀及其他因素引起的抖动的角度看,GLONASS 的设计可能要好一些。

(4) GLONASS 采用的卫星轨道面倾角比 GPS 的高,使星座在地球高纬度区域的覆盖较好,GPS 的则中低纬度区域覆盖较好。

(5) GPS 采用 CDMA 接入方式,而 GLONASS 采用 FDMA。GLONASS 采用

FDMA 的结果,使卫星之间互相关性能很容易做到很好。然而 GLONASS PR 码的基码较宽,码长较短,造成抵抗多径的能力和自相关特性较差。更重要的是,采用 FDMA 时与 CDMA 相比,很难使大宗用户的接收机成本做到像 GPS 的那么低,影响 GLONASS 对大宗市场的竞争力。

除上述系统设计主要差异外,GPS 和 GLONASS 还存在如时间标准等多方面差异,但是总的说,GLONASS 设计的数理基础并不比 GPS 差,缺点主要表现如下:一方面,由于美国的超级大国地位,使 GPS 能在世界范围布站;另一方面,当初苏联的政策目标只考虑到与美国军事对垒,没有把 GLONASS 民用放到适当的地位,从而没有考虑到兼用机成本及与 GPS 兼用。

4. 发展计划

俄罗斯 GLONASS 的发展过程较为曲折,特别是 1996 年至 1998 年期间,由于经费问题,补网卫星不能及时发射,系统功能受到很大影响。目前俄罗斯正在着手 GLONASS 维护与更新建设工作。2007 年 10 月 26 日和 12 月 25 日,俄罗斯进行了两次发射,共 6 颗卫星,均成功。这样一来,GLONASS 在轨卫星就达 18 颗足以提供俄罗斯全境范围内的导航业务,卫星覆盖间断时间缩短为 0.6h。计划 2010 年恢复完全运行状态,即 24 颗在轨卫星和连续的全球覆盖。一旦所有的卫星部署完毕并正常运行,俄罗斯境内 90% 的区域,全球 80% 区域都可以使用 GLONASS 信号。

俄罗斯从 1990 年开始研制 GLONASS – M 型卫星,还将推出 GLONASS – K 和 GLONASS – KM 型卫星。

1) GLONASS – M

GLONASS – M 卫星是 GLONASS 卫星的改进系列。2003 年,第一颗 GLO-NASS – M 卫星发射升空,并于 2004 年 12 月开始正常工作。卫星设计寿命为 7 年。它的垂直实时导航精度达 30m,增加了星间的无线电链路,具有更稳定的卫星运行轨迹,L2 频率上增加了民用信号,太阳能电池板定位精度为 2°。

2) GLONASS – K 卫星

GLONASS – K 卫星的垂直实时导航精度可达 5m ~ 8m,卫星寿命增加到 10 年,太阳能电池板定位精度达 1°,引入了第三个民用信号,用于向民航客机提供卫星辅助定位业务,增加了搜索救援功能。

7.5　GALILEO 卫星导航系统计划

伽利略系统是欧洲提出的以意大利天文学家伽利略(Galileo)名字命名的一种全球导航卫星系统,是欧洲自主独立的全球多模式卫星定位导航系统,它能提供高精度、高可靠性的定位服务。伽利略系统(GALILEO)能够与美国的 GPS、俄罗斯的 GLONASS 实现兼容,共同构成未来的全球导航卫星系统,为未来用户提供多种导航定位系统选择,而不完全受单一系统的制约。

"伽利略计划"的酝酿开始于 1990 年,欧空局(ESA)决定研制"全球导航卫星系统(GNSS)"。GNSS 分为两个阶段:第一阶段是建立一个与美国 GPS、俄罗斯 GLONASS 以及 3 种区域增强系统均能相容的第一代全球导航卫星系统(GNSS－1);第二阶段是建立一个完全独立于 GPS 和 GLONASS 之外的第二代全球导航卫星系统(GNSS－2),也就是现在所谓的 GALILEO 系统。GALILEO 系统将实现欧洲拥有自己独立的全球导航卫星系统的长远目标。

"伽利略计划"由欧盟和欧空局共同负责,欧盟主要负责政治领域和高层次的任务,主要包括对系统总体结构、经济收益和用户需求的研究,欧空局则主要负责空间分系统及相关地面系统的确定、发展和在轨鉴定。这是欧洲各国联盟,力图摆脱美国 GPS 系统的束缚、结束美国 GPS 在全世界独占鳌头局面的一个极其重大的决定,具有重要的政治意义。

1. 计划实施

GALILEO 系统包括 30 颗导航卫星及其相关地面设施,按照欧盟的最初设想,"伽利略计划的安排共分为 4 个阶段。

第一阶段:系统的可行性评估或者称之为定义阶段。2000 年底已完成。

第二阶段:研发和在轨验证阶段。此阶段的计划时间为 2001 年—2006 年,主要是系统的研发和检测阶段。2005 年 12 月 28 日,由英国萨瑞卫星技术公司研制的首颗在轨验证卫星的实验星 GIOVE－A 成功发射,标志着"伽利略计划在轨验证阶段迈出重要一步。根据计划,第二颗实验卫星 GIOVE－B 应于 2006 年 4 月发射以确保国际电信联盟把已分配给伽利略系统的频率继续保留给其使用,后来由于种种原因,该颗卫星推迟至 2008 年 4 月 27 日在位于哈萨克斯坦的拜科努尔航天中心成功发射并入轨后运行良好。计划到到 2010 年底,4 颗"伽利略"卫星将进入 23616km 高空的椭圆轨道运行。4 颗伽利略工作星发射成功后才标志进行真正意义上的空间、地面和用户联合在轨验证试验。

第三阶段:部署与建设阶段。此阶段的计划时间为 2006 年—2008 年,主要任务是卫星的发射布网、地面站的架设、系统的整机联调。显然,此阶段已经推迟进行,并且此阶段是整个计划耗资最大的阶段。

第四阶段:系统商业运行阶段。此阶段计划于 2008 年底开始,系统原先预计到 2014 年达到收支平衡、实现独立运转的计划将会被推迟。按照目前的系统建设情况,此阶段肯定会推迟到 2011 年之后甚至更后的时间。

2. 系统结构

作为一种卫星导航系统,GALILEO 系统与其他的卫星导航系统具有相似的结构,主要包括 3 个部分:GALILEO 系统卫星星座、地面监控中心以及用户接收机部分。GALILEO 系统计划由 30 颗(27 颗在轨工作,3 颗备份)卫星构成,平均分布在 3 个地球轨道上,轨道高度为 23616 km,轨道倾角为 56°。研究表明,这种星座设计将非常有利于 GALILEO 卫星的发射以及相应的轨道保持,同时为卫星在轨稳定运行提供了最大的可靠性。

GALILEO 系统的卫星初步设计指标是:质量 650kg,功率 1.5kW,卫星几何结构设计过程中将充分考虑将来利用 Ariane 火箭进行一箭多星的发射,在 GA-LILEQ 系统的建设过程中将采用一系列的新技术,例如 GALILEO 系统采用的高精度原子钟,与 GPS 系统中采用的原子钟相比将具有更高的精度,更好的稳定性,更小的功耗以及更小的质量。

关于系统的监控部分,目前的方案是在欧洲大陆上布置 2 个控制中心,主要任务是控制 GALILEO 卫星、管理导航任务。同时,在全球范围内部署 20 个 GALILEO 系统数据中转站,通过通信网将卫星数据送入控制中心。系统建成后,将针对不同的用户需求推出多种 GALILEO 接收机,以满足不同需求,充分利用 GALILEO 系统的资源。用户使用特殊的 GALILEO 系统接收机将可以同时接收 GPS 和 GALILEO 系统的信号,进一步提高导航系统的定位和导航性能。

另外,GALILEO 系统还将特别设置系统导航性能完备性地面监测站,该监测站将与地面主控制系统位于同一个区域,而且可以随时与各个地面遥控及卫星监测站建立联系,将系统完备性信息上传至 GALILEO 系统卫星,再以卫星信号的方式发至用户,使 GALILEO 系统用户实时掌握系统导航完备性。

GALILEO 导航系统地面监测站负责对在轨的每个卫星进行监测,系统控制中心收集来自各个地面监测站的原始数据,并根据该原始数据计算每个卫星的星历和时间偏差,这些信息将上传至各个卫星,作为 GALILEO 系统信号的一部分由各个导航卫星进行广播。GALILEO 系统的时间由系统精确定时基准站提供,该基站包含了大量的高性能原子钟。

3. 卫星信号

GALILEO 系统的信号指的是由卫星上的导航有效载荷发射的无线电载波,该无线电波中的测距码和相关数据可以被 GALILEO 系统接收机进行解调,用于进一步的定位计算等功能的实现。无线电频率的选取是卫星导航系统综合性能的有力保障,当然,每个卫星导航系统都需要多个无线电频率发射导航信号,同时,还需要选取特定的频谱对无线电频率进行有效的保护。事实上,不但 GPS 和 GALILEO 系统之间存在频谱的竞争,GALILEO 系统与其他民航服务系统间同样存在协调的问题。

GALILEO 系统的无线电频段的选择问题已经在国际通信协会(ITU)的多次研讨会上进行了讨论,基本形成一致意见,GPS 和 GALILEO 系统的相关服务将首先保证互不干扰,当然,也不排除两系统相互协调工作的可能,这将大大增强卫星导航系统的价值和可用性,特别是针对民用航空用户更是如此。在系统总体结构设计和定义阶段,已经为 GALILEO 系统保留了 4 个无线电频段:

(1) E5 和 L_5 频段的覆盖范围是 1164MHz ~ 1215MHz,在这个频率范围内,当前拟采用的中心频率为 1202MHz 或 1207MHz。GALILEO 系统的公共免费以及有关生命安全的服务信号将包含在该频段。

(2) E6 频段的覆盖范围是 1260MHz ~ 1300MHz。服务信号是公共授权和商业加密服务。

(3) E2 频段的覆盖范围是 1559MHz ~ 1563MHz,包含的服务信号为公共授权服务。

(4) E1 频段的覆盖范围是 1587MHz ~ 1591MHz,包含的服务信号为公共免费和有关生命安全的服务项目。

GALILEO 系统的 E1 和 E2 载波传送速率可达 2Mb/s ~ 4Mb/s,载波 E6 可达 5Mb/s ~ 10Mb/s,载波 E5 可达 10Mb/s ~ 20Mb/s。每个载波上的数据传输速率设计为 1000b/s。在一般的卫星导航系统中满足定位信息解算的最低数据传输率为 50b/s,所以,GALILEO 系统 1000b/s 传输速率的设计不但可以保证各项服务所需基本导航信息的传输,而且保证了在每个载波上调制包括系统完备性信息,搜寻和营救信息以及其他商用信息在内的其他各种所需信息。

4. 系统特点

GALILEO 系统可以实现与 GPS 和 GLONASS 的兼容,其接收机可以采集各个系统的数据或者通过各个系统数据的组合来实现定位导航的要求。

GALILEO 系统确定目标位置的误差将控制在 1m 之内,远远胜于 GPS 为军事提供的误差 10m 的性能。GPS 为民事用户提供的精度为 100m,俄罗斯的 GLONASS 只提供一种精度为 10m 的军民两用信号。GALILEO 系统仅用于民用,并且为地面用户提供 3 种信号:免费使用的信号;加密且需要交费使用的信号;加密并且需满足更高要求的信号。免费服务信号与 GPS 民用信号相似,收费信号主要指为民航和涉及生命安全保障的用户服务。

GALILEO 系统由于采用了许多较 GPS 和 GLONASS 更高的新技术,使得系统更加灵活、全面、可靠,并且可以提供完整、准确、实时的数据信号。GALILEO 系统的卫星发射信号功率较 GPS 的大,所以在一些 GPS 不能实现定位的区域,GALILEO 系统可以很容易克服干扰并进行信号接收,如高纬度地区、中亚以及黑海等地区。

总之,GALILEO 系统的建设是一个经济、实用、高效、先进的系统,它的建立与应用,将给美国 GPS 一统天下的局面带来很大的冲击。

5. 发展趋势

自从"伽利略计划"实施以来,全世界都在关注它的实施情况,并时时刻刻拿它与 GPS 对比,强调它更高的性能、更广泛的覆盖范围以及更强的信号。而事实上,伽利略系统不仅仅只可用于民用,凭借它的预计比 GPS 更高的精确度与可靠性,用于军事目的的可能性非常大。不难预测,未来的伽利略卫星导航系统将在高科技战争中担当起举足轻重的角色。

尽管"伽利略计划"曾经面临过各种资金、技术危机,而且备受美国政府的阻挠,但是欧洲各国政府的决心和态度还是非常鲜明的。现阶段经费问题已经基本解决,进展比较顺利。"伽利略计划"正在全面顺利实施,俄罗斯 GLONASS 也正在寻找新的突破口,美国为保持卫星导航技术领域的优势,正在对 GPS 的薄弱环节进行改造与建设。在未来的卫星导航领域必将出现竞争的格局,"三足鼎立"不一定是最终结果,但是几套系统共存必将对产业发展提供更加优良的服务,全球用户能够更多、更好的享受卫星导航系统带来的便利。

6. GALILEO 与中国

"伽利略计划"本身就是一个国际合作的产物,是欧盟内的经济和科技大国联合打造的一个国际项目,美国和俄罗斯也都参与了合作,欧盟与他们的合作主要是为了满足 GALILEO 系统的信号与 GPS 及 GLONASS 兼容。美国已经和欧盟签署了协议,协议除了就双方在卫星导航频率信号结构、信号调制方案的选择与设计方面达成共识。

中国于 2003 年 9 月 18 日与欧盟在北京签署了合作协议,并于 2004 年 10 月 9 日,由国家遥感中心代表国家科技部与代表欧盟的欧洲伽利略联合执行体签署了《关于伽利略计划合作协议》,进一步明确了中欧双方在"伽利略计划"中的合作范围与内容。至此,中国成为"伽利略计划"中的第一个非欧盟国家,也标志着中欧"伽利略计划"的合作进入实质性的操作阶段。加入"伽利略计划",将使中国拥有该系统 20% 的所有权和 100% 的使用权,并能派团队参与整个计划的管理和运行。

7.6 中国卫星导航系统

我国自主建造的卫星导航系统统称为"北斗"(英文名称为 COMPASS),包括北斗 -1 系统(演示示范阶段系统)和北斗 -2 系统。随着北斗 -1 系统的运行、北斗－2系统的建设，以及国家卫星导航重大科技专项的实施，我国卫星导航应用产业已进入产业化高速发展的根本转折时期。

7.6.1 北斗－1系统

2000年10月和12月，中国"北斗卫星导航系统"2颗卫星成功发射，标志着中国拥有了自己的第一代卫星导航系统。

1. 系统概况

1994年—2002年是我国北斗－1系统的攻关研制时期，2000年发射了两颗试验卫星，整个系统于2002年进入试运行阶段，2003年正式开通运行，之后又发射了两颗备份星，目前在轨卫星总数为4颗。

北斗－1系统是利用地球同步卫星对目标实施快速定位，同时兼有报文通信和授时定时功能的一种新型、全天候、高精度、区域性的卫星导航定位系统。系统由2颗地球同步卫星、一个地面控制系统（简称地面中心）、若干专用标校机和各类用户机等部分组成，各部分通过出站链路（即地面中心→卫星→用户）和入站链路（用户→卫星→地面中心）相连接。2颗地球同步卫星间弧距为60°，分别定点于东经140°和东经80°，另一颗备份卫星定点于东经110.5°。卫星向地面发射覆盖我国领土区域的波束，主要满足国内导航通信需要。其覆盖范围为北纬5°～55°、东经70°～140°之间一个心脏区域，上大下小，最宽处在北纬35°左右。系统在同一信道中完成的主要功能如下：

（1）定位（导航）。可为服务区内用户提供全天候、高精度、快速实时定位服务。定位精度为20m～100m。

（2）通信。用户与用户、用户与中心控制系统均可实行双向简短数字报文通信。

（3）定时。系统具有单向和双向两种定时功能。中心控制系统定时播发授时信息，由用户确定自己的准确时间并与地面中心进行严格的时间同步。单向授时终端的时间同步精度为100ns，双向授时终端的时间同步精度为20 ns。

2. 工作原理

北斗－1系统的工作过程如下：

（1）由地面中心向卫星1和卫星2同时发送询问信号，经卫星上转发器向服务区内的用户广播，用户响应其中一颗卫星的询问信号，并同时向两颗卫星发送响应信号，该响应信号包含用户的申请服务内容。

（2）用户响应信号经卫星上转发器向地面中心转发，地面中心接收解调用户发送的信号，测量出用户所在点至两卫星的两个距离和量，然后根据用户的申请服务内容进行相应的数据处理。对于不同的申请可以进行不同的处理过程。

（3）对定位申请，根据测出的两距离，加上从储存在计算机内的数字地图查询到的用户高程值，计算出用户所在点的坐标位置，然后置入出站信号中发送给用户，用户收此信号后便知自己的坐标位置。

（4）对通信申请，地面中心将通信内容置入出站信号中，按收信地址转发给收信人。对授时申请，地面中心将计算出该用户精确的定时时延修正值，然后将此时时延修正值置入出站信号中发送给用户，用户按此数据调整本地时钟，使之与地面中心时钟同步。

3. 系统特点

（1）可以对大覆盖区内的用户进行 24h 全天候连续实时定位。系统采用地球同步静止卫星，从地面观察，卫星永远悬在空中某一点，所以为昼夜 24h 的定位、导航、通信和授时提供了条件。

（2）定位精度较高。系统的定位精度由下述几个因素所决定，即计算定位的几何图形、点位的大地高精度、点位的地理纬度、观测和计算方法、测站收发机发射功率和伪码长度。

（3）仅用 2 颗卫星就可以进行定位通信，资金投入少。同其他卫星导航系统相比，北斗 -1 系统工作卫星只需 2 颗，连同备份星 3 颗 ~4 颗已足够；另外，系统的每个用户机有专门识别码，可用计费形式控制收发机的使用。系统投资少，建设周期短，效益高。

（4）用户设备比较简单。系统的数据处理完全由地面中心完成，测站收发机仅仅是个应答器，结构简单、小型轻便、操作简单、价格低廉。

（5）具有通信功能。信息高度集中，便于集中指挥控制和管理。

（6）可提供高精度的时间信息。

但北斗 -1 系统的缺点也不少，主要表现在以下几个方面：

（1）系统生存能力差，定位精度有限。由于系统采用集中式处理，从而导致了该系统为节点系统。一旦中心被毁坏，将导致整个系统失效，这对于军事用户尤其重要；同时由于所有用户的定位都是在中心站完成，这就导致对中心站设备的处理能力要求极高，而且也导致定位数据有较大的滞后误差。

（2）系统采用有源工作方式，用户数量有限且隐蔽性差。系统的用户测站必须发射信号才能完成定位和通信，这对民用不存在问题，但军事用户会暴露目标，有被敌方截获信息的危险，只有在加强保密措施之后，此危险才有所减弱。因此，用户隐蔽性差。另外，采用有源工作方式，用户定位数据更新率难以提高，不能满足高机动用户的要求，而且限制了系统的用户数目。

4. 应用情况

2003 年，北斗 -1 系统对民用领域开放，打破了美国、俄罗斯在卫星导航领域的垄断地位,使我国成为世界上第3个拥有独立自主卫星导航系统的国家,开辟了我国卫星导航应用的新篇章。北斗－1系统在我国国防建设和经济社会发展中发挥了积极作用。特别是在2008年汶川抗震救灾中,北斗－1系统成为抗震救灾和指挥保障的重要手段。救灾部队利用该系统成功为灾区一线和指挥部建立了实时信息通道,为抗震救灾提供了实时的监控定位、导航、远程监测、灾害预警及公共应急信息服务,在指挥决策、搜救、医疗等方面发挥了独特的优势和不可替代的作用。

7.6.2　北斗－2系统

1. 系统概况

北斗－2系统分两个阶段建设:区域导航系统建设阶段,该系统将在2010年完成,目前已发射两颗卫星,最终由约12颗卫星组成,覆盖亚太地区;全球导航系统建设阶段,该系统将在2015年—2020年建成,最终由约35颗卫星组成。

整个系统的特点如下:

(1) 由区域覆盖(亚太地区)逐渐转向全球覆盖。

(2) 采用类似GPS、GALILEO系统的无源定位导航体制,将发射4个频点的导航信号。

(3) 系统地球静止轨道(GEO)卫星发射北斗－2、GPS、GALILEO系统广域差分信息和完好性信息,差分定位精度可达1m。

(4) 继承北斗－1系统的短信报文通信功能,并将扩充通信容量。

北斗－2系统建设遵循开放性、独立性、兼容性、渐进性的原则。它是一个军民两用系统,对民用开放,国家将在适当时机公布民用信号接口控制文件。该系统可以提供与GPS、GALILEO系统相当的导航定位、测速和授时功能,其一期系统定位精度为10m,授时精度为20ns,并仍保持短信报文通信的独特优势。另外,北斗－2系统设计充分考虑了与GPS、GLONASS、GALILEO系统的兼容性和互操作性,鼓励国际合作与全球推广应用。兼容互操作包括系统体制、信号频率兼容性等方面,还要考虑互干扰特性,其系统导航电文还将包含与GPS、GLONASS、GALILEO系统的坐标系统、时间系统转换参数。

2. 应用技术研究情况

目前,北斗－2系统地面基础设施建设已经初步完成。地面运控系统研制完成,并已通过了模拟测试系统的测试,在两颗在轨卫星的发射和运行中得到了验证;地面广域差分和完好性监测站网已初步建成,可通过在轨运行的地球静止轨道卫星发播广域差分信息和完好性信息。

国家有关主管部门组织开展了北斗－2系统各类用户机技术攻关和设备研

制,现已转入正样阶段,其中包括北斗 –2 基本型用户机、定位导航/通信双模型用户机、北斗 –2/GPS 兼容型用户机、北斗 –2 高动态用户机、抗干扰用户机、监测型用户机、北斗 –2 便携式自主导航设备等。目前,已攻克北斗 –2 系统的信号快速捕获技术、与 GPS/惯性导航系统(INS)组合技术、抗干扰技术、便携式自主导航设备小型化技术等多项关键技术,正在开展模块化、标准化工作。部分企业正在开展北斗 –2/GPS 导航专用集成电路(ASIC)芯片开发工作。国家主管部门还组织开展了卫星导航应用设备与系统质量检测平台研制,形成了多种北斗 –2 系统模拟信号源产品。下一阶段工作将转向北斗 –2 系统应用演示示范工程建设,目前正在开展行业应用演示示范系统方案的论证工作。

7.7　小　结

本章详细介绍卫星导航定位系统基本概念、原理、组成和分类的基础上,以 GPS 为例,对全球定位系统进行较为详尽分析,同时还要探讨 GPS 增强系统所涉及到的问题,分别介绍 GLONASS 系统 GALILEO 系统相关内容,最后对我国卫星导航系统进行的发展进行了简要的介绍。具体来讲本章包含以下内容:

(1) 将航行体从起始点导引到目的地的技术或方法,为航行体提供实时的位置信息是导航的基本任务,从卫星导航定位系统不同角度,对其进行了分类。介绍了卫星导航定位的基本原理,给出了航行体对导航地位系统的具体要求。

(2) GPS 系统为陆地、海洋、航空和航天用户服务,为用户提供精密的位置、速度、时间和姿态信息,实现全球性、全天候、连续性和实时性的导航、定位和定时功能,系统由 GPS 卫星星座、运行控制系统以及 GPS 信号接收机组成,在 L_1 和 L_2 载波上调制了 C/A 码和 P 码,以及导航电文,利用伪随机码相关技术进行测距。

(3) 利用差分技术可以进一步提高 GPS 的精度,根据基准站所提供的 DGPS 数据不同,DGPS 技术可以分为位置差分、伪距差分和载波相位差分,其中伪距差分在卫星导航中应用最多,以此为基础根据覆盖范围的差异,又可以进一步分为局域差分 GPS、广域差分 GPS。

(4) GLONASS 系统是俄罗斯的以空间为基础的无线电导航系统,是继美国 GPS 系统之后又一个全天候、高精度的全球卫星导航定位系统。

(5) GALILEO 系统能够与美国的 GPS、俄罗斯的 GLONASS 实现兼容,共同构成未来的全球导航卫星系统,为未来用户提供多种导航定位系统选择,而不完全受单一系统的制约。

(6) 我国自主建造的卫星导航系统统称为"北斗",北斗 –1 系统是我国第一代区域卫星导航系统,也是继 GPS 和 GLONASS 之后的第三个成熟的卫星导航系统。北斗 -2 系统是在北斗 -1 系统的基础上建设的卫星导航系统,但它不是北斗 -1 系统的简单延伸。完整建成的北斗 -2 系统是一个类似于 GPS 和 GLONASS 的全球卫星导航系统。

思 考 题

1. 简述导航的发展过程和卫星导航的发展。
2. 简述 GPS 的组成。
3. GPS 导航电文共有哪几种子帧?
4. 试论述减小 GPS 定位误差的措施和技术手段。
5. 试述各种差分技术的优缺点。
6. 什么是导航对抗和 GPS 干扰与反干扰?
7. 上网了解 GPS 现代化的最新进展。
8. 上网了解 GLONASS 的新进展和动态。
9. 上网了解欧洲 GALILEO 系统的最新进展。
10. 上网了解我国第二代导航卫星研制动态。
11. 试结合科索沃战争、阿富汗战争、伊拉克战争,论述卫星导航系统和精确制导武器在现代高技术战争中的地位与作用。

第8章 通信对抗技术

信息战是伴随着新军事革命和信息化战争而诞生的，从侦察、监视到预警，从通信、指挥到控制，从情报处理到作战决策，其目的就是通过物理的、认知的各种手段夺取信息优势，以便获得决策优势和全面军事优势。与传统的电子战比较，信息战具有全新的作战样式、作战方法和作战特点，是在陆、海、空、天全维作战空间开展的信息争夺战，是从电磁频谱领域的斗争发展到包含电磁频谱领域在内的信息领域斗争的新阶段和新领域。因此，电子战必须在这新阶段和新领域里具有全新的作战内容、作战形式和作战方式，成为信息战的主要手段。

通信对抗是电子战的重要组成部分，通信对抗技术的应用将使战争中制电磁频谱权和制信息权的斗争更加激烈，对电磁频谱和信息优势的争夺将成为交战双方殊死争夺的制高点。

本章首先简要介绍了通信对抗的基本概念，然后对通信干扰技术、通信抗干扰技术分别进行了详细介绍，同时对通信干扰的工作原理和技术指标进行了分析。

8.1 通信对抗的基本概念

无线电通信对抗就是为削弱、破坏敌方无线电通信系统的使用效能并保护己方无线电系统使用效能的正常发挥所采取的措施和行为的总和，简称通信对抗。

通信对抗是电子战的重要分支，通信对抗的实质是敌对双方在无线电通信领域内为争取无线电频谱的控制权而展开的电波斗争。无线电通信对抗存在的主要前提是无线电通信是以电磁波辐射的形式进行的，具有空间开放性；发送的信号被己方接收的同时，难以避免被敌方侦察到；在接收己方通信信号时也不能避免敌方干扰信号的侵入。

8.1.1 通信对抗的地位与作用

通信对抗的任务就是通过使用陆、海、空、天各种平台的电子侦察和情报系统，对敌方电子信息装备辐射的信号或通过通信网络传输的信息进行探测、截获、处理、测向(定位)、分析、识别和记录,从中获取战略和战术情报,为高层领导决策或部署各种作战行功(包括通信干扰)提供支援;随后在关键时刻、重要区域和主要进攻方向上,使用电磁能或其他进攻手段,对敌方的作战指挥控制系统或重要的通信网络节点和链路实施集中的、高强度的电子干扰或欺骗,破坏甚至剥夺敌方对电磁信号或信息的感知、获取、传输和利用,使敌人的指挥控制不灵,通信中断,武器失控,从整体上瓦解敌人的意志和战斗力,同时,保证己方获取、传输和利用信号或信息的能力,夺取信息优势,赢得战争全局胜利。

空天作战交战双方的指挥、控制、协同配合和情报传输只能靠唯一的手段——无线电通信来完成。充分利用侦察探测手段,对敌方通信实施长期和临战相结合的搜索、识别、监视、测试、记录、分析和处理,不仅可掌握敌方通信系统的组织特点、活动规律和技术性能等,且可对其兵力活动情况实施监视,了解其军事动向,获得大量战略、战役和战术情报,这对于控制空天电磁环境及战场主动权有着重要意义。

在各种突发事件和局部冲突中,通过通信对抗手段,事前可用于了解敌方兵力规模、部署情况和运动方向,掌握其作战企图以利于己方制定相应的对策和部署;事发之后,可阻断敌方兵力与后方指挥机构的通信,迟滞或阻止敌方的增援,使其陷入孤立无援的境地,达到动摇其军心,瓦解其意志,使其陷入混乱状态的目的。

8.1.2 通信对抗技术体系

从技术的角度来看,一个完整的通信对抗系统应该由通信(反)侦察系统、通信测向系统、通信(抗)干扰及控制系统组成。系统控制与通信侦察、测向、干扰三者是密切相关的,而且三者的配置有时是分散在不同地方的,其中保证各子系统之间联系并协调工作的系统控制是必不可少的环节。

1. 通信侦察系统

通信侦察是获取军事、外交情报的一种方式,即用无线电侦察设备对敌方的无线电通信设备所发射的信号进行搜索、检测、识别、定位、分研及破译,以获取各种情报供有关部门使用,并且根据上述的侦察内容对敌人的活动情况提出报告。因此,通信侦察历来被各国军事通信和情报部门所重视,是通信对抗系统的重要组成部分。

无线电通信侦察按完成任务的性质也可以分为情报侦察和技术侦察两种。在电子战领域中,又将无线电通信侦察称为通信电子支援。

无线电通信技术侦察主要是详细查明敌方无线电通信设施的技术性能,如通信体制、工作频率、调制方式、信号频宽等。在和平时期,通信技术侦察为研制通信干扰设备提供了设定系统技术参数的依据,在战时,它能引导通信干扰机有效地施放干扰。

无线电通信情报侦察的主要任务是侦听敌方各种通信、指挥联络信号,并把敌人传递的信息、密码和暗语记录下来,加以分析和破译,以获取军事情报。此外,情报侦察还担负查明敌方无线电通信设备的型号、用途、数量、配置地点和变动情况等任务,从而间接地获取敌军的配置、编制及行动企图等重要军事情报。

一般来说,无线电通信情报侦察是以无线电通信技术侦察为技术支撑的。

2. 通信反侦察系统

通信反侦察系统的主要任务是采用各种措施,保障己方无线电信号不被敌方侦察出来。有时把通信反侦察称作通信保密或保密通信,其实,通信保密或保密通信只是通信反侦察的一种实施手段。扩频通信和狡发通信由于其良好的通信隐蔽性与保密性,而成为主要的抗侦察通信模式。

3. 通信测向系统

通信测向系统在通信侦察的基础上,对感兴趣的通信辐射源进行测向与定位,从而使侦察的数据除了频率和时间属性外,加上地理位置信息而形成一个完整的文件。

4. 通信干扰系统

通信干扰系统应用无线电干扰设备发出干扰电磁波来扰乱敌方无线电通信系统的正常工作,使其完全失效或降低其工作性能。

通信干扰有自然干扰和人为干扰两类。因为我们考虑的是通信对抗,所以着重研究的是人为干扰,人为干扰是为了破坏敌方通信,有意识施放的干扰。对付敌人的通信系统,除了用火力直接摧毁的手段之外,主要依靠干扰/破坏敌方的正常通信,使敌方的指挥系统瘫痪,以掩护我军的战役或战略行动。

通信干扰不同于雷达干扰,在目前它还只能采用积极办法,不像对雷达的干扰那样进行消极干扰。因而通信干扰又称为积极的通信干扰。

5. 通信抗干扰系统

通信抗干扰也称通信反干扰,即采用各种措施使自己的无线电通信在复杂的电磁环境中仍能正常地进行工作。

可见,作为电子战的主要内容,无线电通信对抗主要应用于信息传输领域,而雷达对抗则主要应用于辐射源和运动物体的探测领域上。

8.2　通信干扰技术

8.2.1　基本概念

通信干扰分为自然干扰和人为干扰两类。这里考虑的是人为干扰,是指运用无线电干扰设备发射适当的干扰电磁波,破坏和扰乱敌方无线电通信的通信对抗技术。在信息时代的今天,由于军事信息在现代战争中的作用越来越大,所以,以攻击和破坏信息传输为目的的网络对抗在现代战争中的作用日益重要,地位日益提高。

作为通信干扰方,总是希望实现最佳干扰,其定义是指在给定的信号形式和通信接收方式的条件下,为使干扰有效所需压制系数最小的那种干扰样式。其基本准则是干扰信号在频域、时域、功率域、空域等多维空间上均覆盖通信信号,且干扰信号波形与通信信号波形相关,企图实现多维空间的压制,即干扰信号的体积刚好大于通信信号的体积,这就是最佳通信干扰理论。所谓信号体积,是指信号基本要素组成的多维空间的大小。例如,功率 P、频率 F、及其信号存在时间 T 三种最基本要素形成的信号体积为

$$V = P \cdot F \cdot T \qquad\qquad (8-1)$$

若记干扰信号体积和通信信号体积分别为 $V_j = P_j \cdot F_j \cdot T_j$ 和 $V_c = P_c \cdot F_c \cdot T_c$,则在频域、时域、功率域三维空间上实现最佳干扰的条件为

$$V_j \geqslant V_c \qquad\qquad (8-2)$$

8.2.2　通信干扰工作原理

无线电通信干扰可由专用的干扰机产生,也可由装有附加监控设备(又称干扰附加器)的一般无线电通信电台产生。监控设备的作用是使干扰频率与信号频率重合,产生干扰调制信号源并控制发射机的工作。对照无线电通信系统的一般原理(图 8-1)和通信干扰系统的一般原理(图 8-2),可以加深理解通信干扰的整个作用过程。

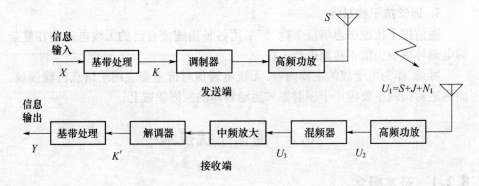

图 8-1　无线电通信系统一般原理

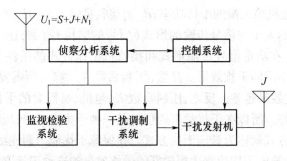

图 8 - 2　通信干扰系统一般原理

1. 工作模型

如图 8 - 1、图 8 - 2 所示,通信发送设备天线发射的通信信号为 S。通信干扰系统的侦察接收天线收到的信号是 S 和外部噪声 N_1,经过侦察分析系统分析后,采用特殊调制的高频干扰信号 J,由干扰发射机通过天线发射出去。通信接收设备收到的信号是通信信号 S、干扰信号 J 和外部噪声 N_1 的合成信号,即

$$U_1 = S + J + N_1 \qquad (8 - 3)$$

U_1 经过天线和高频功率放大器后变换成

$$U_2 = (S + J + N_1)' + N_2 \qquad (8 - 4)$$

式中:$S + J + N_1$ 为 U_1 通过高频功率放大器的选频系统后的信号,当选频器工作在非线性范围时会产生交调干扰,因此接收到的信号会产生变化;N_2 为高频功率放大器的内部等效噪声。

U_2 通过混频器后输出 U_3。混频器具有下变频的作用,是个非线性的变频系统,因此输出信号 U_3 的成分是很复杂的。

U_3 经过中频放大器和解调器后,变换成基带信号 K'。由于干扰的作用,基带信号 K' 已经与发送端的基带信号 K 不同了。

信号 K' 通过基带处理后产生输出信息 Y 给接收方,如果干扰效果良好,则接收到的 Y 与当初的信号 X 就有很大的差别,从而接收方得不到正确消息。

实验表明,无线电话收听时,若丢失 50% 左右的信息,就不能听懂通话的意思了。在电报通信中,若差错率大于 50%,同样也难以译出。以上这些情况就是干扰完全压制了通信,即进入接收机频带内的干扰功率已超过有用的信号功率,有用信号被干扰信号所压制。那么,就把满足以上压制条件时接收机输入端干扰功率与信号功率的最小比值称为功率压制系数,即

$$K_n = \frac{P_{Ni}}{P_{Ci}} \qquad (8 - 5)$$

式中：P_{Ni}为接收机输入端的干扰功率；P_{Ci}为接收机输入端的信号功率。

压制系数的大小与信号传输的形式（信号的结构）有关，还与干扰方式（干扰结构）有关。在给定信号传输形式和接收机工作方式的条件下，采用不同的干扰方式必有不同的干扰效果。显然，压制系数K_n越高，所需要的干扰功率就越大，说明干扰效果越差。反之，压制系数K_n越低，所需要的干扰功率越小，说明干扰效果越好。所以在干扰敌军通信的某一种干扰方式中，压制系数K_n最小的那一种干扰方式就称为最佳干扰方式。在保障干扰能压制住敌方通信的前提下，能以最小的输出干扰功率达到最好的干扰效果的这种干扰方式，可以称为最佳干扰方式。

根据电波传播理论，接收机输入端所接收到的信号功率和干扰功率分别表示如下：

$$\begin{cases} P_{Ci} = P_C D_C S_C Q_C(R_C) \\ P_{Ni} = P_N D_N S_N Q_N(R_N) \end{cases} \tag{8-6}$$

式中：P_C、P_N为发射机和干扰机功率；D_C、D_N为发射天线和干扰天线方向系数；S_C、S_N为接收机对发射机方向和对干扰机方向的方向系数；R_C、R_N为通信距离和干扰距离；Q_C、Q_N为距离R_C、R_N的系数。

由式(8-5)和式(8-6)可知，为了有效地压制敌方通信，接收机输入端的干扰功率P_{Ni}与信号功率P_{Ci}之比不应小于压制系数K_n，即

$$\frac{P_{Ni}}{P_{Ci}} \geqslant K_n \tag{8-7}$$

转换后得

$$P_N \geqslant K_N \cdot P_C \cdot \frac{D_C}{D_N} \cdot \frac{S_C}{S_N} \cdot \frac{Q_C(R_C)}{Q_N(R_N)} \tag{8-8}$$

由式(8-8)可知，如果压制系数、通信距离和干扰距离已确定，就可以计算出干扰发射机压制通信时所需要的最小干扰功率P_N。反之，若干扰机功率已确定，则可以计算出相应的干扰距离来。

2. 通信干扰作用于模拟通信系统（连续信息传输系统）

1）干扰对话音的影响分析

话音通信设备是最常见的模拟通信系统（连续信息传输系统），话音通信传送的信息是语言和音响，话音通信接收系统终端的判决与处理机构是人，人的听力是耳与肮共同感知的结果，包括感受和判断两个过程。因此，当人为干扰的背景下判听话音信号时就必然会受干扰的影响，这些干扰对话音的影响表现在如下几个方面：

（1）压制效应。当干扰声响足够强大时,人们无法集中精力于对话音信号的判听；当干扰声响足够大而接近或达到人耳的痛闭时,听音由于本能的保护行动而失去对话音信号的判听能力。

（2）掩蔽效应。当干扰声响与话音信号的统计结构相似时,话音信号被搅扰,并淹没于干扰之中,使听者难于从这种混合声响中判听信号。

（3）牵引效应。当干扰是一种更有趣的语言,或是节奏强烈的音乐,或是旋律优美的乐曲,或是能强烈唤起人们向往的某种声响时,如田园中静谧夜空下的蛙鸣、狂欢节的喧闹声等,都能使听者感情引起某种同步与共鸣,听者会不由自主将注意力趋向于这些声响而失去对有用信号的判听能力,这就是牵引效应。

在通信接收系统终端要压制话音信号,所需的声响强度是很大的。实践证明,为了有效地压制话音信号所需的干扰声响强度必须数倍乃至数十倍于信号才行。为了产生这种数倍乃至数十倍于信号的干扰声响,与然并不一定要在通信接收系统输入端产生数倍乃至数十倍于信号的干扰功率,若选择恰当的干扰祥式,可以用较小的干扰功率取得较好的干扰效果。

2）干扰作用于调幅通信设备

（1）话音调幅信号的频谱。一个话音调幅信号的频谱包含着一个载频和两个边带,其载频并不携带信息,所有信息都存在于边带之中。一个总功率为 P_s 的调幅信号,如果其调制深度为 $m(m \leqslant 1)$,则其载频与边带之间的功率分配为

$$边带功率 / 载频功率 = m^2/2$$

可见,至少有一半功率被无用载波所占有。

（2）对话音信号干扰有效的机理。从施放干扰的角度来讲,为了对通信造成有效的干扰,并不需要压制其无用的载频,而只需覆盖并压制其携带信息的地带,因此,没有必要发射不携带干扰信息的干扰载波。从另一角度讲,发射调幅干扰则需要发射机工作在有载波状态,这也不利于充分利用干扰发射机的功率。假定干扰的频谱只有两个与信号频谱相重叠的边带,没有干扰载波,这样的干扰与有用的通信信号同时作用于通信接收系统,在接收设备解调器的输出端便可得到4种信号：

a. 通信信号的边带与其载频差拍得到的话音信号(有用信号)。

b. 干扰边带与通信信号载频差拍得到的干扰声响(干扰信号)。

c. 干扰分量之间差拍得到的干扰声响(干扰信号)。

d. 干扰边带频谱各分量与通信信号边带频谱各分量相互作用得到的低频干扰声响(干扰信号)。

由此可见,在通信接收系统解调输出端所得到的干扰功率为后三部分之和。分析表明,通信接收系统解调输出端上干扰功率与信号功率之比是输入端干信

比和信号调幅度的函数。只要通信接收系统输入端的干信比不等于零,解调输出端的干扰功率与信号功率之比就总是能够大大高于接收系统输入端的干信比,这就是对话音信号产生有效干扰的关键机理所在。

(3) 对调幅设备的最佳干扰是准确瞄准式干扰。当然,在上述简单分析中,并没有考虑到载频重合误差的问题。事实上,干扰的中心频率与信号的载频不可能总是对准的,其间存在的偏差值就是载频重合误差,用 Δf 表示。当 $\Delta f=0$ 时,干扰频谱可以与信号频谱较好地重合;当 $\Delta f \neq 0$ 时,随着 Δf 的增加,解调输出的干扰分量将趋于离散,与信号频谱相重叠的部分减少了,对信号频谱结构的搅扰和压制作用就将减弱,所以,对调幅通信设备的干扰以准确瞄准式干扰最好。

3) 干扰作用于调频通信设备

(1) 调频通信与调幅通信的差别。调频通信与调幅通信不同之处是调频通信在解调之前,为了抑制寄生调幅的影响增加了一个限幅器;另外,调频通信的解调器是鉴频器。

(2) 调频设备的门限效应。一个话音调频的通信信号和一个噪声调频的干扰信号同时通过调频解调器,情况是比较复杂的,精确计算比较困难,只能作定性的说明。由于调频通信设备使用了限幅器,产生了人们熟知的门限效应,也就是说当通信信号强于干扰信号时,干扰受到抑制,通信几乎不受影响。但随着干扰强度的增大,当干扰超过"门限"时,通信接收设备便被"俘获",这时强的干扰信号抑制了弱的通信信号。当干扰足够强时,通信接收设备便只响应于干扰信号而不响应于通信信号,在这种情况下,通信完全被压制了。因此,在调频通信中,"搅扰"并不多见,"压制"倒是经常发生的。

3. 通信干扰作用于数字通信系统(断续信息传输系统)

1) 数字通信的基本形式及其弱点

数字通信系统是一种断续信息传输系统,是传输二进制比特信号的数据传输系统。如图 8-3 所示,数字通信系统传送的数据信息实际上是一个编码的脉冲序列,在这个序列中,通常包括前、后保护间隔(保护段)及同步段和信息段。

任何一个与信号功率相近的干扰脉冲进入数字接收系统都可以搅乱原来的编码体系,从而有效地增加误码率。分析和实践证明,一个同样功率的带限高斯白噪声可以比其他调制方式的干扰更有效地破坏数字通信系统的工作。

2) 干扰数字通信的可行途径

干扰数字通信的可行途径有两个:其一是扰乱其接收的信息,使传输误码率增加到不能容忍的程度;其二是破坏数字通信系统中接收设备与发信设备之间的同步。

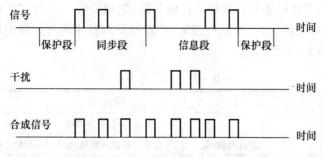

图 8 - 3　对数字通信系统的脉冲干扰

传输误码率的增加意味着正确传输的信息量减少和通信线路的效能降低，当误码率达到某一值(如对某一通信系统为 0.5)时，就认为通信已被破坏，干扰有效。

破坏同步则会使数字通信中断，虽然多数系统在失步之后，可以在短时间内恢复，但有效干扰造成的持续或反复失步仍可使数字通信系统瘫痪。

8.2.3　通信干扰设备的主要技术指标

1. 频率通盖范围

干扰机的工作波段是根据被干扰通信系统的波段及其跳频范围所决定的。由于干扰机不仅对一个系统实施干扰，通常是要对处于同一频段而工作频率不同的系统进行干扰，所以要求干扰机有一定的频率通盖范围。如果一部干扰机不能够满足技术要求，可用多部干扰机在频率上进行衔接。采用瞄准式干扰的干扰机，频率对准是最关键的。

2. 干扰功率要足够强

干扰机的功率是根据总的战术要求提出的。通常要求在最小的干扰距离内，在被干扰的通信系统接收机的输入端的干扰功率要大于输入信号的功率。否则，就达不到一定的干扰强度，干扰会失败。现代压制式干扰发射机输出连续波功率一般为数百瓦，高的可达数千瓦。为提高单个发射机的发射功率，可以采用功率合成技术。如果单个干扰机不能满足功率要求，也可采用多部干扰发射机，在空间进行能量叠加。

3. 干扰样式

干扰机根据干扰对象的不同和功能的要求，应具备多种多样的干扰信号形式。干扰信号形式的多少，标志着干扰机灵活多变和多功能方面的能力。在频率对准、功率足够的前提下，干扰方式的选择是否恰当，在一定程度上将直接影响干扰效果，通常是根据被干扰通信系统的工作方式及其参数来确定最佳干扰的方式。现代干扰机需具有多种干扰信号形式,通常有一专门的干扰波形产生器(干扰技术产生器)来产生这些波形,再通过调制器实现对射频的调制。干扰信号样式如表8-1所列。

表8-1　干扰信号样式

波形	调制类型
调幅连续波	正弦波调幅、噪声调幅
调频连续波	线性调频(锯齿波、三角波)、正弦波调频、噪声调频相位编码调制
调幅调频连续波	噪声调幅调频
直接噪声	射频噪声
调相连续波	锯齿波、三角波、三角波调相、噪声调相
简单脉冲	矩形脉冲振幅调制、方波振幅调制
复杂脉冲	杂乱脉冲振幅调制、多脉冲、编码脉冲调制
规则信号与噪声	规则信号(锯齿波、三角波、正弦波、方波)与噪声复合调制

4. 调谐速度

调谐速度是指干扰发射机在频率上调谐和转换的速度,通常以单位时间调谐的频率范围或调谐整个干扰频段所需的时间来表示。随着现代通信系统频率快速跳变能力的提高和干扰机需要同时干扰的干扰对象的增多,对调谐速度的要求越来越高,并成为现代干扰机的一个重要技术指标。

5. 射频信号频谱形状及频谱宽度

频谱形状及频谱宽度是根据干扰机的干扰对象和干扰方式(瞄准式还是阻塞式)来确定的。噪声干扰,其辐射信号的频谱应有一定的宽度,干扰频谱密度要均匀,这就要求发射机的主要参数(振荡功率、调制信号的频谱宽度等)不变。

6. 工作稳定性

干扰发射机的工作稳定性包括干扰频率的稳定性和干扰功率的稳定性。干扰频率的稳定性对于频率瞄准式干扰更为重要,干扰频率的漂移会使干扰信号频率对不准干扰对象的频率,而大大降低干扰效果,所以干扰发射机中一般都采取稳频措施。干扰发射机的频率稳定性主要由振荡器决定,在有频率合成器的发射机中,频率稳定性由合成器中的标准振荡器决定。功率稳定性也很重要。通常在整个干扰波段内,干扰发射机功率应尽可能是平稳而均匀的,否则会降低干扰效果。在要求严格的干扰发射机中都采用有稳定功率的措施。

7. 效率

干扰发射机总效率是指发射机输出的射频功率与它的电源输入的总功率之比。因为发射机都是大功率的,它在整机中是最耗电和最需要冷却的部分,所耗电源的功率约占整个干扰机的50%以上。因此,提高发射机的效率不仅可增大干扰功率,而且可以降低功耗,减小整个干扰机的体积和重量。对于多级放大式发射机,要提高总效率,应主要注意改善大功率的输出级的效率。

8.2.4 影响干扰效果的因素

1. 干扰发射机的功率和天线的增益、效率和方向性

一般地说,干扰发射机功率越强,接收点的干扰场强就越高,干扰效果也就越好。

2. 发射的干扰信号的形式及参数

对某种信号形式和接收形式,干扰的样式和参数不同,干扰效果也不相同。

3. 数方通信信号的样式和技术参数

例如,连续信号有调幅、调频、调相、单边带信号等,不连续信号有振幅键控、移频键控、移相键控和脉冲调制信号等,其他还有较复杂的电视信号、扩频信号等,而且每一种信号的具体参数也不一样,因此对它们的干扰方法也不相同,干扰效果差别很大。

4. 敌方接收机的形式及技术性能

各种不同的通信方式都有特定的接收设备,即使同一种通信方式,也可能设计出不同的线路结构,具有不同的性能。为了提高抗干扰性,还可能研制出特殊的抗干扰接收机,使某些特定形式的干扰效果大大降低,甚至无效。

5. 传输路径不同对电磁波吸收与反射的影响

长波、中波、短波、超短波以及微波备波段等备波段无线电信号,传输路径及在传输过程中受到的影响是不一样的。例如,在短波的高频段经电离层反射的无线电信号,接收时要受到衰落现象的影响;沿地而传播的中波、短波信号受地面吸收后衰减较大。通信信号的路径与干扰的路径是不一样的,传输路径的影响也不完全一样,在某些距离上有时用天波比用地波干扰效果要好,因此在研究、组织、实施通信干扰时,一定要考虑电波传播的影响。

6. 其他因素

敌方天线系统的方向性、接收设备所用的基带处理设备的性能、数方通信系统在受干扰时的反干扰技术措施等。

由以上叙述可以看到,影响干扰效果的因素是很复杂的。在研究通信干扰理论、研制通信干扰设备与组织实施通信干扰时,应充分考虑这些因素。

8.2.5 通信干扰的关键技术

现代通信对抗是通信与电子高新技术的对抗,下面就介绍一下其中的几项关键技术。

1. 低截获概率扩频信号的检测技术

扩频通信是一种利用伪随机序列扩展和解扩信号频带的通信技术。根据信号扩展的工作方式不同,有几种基本的扩频形式,即直接序列扩频、跳频扩频、跳时扩频以及各种混合结构。

由于扩展后的频带远大于原始信息占有的带宽,使得扩频系统具有扰干扰(AJ)和低截获概率(LPI),以及抗多径、随机接入、任意选址等特点,因而受到广泛注意,得以迅速发展。目前世界上已有十几个国家,几十家公司生产近百种型号的扩频电台。西方各国和我国周边地区的多数国家都已开始大量装备部队,这些装备几乎覆盖了短波到卫星的所有频段,其中以美军配备最齐,应用最广。

在扩频通信中,FH—SS 采取"躲避"方式来确保其安全性. 而 DS—SS 采用"隐蔽"方式。如果发送的 FH 信号表示为

$$S_I(t) = \cos\{[\omega_0 + N(u)\omega_H + d(u,t)\omega_\Delta]t + \varphi(u)\} \qquad (8-9)$$

式中:u 为随机变量,$N(u) \in \{0,1,\cdots,N-1\}$;$\omega_H$ 为最小跳频间隔;$d(u,t)$ 为信息流;ω_Δ 为信道内移频间隔。

则对于实际的 FH—SS 系统,其接收信号可表示为

$$r(t) = S_I(t) + \sum_{j=2}^{M} S_j(t) + n(t) + J(t) \qquad (8-10)$$

式中:$n(t)$ 为噪声项;$J(t)$ 为其他干扰项;$S_j(t)$ 为 M 个用户的跳频通信网内的其他用户的发射信号,可表示为

$$S_j(t) = d(u,t) \cdot C_j(t) \cdot \cos[(\omega_0 + \omega_d(u)) \cdot t + \varphi(u)] \qquad (8-11)$$

其中,$t = t - \tau(u)$;$C(\cdot)$ 表示伪随机码波形;$\omega_d(u)$ 为多普勒频移。

式(8-11)也可表征为 DS—SS 的接收信号。

DS—SS 信号由于具有很小的谱密度,因而更难于检测,一般采用其他检测方法,包括以下几种:

(1)能量检测。能量检测是信号检测中的经典方法,其基本思想是信号加噪声的能量大于噪声能量。

(2)自相关检测。相关域检测是利用噪声的不相关和信号的相关性来进行检测。

(3)谱相关检测。谱相关的概念是由 W. A. Gardner 引入的,给周期平稳信号的分析带来了便利。实际中很多信号不满足平稳条件,但具有周期平稳性,扩频信号正是如此。一般来讲,周期平稳信号的谱相关函数含有比普通分析方法更多的信息。谱相关检测含有载频、扩频后信息速率、波特率和编码重复率等信

息,这是其他方法所不具有的,因而从理论上讲,谱相关法具有更大的优势。

2. 卫星通信的干扰技术

军事卫星通信技术的兴起和发展,导致了卫星通信的干扰技术研究和发展,卫星通信对抗已成为现代军事 C^3I 系统中的关键环节。

以"主动、灵敏、纵深、协调"为基本原则的"空地一体战",将是未来战争的一种主要模式。为适应大纵深、全方位、高机动、立体化和战场信息密集等作战特点,为多军种、兵种协同作战提供可靠的通信保障,需要建立一个多手段、多层次、远距离、大容量的综合通信体系。卫星通信系统是这个体系中最重要的角色,在全球战略战术通信中,通信卫星成了指挥、控制、通信和情报收集的重要工具,是满足决策部门、军事指挥部门、军政领导通信需要,应付突发事件的一种有效手段。它一旦被干扰,战略、战术通信即受阻。因而卫星通信干扰在现代战争中的作用举足轻重。

1)卫星通信的弱点

一个卫星通信系统由发端地球站、上行线传播路径、卫星转发器、下行线传播路径和收端地球站组成。因而,卫星通信的干扰就有上行线路干扰和下行线路干扰之分。卫星通信比其他通信手段有着许多优点,但在本书中主要关心的是其下述弱点:

(1)卫星面倍方式是利用转发器进行中继通信,服务对象多且分散,系统的天线覆盖范围较大,分布在不同的海域、空域和地域,这就为干扰提供了多种可能的机会和条件。

(2)为接收不同时间、地域、频率的用户信号,卫星接收系统必须进行空间扫报,因而捕获信号时间较长,这也为干扰提供了有利条件。

(3)卫星和地面终端相距遥远。路径损耗极大,发射功率不是太大,因而双方收到的信号很弱,通信线路易被干扰。

(4)随着反卫星卫星和高能武器(激光、粒子束、高能微波)的发展,卫星通信的空间部分容易受到袭击。

2)卫星通信干扰技术分析

根据卫星通信系统的基本组成,利用卫星通信的弱点,是研究卫星通信干扰技术的出发点。

首先,介绍上行线路的干扰。

原则上、无论从地面,舰船移动站还是升空平台或干扰卫星上,均可对敌方上行信道实施干扰。对于模拟信道或数字信道调制方式的卫星信号、为人所熟知的单音、多音、窄宽带噪声调频和拦阻干扰等,仍然是行之有效的干扰波形。对正在发展中的跳频和扩频信号、瞄准式干扰或引导跟踪式干扰比较好。因卫星接收系统为宽带、多载频工作,其行波管放大器极易受到多载波时的三阶和五阶组合干扰及幅度不均匀引起的幅—相变换干扰,适当选择多载频干扰频率和幅度,可以在很大程度上使卫星接收系统工作不正常,从而达到干扰上行线路的目的。下面分析干扰的可行性。

由于卫星通信是采用转发器进行通信的一种特殊通信方式,所以,只要将干扰信号通过卫星的转发器插入到卫星信号的传输链路中,就能达到瘫痪卫星通信系统的目的。

卫星上的干扰功率由线路方程给出:

$$J = \frac{\text{EIRP}_J \cdot G(\theta)}{\left(\dfrac{4\pi R_J F}{C}\right)^2 L_{AJ} L_P} \tag{8-12}$$

可用 dB 表示为 $J = \text{EIRP}_J + G(\theta) - L_J - L_{AJ} - L_P$。

式中:J 为卫星接收机输入端的干扰功率;EIRP_J 为干扰机有效全向辐射功率;$G(\theta)$ 为卫星接收天线在干扰机方向上的增益;R_J 为干扰机与卫星之间的距离;F 为干扰载波频率;C 为传播速度;L_{AJ} 为由于抖动和指向精度误差造成的指向损耗;$L_J = 20\log\dfrac{4\pi R_J F}{C}$ 为传输损耗。

卫星上的信号功率与干扰功率表达式基本相同,即

$$S = \frac{\text{EIRP}_S \cdot G}{\left(\dfrac{4\pi R_S F}{C}\right)^2 L_{AS} L_P} \tag{8-13}$$

可用 dB 表示为 $S = \text{EIRP}_S + G(\theta) - L_S - L_{AS} - L_P$。

式中:S 为卫星接收机输入端的信号功率;EIRP_S 为地面终端发射机的有效全向辐射功率;G 为卫星接收天线在地面发射机方向上的增益;R_S 为地面站与卫星之间的距离;F 为地面站发射的载波频率;C 为传播速度;L_{AS} 为信号功率的大气损耗;$L_S = 20\log\dfrac{4\pi R_S F}{C}$ 为传输损耗。

则实际的卫星线路干信比为

$$\frac{J}{S} = \text{EIRP}_J - \text{EIRP}_S + G(\theta) - G - L_J + L_S - L_{AJ} + L_{AS} \tag{8-14}$$

令卫星能有效工作时的最大干信比即临界干信比为 $\left(\dfrac{J}{S}\right)_{\max}$,则 $\left(\dfrac{J}{S}\right)_{\max}$ 与 $\left(\dfrac{J}{S}\right)$ 的差值就是干扰裕度,即

$$\left(\frac{J}{S}\right)_{\max} - \left(\frac{J}{S}\right)$$

从干扰裕度很容易确定干扰机是否有效地干扰了卫星。如果干扰裕度为正,则卫星系统能按要求可靠的工作;若干扰裕度为负,干扰机干扰卫星获得成功。

然后,介绍下行线路的干扰。

从能量观点看,地面、舰船、机载或低轨道卫星干扰原则上对下行线路均可奏效。前两种系统可以做成大功率、高增益天线,但由于波束偏角、地球曲率、地物障碍等原因,其干扰效果不会太好。卫星干扰方式具有覆盖面广的特点,但由于远距离损耗及星上容积、质量、能源受限等因素,应用范围受到一定限制。而各种升空平台干扰机,如无人机干扰系统、隐身高空干扰飞机等,离敌地面终端距离近、覆盖面宽,可以比地面小得多的功率达到很好的干扰效果。用 1 架 ~ 3 架干扰无人机足以覆盖一个摩托化步兵师成坦克师的区域。下面以无人机干扰下行线路作具体分析。

地面终端接收到的卫星信号功率可由卫星链路方程给出:

$$S = \frac{\text{EIRP}_{SS} \cdot G(\theta)}{\left(\dfrac{4\pi R_S F}{C}\right)^2 L_{AS}} \tag{8-15}$$

可用 dB 表示为 $S = \text{EIRP}_{SS} + G(\theta) - L_S - L_{AS}$。

式中:EIRP_{SS} 为卫星的有效全向辐射功率;$G(\theta)$ 为地面终端天线在卫星方向上的增益;L_{AS} 为大气损耗;$L_S = 20\log\dfrac{4\pi R_S F}{C}$ 为传输损耗。

设无人机高度为 h,要求覆盖半径为 r 的区域,考虑边缘情况,则地面终端接收到的干扰信号为

$$J = \frac{\text{EIRP}_J \cdot G}{\left(\dfrac{4\pi\sqrt{h^2 + r^2}\cdot F}{C}\right) L_{AJ}} \tag{8-16}$$

可用 dB 表示为 $J = \text{EIRP}_J + G - L_J - L_{AJ}$。

式中:EIRP_J 为无人干扰机的有效全向辐射功率;G 为地面终端天线在无人机方向上的增益;L_{AJ} 为大气损耗;$L_J = 20\log\dfrac{4\pi\sqrt{h^2 + r^2}\cdot F}{C}$ 为传输损耗。

为分析问题方便,考虑干扰抑制比为 1:1 的简单情况下,则在敌方地面终端,只要 $J \geqslant S$ 就能形成有效干扰。

3. 天波信道的干扰技术

天波通信是利用电离层来反射无线电波,从而避开地形、地物的影响,实现远距离通信。为实现天波信道干扰的目的,现讲述一下天波通信方式的特点。

1)天波通信

(1)频率选择。利用天波信道实现远距离通信,关键的问题是选择一个好的工作频率,即选择一个最佳工作频率。通信距离确定之后,就要根据通信时间、收发双方所处的地理位置等要素来考虑传输模式。通常,对于 1000km 以内的通信距离,白天选择 F 层、E 层或 D 层作为反射层,使天线有一个合适的仰角,便于架设;夜间 D 层消失,E 层反射能力降低,只有使用 F 层。电离层的每一层都有一个与通信距离 d 有关的最高可用频率 $MUF(d)$,超过最高可用频率,电波就会穿透该层,到上一层。对于 F 层,如果超过最高可用频率,电波将不会返回地面,从而造成通信中断。天波信道的最高使用频率一般不超过 30MHz。通常我们把低于最高可用频率15%的频率作为该层的最佳频率,这个最佳频率的含义是指90%的时间不会穿透该层。实际选择工作频率时,还要遵循如下原则:

① 对短波通信影响最大的大气噪声是随着频率升高面迅速下降的,因此应尽可能选择较高的频率,提高接收点的信噪比。

② 电离层对电波的非偏移吸收损耗是随频率升高而降低的,因此也应选择较高的频率。

③ 选择接近最高可用频率的工作频率,可以减少传输损耗,从而降低多径时延引起的干涉衰落的影响,这一点对数传通信非常重要。

(2)传输损耗与频率关系。天波信号的传输损耗由四项组成,即

$$L = L_f + L_n + L_g + Y_P(dB) \tag{8-17}$$

L_n 为电离层非偏移吸收损耗,大致与频率的平方成反比,为

$$L_n \approx \frac{k}{f^2} \tag{8-18}$$

k 与电子密度和电子碰撞频率有关;L_g 为地面反射损耗,对于一跳传播模式,此项为 0;Y_P 为系统额外损耗。

电离层还存在一种偏移吸收损耗,发生在反射点附近。研究表明,这项吸收损耗一般不大于 1dB,计入系统额外损耗中。

由 L_f 定义式表明,自由空间传输损耗是随着频率的升高而加大。如果频率从 10MHz 提高到 20MHz,自由空间传输损耗提高 6dB;L_n 定义式表明,电离层的

吸收损耗是随着频率的升高而降低的。如果频率从 10MHz 提高到 20MHz,吸收损耗大约降低 6dB。由此可以看出,频率的变化,对总的传输损耗影响不大。

(3) 大气噪声与频率的关系。大气噪声功率可表示为

$$P_n = F_n + B - 204 \text{ (DBW)} \tag{8-19}$$

$$F_n = F_{am} + D_\mu + \sqrt{\sigma_{F_{am}}^2 + \sigma_{D_\mu}} \tag{8-20}$$

式中:F_n 为等效天线噪声系数;B 为信道带宽;F_{am} 为短时噪声电平中值;D_μ 为相对于 F_{am} 的偏差;$\sigma_{F_{am}}$ 为相对于 F_{am} 的标准差;$\sigma_{D\mu}$ 为相对于 D_μ 的标准差。

选择较高的频率,对提高短波天波通信的信噪比是非常重要的。事实上,对于一条固定的短波天波电路,存在一个满足基本倍噪比的最低可用频率,在最低可用频率与最高可用频率之间的所有频率原则上都可以进行有效的通信。

2) 天波干扰

以上从通信的角度讨论了频率的选择问题,澄清了这样一点:通信可以选择最佳频率,而干扰是被动的,无法选择频率,因此,用不是最佳的频率去干扰最佳的频率难以奏效。实际上,这个"最佳"仅仅是指 90% 的时间不穿透反射层,并不是其他意义上的"最佳"。

要对远距离的目标进行干扰,首先要解决侦察问题。现在主要讨论对已知目标进行干扰可能遇到的问题。

(1) 干扰功率。下面以实际的例于来说明。

假设通信距离为 400km,干扰距离为 1000km。通信方的传输损耗 L_1(dB) 由式(8-17)求得,今由式(8-18)求得。其中,式(8-18)中的 d 为电波在空中实际经过的距离,由下式计算:

$$d = \left[2R \frac{\sin \dfrac{D}{2R}}{\cos\left(\Delta + \dfrac{D}{2R}\right)} \right] \text{ (km)} \tag{8-21}$$

式中:R 为地球半径(6370km);D 为大圆距离(km);H_c 为电离层虚高(km);Δ 为射线仰角,即

$$\tan\Delta = \frac{\cos\left(\dfrac{D}{2R}\right) - \dfrac{R}{R + H_c}}{\sin\left(\dfrac{D}{2R}\right)} \tag{8-22}$$

式(8-17)中,L_n 采用半经验公式计算,即

$$L_n = \frac{677.2 \cdot I \cdot \sec\varphi}{(f + f_H)^{1.98} + 10.2} \tag{8-23}$$

式中:f 为工作频率(MHz);f_H 为在 100km 高处的磁旋频率(MHz);φ 为在 100km 高处的入射角,即 $\varphi \approx \arcsin(0.985\cos\Delta)$;$I$ 为吸收指数,即

$$I = (1 + 0.00037R)(\cos 0.881\chi)^{1.3}$$

其中,R 为太阳黑子数;χ 为吸收点的太阳顶角。

根据经验,对于 400km 的通信距离,使用频率通常不超过 $H_c = 10\text{MHz}$,在白天主要通过 E 层反射,因此计算中取 $f = 9\text{MHz}$,$H_c = 110\text{kHz}$。结果如图 8-4 和图 8-5 所示。

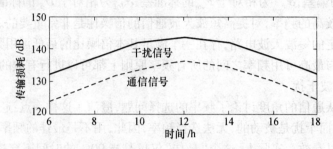

图 8-4　通信信号与干扰信号的传输损耗

从 1000km 处进行干扰,干扰信号的传输方式可能是 $1F$、$1E$、$2E$ 等几种,这需要通过比较各种方式的传输损耗来确定。比较结果是 $1F$ 为主要传输方式,即以 F 层一跳反射方式为主。于是可取电离层高度 $H_c = 300\text{MHz}$。计算结果绘制在图 8-4 和图 8-5 中(实线)。

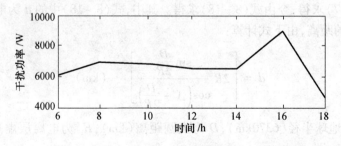

图 8-5　所需干扰功率

下面推算所需干扰功率。首先假设通信电台功率为 100W,天线增益为 10dB。

接收点通信信号的场强为

$$E_t = 107.2 + 20\log f + G_t + P_t - L_1 \tag{8-24}$$

式中:G_t 为通信天线增益;P_t 为通信功率,DBW;f 为频率,MHz。

根据干扰理论,对于单边带电话通信,当接收点干扰场强的值超过信号场强

的 2 倍时能有效压制通信,即干扰场强应比通信场强高 6dB。

求得干扰场强后,可用式(7－24)计算干扰功率,计算中干扰天线增益取 6dB,结果如图 7－6 所示。

(2) 干扰效果。天波信道是一个色散时变信道,用表示电离层变化统计规律的数学模型所进行的计算都是概率意义上的结果——中值,因此干扰效果是不稳定的,实验也证实了这一点。具体原因有以下两点:

①电离层的不稳定性。电离层的变化受太阳的强烈影响,有时会呈现出特殊的状态,如电离层倾斜,形成 E、F 层波导等等,导致电波偏离预定的传播路线,无法到达接收点,从而影响干扰效果。另外,太阳的异常变化会导致电离层发生异常变化,加大对电波的吸收,也会影响干扰效果。

② 干扰的被动性。干扰的被动性是指干扰频率完全取决于通信频率,因而无法与信道很好地匹配。这种不匹配可能值电波在干扰点与被干扰点之间有多种传播模式,当它们到达被干扰点时,只要满足一定的相位关系,就会相互抵消,造成干涉衰落,从而影响干扰效果。

天波通信与天波干扰的最大不同就是频率选择。通信方可以用自适应技术不断调整工作频率,以确保通信质量满足要求,而干扰方却不具备这个条件。解决干扰效果的稳定性问题,目前还没有好的技术手段,比较现实的办法是增加干扰设备数量,从不同的路径对同一目标进行干扰。电离层的变化或衰落同时影响两个以上路径的概率当然要小得多。

理论分析和实验均已证明,利用电离层的反射进行远距离干扰是完全可行的。但是由于无法控制电波在变化的电离层中的行为,使得干扰效果难以控制。用相隔一定距离的多部干扰机对同一目标进行干扰,是提高有效干扰概率的一种方式。

8.3　通信抗干扰技术

在军事通信中,为了窃取对方的通信内容,破坏对方通信的设施,需采取通信对抗措施。通信对抗的主要方式又分为截获和干扰。截获是最基本的,通过对对方通信信号的探测,获知对方的通信活动,进而分析所使用的频率、通信的时间、通倍设施的位置,甚至能破译通信的内容,窃取军事情报为己所用。有时破坏对方的通信比窃取情报更有价值,此时则要施放干扰使对方不能正常通信。

通信反对抗则是保护己方通信不被截获、干扰。可见,通信对抗与反对抗是军事通信有别于民用通信的重大特征,两种技术相互促进,是矛与盾的关系。反截获的基本方法有智能天线技术、信道估计技术、扩频通信技术、猝发通信技术和数字水印技术等。

8.3.1 扩频通信技术

1. 扩频通信的基本理论

扩展频谱通信(简称扩频通信)是一种信息传输方式,是指待传信息的频谱用某个特定的扩频函数扩展后成为宽带信号,送入信道中传输,在接收端利用相同的扩频函数对扩频数据进行频带压缩,从而恢复原始数据的通信方式。扩展带宽至少是信息带宽的几十倍甚至几万倍。信息不再是决定调制信号带宽的一个主要因素,其调制信号的带宽主要由扩展函数来决定。因此,扩频通信系统必须满足以下两个准则:

(1)传输带宽远远大于被传输的原始信息带宽。

(2)传输带宽主要由扩频函数决定,此扩频函数常用的是伪随机编码信号。

在军事通信中,扩频通信因为其抗干扰能力强、具有隐蔽通信能力等特点而被广泛应用。扩频通信的一般原理如图7-6所示。

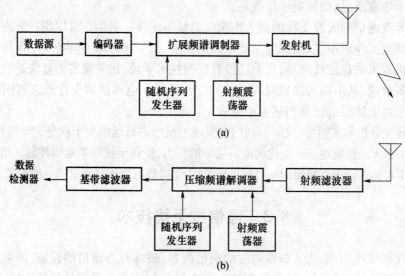

图8-6 扩频通信系统工作原理

(a)发射系统; (b)接收系统。

与无扩频的无线通信原理相比,多了扩频调制和扩频解调。按照扩展频谱的方法不同,抗干扰扩频通信又有直接序列(DS)扩频、跳频(FH)、跳时(TH)以及它们的混合使用等方式。

1)直接序列扩频序列系统(DS-SS系统)

DS-SS是直接用扩频码序列在发端扩展信号频谱,即用高速的伪随机码序列去调制相对低速的数据信息,达到扩展信号频谱的功能,在收端用相同的扩频码序列去解扩,还原出原始的信息,其工作原理如图 8 - 7 所示。

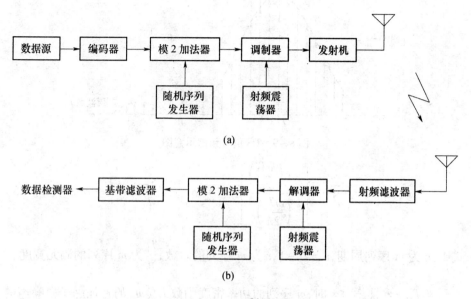

(a)

(b)

图 8 - 7　DS - SS 系统工作原埋
(a) 发射系统;(b) 接收系统。

伪随机序列矩形波变化速度 T_c 和信息码元速率 T 相比较而言,PN 序列的设定速度要快得多,即 $T \gg T_c$,如图 8 - 8 所示。这里,T 和 T_c 以后常用频率来表征,所以 T 时间宽度称作比特区间(Bit Duration),T_c 时间宽度称作切普区间(Chip Duration),它们的倒数分别称作比特速率和切普速率。

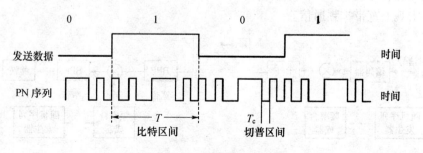

图 8 - 8　DS 信号结构示意图

假设采用 PSK 调制方式,信号的频谱分布和带宽如图 8 - 9 所示,并由式(8 - 25)表示。

273

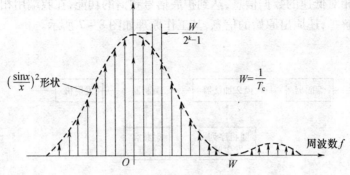

图 8-9　DS 信号频谱示意图

$$P_{s}(\omega) = \frac{n+1}{n^{2}} \cdot \left[\frac{\sin\left(\frac{\omega T_{b}}{2n}\right)}{\left(\frac{\omega T_{b}}{2n}\right)} \right]^{2} \cdot \sum_{\substack{i=-\infty \\ i \neq 0}}^{\infty} \delta\left(\omega - \frac{2\pi i}{T_{b}}\right) + \frac{1}{n} \cdot \delta(\omega) \quad (8-25)$$

式中:n 为 m 序列周期,$n = 2^{r} - 1$,r 为 m 序列的阶数;$\frac{T_{b}}{n}$ 为 m 序列的码元宽度。

当 $T_{b} \to \infty$ 且 $\frac{n}{T_{b}} \to \infty$ 时,m 序列的功率密度函数 $P_{s}(\omega)$ 的特征趋于白噪声的功率谱特性,即 $P_{s}(\omega) = K$,K 为常数。

2）跳频方式

FH 方式和 DS 方式的原理不同。FH 是用扩频码序列去进行移频键控,使发射信号的载频不断地变化,其工作原理如图 8-10、图 8-11 所示。在通信瞬间,通信信号的频谱形态与其基带信号的频谱相同,只不过信号的载频的变化是受扩展函数控制的,即信号频谱的中心频率随扩展序列变化,实现实时窄带通信,宏观上宽带扩频通信。

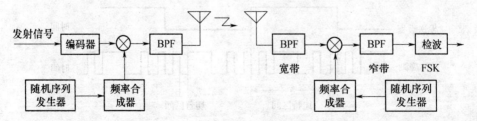

图 8-10　FH 系统工作原理示意图

3）跳时方式

TH 是使发射信号在时间轴上跳变,先把时间轴分成许多时间片,在一帧内那个时间片发射信号由扩频码序列控制。跳时与时分系统不同,它不是在一帧

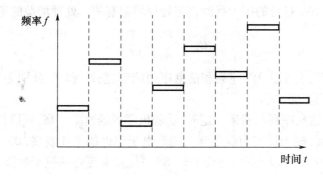

图 8 – 11　FH 系统瞬时频率跳变示意图

中固定分配一定位置的时间片,而是由扩频码序列控制的按一定规律跳变位置的时间片。

4) 混合方式

单独的 DS、FH 或 TH 均有不足的一面,将它们组合应用,可以得到取长补短的效果,而且便于工程实施,常用的混合方式有 DS + FH,DS + FH + TH。

2. 扩频通信系统抗干扰原理

在 DS – SS 系统中,如图 8 – 8 所示,互相关运算后扩展到 DS 信号的整个频带,使得干扰等效为一幅度较低频谱较平坦的噪声,如图 8 – 12 所示。因此扩频可以用来减小干扰对控受性能的影响,起到抑制窄带干扰的作用。解扩前与解扩后的信号与干扰的频谱如图 7 – 13 所示。同时多径衰落使得延时的 PN 信号和原 PN 序列互相关性变差,使其就像一个不相关的用户信号被接收机忽略,所以扩频系统具有良好的抗多径干扰的能力。

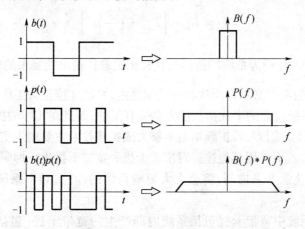

图 8 – 12　信息扩频过程中的时域及频域示意图

DS－SS 系统自身的抗干扰能力与处理增益有关。处理增益的定义式为

$$G_{\mathrm{p}} = \frac{W_{\mathrm{C}}}{W_{\mathrm{b}}} = \frac{T_{\mathrm{b}}}{T_{\mathrm{c}}} \qquad (8-26)$$

式中：W_{C} 和 W_{b} 分别为 PN 序列和信息序列的带宽；T_{b} 和 T_{c} 分别为信息码元和州序列的码元宽度。

所以,当信息序列的速率一定时,伪随机序列的速率越高,频谱扩得越宽,处理增益就越大,抗干扰能力就越强。随着电子器件的飞速发展,DS－SS 系统中的 PN 序列速率也越来越高,使得 DS－SS 系统具有更强的抗干扰能力。

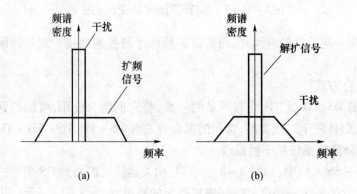

图 8－13　DS－SS 系统中扩频信号与干扰的频谱

DS－SS 系统中的一个衡量系统在干扰环境中工作能力的参数是干扰容限,它考虑了一个可用系统输出信噪比的要求而且还要顾及系统内部信噪比和损耗,其定义式为

$$M_{\mathrm{j}} = G_{\mathrm{p}} - \left[L_{\mathrm{sys}} + \left(\frac{S}{N} \right)_{\mathrm{out}} \right]$$

式中：L_{sys}、$\left(\dfrac{S}{N} \right)_{\mathrm{out}}$ 分别为系统的执行损耗和相关解扩输出端要求的信噪比。

干扰信号的功率必须在干扰容限范围之内,系统才能正常工作。

DS－SS 系统自身的干扰抑制能力总是有限的,而且在实际的扩频通信中总存在着大量的干扰因素,若扩频增益不够大或扩频技术主要用于实现多址时,如码分多址系统,若不采用其他途径对窄带干扰和宽带干扰进行抑制,只靠扩频系统自身的抗干扰能力来抑制,将会大大影响系统的性能,导致系统容量大幅度减少。

DS－SS 系统中宽带干扰包括系统内部产生的宽带干扰（包括多址干扰和多径干扰）和非 DS－SS 系统的人为宽带干扰。DS－SS 通信的基础是存在大量

自相关性很好的正交伪随机码,从而实现多个用户共享同一频段。最理想的假设是互相关值为零,但实际上是难以实现的,而且 DS – SS 系统异步工作时,系统性能还要取决于部分互相关值和部分自相关值,所以多址干扰是始终存在的,加上源于多址干扰的远近效应的影响,使多址干扰成为制约 DS – SS 系统性能的主要因素。对于无线军事通信来说,多径干扰的影响几乎不可避免,加性高斯白噪声(AWGN)信道下的系统分析与设计不能完全适用于存在衰落和码间干扰的多径信道。

另外,在许多应用场合,DS – SS 宽带系统与某一窄带通信系统共存,窄带系统相当于一个很强的窄带干扰。在军事通信系统中,敌方人为的窄带干扰和宽带干扰更是不可避免,若不加以抑制,将对己方的通信系统构成严重威胁。

由以上的分析可知,在 DS – SS 通信系统中,干扰抑制是一个很重要的问题,影响着整个系统的性能。所以必须研究在接收机中采用专门的干扰抑制技术。由于干扰和信道的特性都是动态变化的,为了应用于实际的通信环境中,就必须采用自适应的接收机结构。

3. DS – SS 系统抗干扰技术

因为干扰和信道的动态变化特性,所以在干扰抑制技术中通常采用自适应技术。经过多年的研究发展,国内外关于扩频系统自适应干扰抑制技术的理论基础已经建立起来了。在扩频系统干扰抑制技术领域,针对不同的干扰有不同的自适应抑制技术。

在 DS – SS 系统中多址干扰(Multiple Access Interference, MAI)的抑制问题即是多用户检测问题,而人为宽带干扰抑制问题则是单用户的检测问题,即接收机只知道期望用户的扩频序列和时延,而不需要其他用户序列先验知识。

1)窄带干扰抑制技术

DS – SS 系统中,窄带干扰抑制技术可分为线性和非线性自适应滤波两类。

线性自适应滤波技术包括预测/估计滤波、判决反馈滤波以及变换域处理。其基本思想是利用 DS – SS 信号频谱宽而且扁平,NBI(窄带干扰)频谱却窄而尖锐的特性,挖去或变平干扰频谱。组合滤波器的算法的提出,可有效降低自适应处理对信号的抑制作用,并且有好的数值稳健性和稳定的信噪比改善,收敛速度快于非组合的同类基本滤波器。

(1)时域预测/估计滤波。预测/估计滤波可以看作是对整个接收信号完成白化处理。其基本原理是窄带干扰的时间相关性很强,可以精确预测,而宽带扩频信号的时间相关性很弱,难以预测,因而可以预测窄带干扰,然后在接收信号中将预测到的干扰减去,得到无窄带干扰的信号。它的基本结构如图 8 – 14 所示,自适应滤波部分采用按码元宽度抽头的单边带预测滤波器或双边带中心抽头横向滤波器,滤波权值用一些自适应算法(LMS 算法、格型 RLS 算法等)加以更迭。在这种方法中,因为是对整个接收信号进行白化处理,所以干扰的降低是以引入了信号失真为代价的,而且干扰必须是相对窄带的(一般不超过 DS – SS 信号带宽的)。

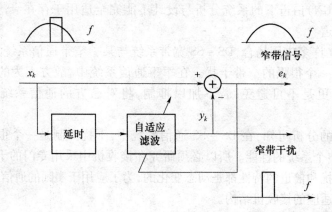

图 8 – 14 预测/估计滤波原理示意图

（2）判决/反馈滤波器（DF, Decision/Feedback Filter）。在预测/估计滤波中,是白化整个接收信号,从而引入了一定的信号失真。而在判决反馈自适应方法中,对其进行了改进,只有白化噪声和干扰,这样可以改善系统性能。为此,在自适应滤波器输出端做出判决或者说是对 DS 信号进行估计,将此判决反馈至滤波器,从接收信号中减去该估计,然后输入到自适应滤波器,进行训练,从而实现干扰抑制。判决/反馈滤波器结构如图 8 – 15 所示。

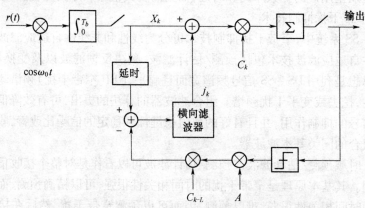

图 8 – 15 判决/反馈滤波器工作原理示意图

（3）变换域滤波器。在变换域对干扰进行抑制的技术具有许多优点，在时域复杂的滤波过程中，变换域可以通过简单的相乘来完成，而且变换域处理的速度更快，许多技术的进步使得许多变换得以实时进行。不同于预测/估计滤波方法，变换域处理通常采用实时傅里叶变换完成陷形滤波。它是由对接收波形的傅里叶变换进行相关操作以及反傅里叶变换来实现的。它仍是自适应的，可用包络检测器来决定窄带干扰的位置，然后调整陷波器的位置来抑制掉窄带干扰。它的优点是可以瞬时地自适应，速度更快。可抑制单音干扰或是慢变化单音干扰，当干扰频谱宽度较大时，此技术仍可行。

由于 DS－SS 序列是独立等概率分布的二进制序列，是非高斯的，所以对于干扰的抑制意味着滤波环境（AWGN 和 DS 数据信号）是非高斯的。由信号滤波理论知道，此时非线性技术比线性技术更有效。当干扰的线性特性未知时，可由自适应非线性滤波器来估计干扰的参数并将其抑制。基于实际的非高斯的滤波环境（AWGN 和 DS 信号），在近似条件均值 ACM（Approximate Conditional Mean）滤波基础上提出了非线性的窄带干扰抑制算法，并改变权值更新方式，使其更少依赖于剩余项。此非线性滤波能比线性滤波得到明显的 SNR 改善。

2）宽带干扰抑制技术

DS－SS 系统受到的宽带干扰主要有多径干扰，多址干扰和人为宽带干扰。对于多径干扰，其抑制方法主要有分集、均衡、交织编码和多进制传输等。多址干扰是存在于 DS－SS 系统中的典型宽带干扰，减小多址干扰的主要途径有多用户检测技术。人为的宽带干扰抑制问题即是单用户的检测问题，即接收机只知道一个期望用户的扩频序列和时延，而无需知道其他用户的信息。自适应的单用户检测问题可分为码速率结构和分数间隔结构。这里不对宽带干扰抑制技术做详细的分绍。

3）其他干扰抑制技术

除了上述方法以外，还有大量的其他的干扰抑制算法，如无需训练序列的盲自适应算法、基于小波分析的算法、基于（多分辨力）重叠变换方法等多种方法。盲自适应干扰抑制技术不需要传送训练序列，故而更加灵活，适用于移动通信。在变换域滤波算法中，多分辨力重叠变换（Hierarchical Lapped Transforms，HLT）把接收机信号映射到多分辨力重叠域上进行扰干扰处理，与重叠变换（Lapped Transforms，LT）不同，HLT 对信号频谱的非均匀划分可以有效地把干扰能量集中到有限的变换子带（Transform Bins）中，可有效抑制非时变窄带干扰和时变宽带干扰，明显改善系统性能。

4. 扩频系统可能用到的干扰模式

干扰方式有瞄准式、跟踪式、拦阻式等多种。瞄准式是针对固定频带通信进行干扰(如对付直扩通信);跟踪式干扰是跳频通信的主要威胁;拦阻式干扰或梳状干扰都是针对频率不明确的电台进行干扰的方式,或是在宽频带内或是在部分频带内施放干扰。

1) 针对跳频通信的跟踪式干扰

跟踪式干扰对付跳频通信是非常有效的。对跳频电台进行干扰,首先要从敌方发射信号中判断它所使用的频率,然后将干扰机的频率设置成该频率,向敌方的接收机施放干扰。跟踪式干扰对跳速较低的跳频通信危害极大,而对跳速较高的跳频通信跟踪干扰的效果不佳。一旦跟踪成功则任凭在多少频点上,跳频都是徒劳的,这便是跳频方式的系统处理增益不能表现它对抗跟踪式干扰效果的原因。只有提高跳速才能提高其跟踪干扰的能力。

当多个跳频网密集部署时,跟踪式干扰机容易失去特定的目标,这些网络起了相互保护作用,这时,即使跳频速率稍低些也不易被跟踪干扰。尽管如此,各网内任一电台在地域上也是交错配置的,敌方可由此提取出侦听信号的细微特征来准确识别不同电台的跳频信号。跳速低的跳频电台总是被动挨打,所以,跳频速率不宜低于 200 跳/s。

2) 针对直扩系统的干扰

对直扩系统的干扰,目前尚未见有成型设备的报道。这一方面是由于对直接序列扩频信号的侦察具有较大的困难,另一方面也是单独用直接序列扩频的设备不是很多的缘故。直扩往往与跳频混合使用,这种载频一直跳变的直扩信号非但难以侦察更难以干扰。

目前,对直扩信号的侦察可以有多种手段,但当直扩信号的谱密度很低(如信噪比在 −70dB 以下)时,欲检测到直扩信号需要一定的时间,对直扩信号的参数估计更是困难。

对直扩信号的有效干扰是针对其载频进行大功率压制,或者是采用与通信的码序列有最佳相关特性的干扰信号进行干扰。但这两者都需要获知对方信号的各项参数,这是甚至比侦察更为困难的工作。加长直扩码的码长将使干扰变得十分困难,如果码长超过 1000 位,则对直扩信号的干扰功率就要比干扰非直扩信号的功率大 1000 倍以上(假设传播距离相等)才有效。

3) 跳频/直扩的抗干扰能力

通信抗干扰能力一般以扩频处理增益来衡量,这种估计只是对宽带干扰才有意义。例如,跳频电台有 1000 个频率点,在不知其跳在哪一频率点时,对 1000 个频率点同时施放干扰所花的代价就要 1000 倍于已知频率时进行干扰的代价。

在跳频电台中采取了两种技术措施对付跟踪式干扰：一是提高跳频速率，使驻留时间足够短，如果驻留时间小于干扰机处理响应时间加上传播时延差，当跟踪干扰到达接收机时，跳频接收机已在接收下一个跳频频率了；另一种方法是将跳频信号用直扩码进行调制构成 FH/DS 混合扩频方式，这里每一跳频频率点均以直扩信号方式出现，直扩信号的特点就是其功率频谱密度低，信号隐蔽性强，便干扰机难以侦搜，即使能侦搜也要花一定的时间代价，只要侦搜时间超过跳频的驻留时间，就无法进行跟踪式干扰。

当跟踪式干扰无法起作用时，扩频处理增益才能作为抗干扰通信的能力的度量。这相当于抗干扰通信有一个门限，只有在门限以上才具有抗干扰能力。这一门限是可变的，要视对方的干扰能力来确定。一旦干扰设备改进，门限就要相应调整，以适应新的对抗形势。

由于干扰与抗干扰技术的相互促进，双方都在向更高更新的技术发展。对于单纯跳频来说，主要发展方向是提高跳频速率，如跳速为 500 跳/s、1000 跳/s甚至更高。对于直接序列扩频，主要方向是增大扩频码位。对于 FH/DS，当直扩码长度大于 32 位时，信号将淹没于噪声之中，用跟踪式干扰就十分困难，这时跳频速率即使稍低一些也行。如果直扩信号的码位长度不足 32 位，传输的直扩信号的隐蔽性不足，跳速必须与单跳时类似，对于这种情况加直扩的主要目的不是为了抗干扰而是为了抗多径。

一个跳频通信电台如果既能做到信号隐蔽、又能提高跳频速度，还不能说其抗干扰能力很强，这两个方面仅是确定抗干扰门限的部分条件。因为一般战术电台都是带宽受限的，尤其是 VHF 频段，使用 FH + DS – SS 混合体制时增加直扩的码位数必然使跳频信道的间隔加大，跳频信道的数量减少。虽然直扩码长和跳频速率均满足了使跟踪式干扰无法起作用，但对于敌方施放的梳状干扰（梳状干扰是用几部干扰机针对其中一部分频率进行干扰），如果跳频额率数量不够多，就会使电台的抗干扰性能下降。因此，在 FH/DS 的情况下，除了考虑信号的隐蔽性对直扩序列的码长有一定要求外，同时对减少后的跳频信道数也有一定的要求（即跳频信道数不能太少）。所以，在一定的带宽条件下，并非总是FH/DS 的性能最好，主要看采取的措施是否真有抗干扰能力。

8.3.2　自适应抗干扰技术

1. 自适应天线技术

对于无线通信系统，电子干扰首先是从天线进入接收系统中，自适应天线就是在天线内设置一道关卡，在干扰比信号强得多的情况下，让己方信号通过，将敌方的干扰信号抑制掉。一副自适应天线(天线阵)可同时抑制来自不同方向的多个敌方干扰,使信号干扰比提高几十分贝。自适应天线抗干扰的有效性不亚于一部抗干扰电台。

自适应天线也称为信号处理天线。所谓"自适应",是指天线能自动适应外界的电磁环境。在有电磁干扰的情况下,自动地调节天线阵的加权网络,使天线阵的合成输出信号在某一方向的性能达到最佳。

自适应天线抗干扰的基本原理:利用敌我信号在幅度、编码、频谱或空间方位的不同特征,通过信号处理机对各阵元进行自适应加权处理,自动控制和优化天线阵的方向图,使天线的增益在我方信号方向保持最大,在干扰方向增益最小(理想状态是零增益),实现空间滤波。

理论上,自适应天线能抑制来自任何方向的干扰信号,但有一个限制,如敌方干扰信号与我方所需信号的方向完全相同时,在抑制干扰的同时,也将我方所需信号抑制掉了。只要稍有差别,现有的超分辨自适应技术就能将干扰加以抑制。20 世纪 80 年代美国已研制出用于跳频通信系统的五元阵自适应天线,对付 3 个干扰源。干扰信噪比为 20dB ~ 50dB,经过自适应天线的处理后,可得到 20dB 的信噪比。

2. 自适应干扰抑制滤波技术

直接序列扩频虽然具有低截获性能,但一旦被发现,敌方就可能用一个很强的干扰信号在直扩信号宽带频谱内进行干扰,只要干扰强度大于直扩信号的处理增益,通信仍将被严重破坏。为了进一步增强系统的抗干扰能力,采用一种基于自适应数字信号处理技术的干扰抑制滤波器是行之有效的措施。

自适应干扰抑制滤波器的基本原理:输入到接收机的信号为有用信号与干扰信号之和(其中有用信号是已知的),在接收端通过信号处理的方法使信号处理器的输出功率为最小。此信号处理器对有用信号不太增加损耗,因此当处理器的输出功率为最小时,即干扰功率输出最小,从而达到抑制干扰的目的。干扰功率越大,抑制程度也越大,亦即得到的好处越多。干扰信号较小时,虽然取得的增益也较小,但此时的干扰已不妨害正常的通信。

8.3.3 卫星通信的抗干扰技术

卫星通信广泛应用于公众电信及军事通信领域。但是,由于通信卫星的暴露性及广播型的通信方式使卫星通信信号易受敌方的截获、干扰,通信卫星甚至会受到敌方的攻击和摧毁。卫星通信的干扰及反干扰、摧毁及反摧毁不同于地面通信系统,已成为一个重要的技术分支。

1. 卫星通信受到的有意干扰

卫星通信系统受到的有意干扰可分为对上行线路的干扰、对下行线路的干扰、对转发器的干扰和对地面网络的干扰。干扰的设备可置于地面,如固定式、车载式、船载式干扰站;也可置于空中,如机载、气球运载的干扰站;也可以置于太空,如星载干扰站。

1）对卫星通信上行线路的干扰

卫星通信上行线路是指卫星通信地球站向星上转发器发送信号的通信线路。干扰上行线路,要先侦搜下行线路的特征参数,进行分析计算。然后,干扰站对卫星跟踪瞄准,向卫星发射强干扰信号,以破坏卫星转发器接收机,使之不正常。干扰站发射的干扰信号,可以是一个与通信卫星工作频率极相近的单频正弦波或窄带调频信号,干扰通信卫星的窄带接收系统;也可以是多频梳状谱的干扰信号,干扰多个窄带系统;甚至可以是宽带干扰信号去干扰直扩接收机。干扰站对卫星的有效辐射功率必须大于卫星通信地球站的有效辐射功率,才能实施有效的干扰。这样的干扰使得上行线路信噪比大为恶化,或使卫星转发器接收机饱和、阻塞,不能工作。

2）对卫星通信下行线路的干扰

对行线路干扰的目标是地球站和地面网络,干扰的手段是利用无人机、气球等空中平台运载的干扰站。由于空中平台干扰站离卫星通信地球站的距离远远小于同步轨道或中低轨道卫星到地球站的距离,干扰信号的传播路径损耗就小得多,只要使用不大的干扰功率就可实现对卫星通信地面系统的干扰。

3）对卫星转发器的干扰

卫星通信转发器有透明型转发器和再生处理转发器之分,相应的干扰方式也有所不同。

（1）对透明型转发器的干扰。透明转发器指卫星转发器只完成信号的放大和频率的变换,对信号不进行处理。对这种转发器,地面干扰站发射窄带或宽带的强干扰,会导致两种后果。一种是转发器的放大部分因信号饱和产生严重的非线性,使信噪比急剧恶化,当信噪比恶化到门限以下时,系统就不能工作。另一种后果是使转发器处于阻塞饱和,也导致系统不能工作。干扰站把透明转发器推向饱和并非难事,例如,当通信卫星工作在 6GHz 频段,干扰站天线口径为 6.2m 时,干扰站所需的干扰功率大于 1000W,这很容易用行波管或速调管放大器实现。

（2）对处理型转发器的干扰。星上处理技术,包括数字信号解调再生、上行/下行频率交链、星上解扩频、星上解跳频及频分复用与时分多址的变换等。星上处理的各种手段使这类转发器获得的处理增益为 G_p 的抗干扰性能。要干扰处理型转发器又不希望用更大的干扰功率,干扰机首先要检测出星上处理转发器的直扩信号特征参数,如扩频码的周期、子码宽度和码型,然后用步进式相位相关干扰或最大互相关干扰技术,去干扰卫星处理转发器,就不再需要将功率增加 G_p 了。而对正交跳频处理型转发器,只要进行多个载波干扰使转发器饱和,产生组合干扰以破坏跳频解调信道的正常工作就行了。

4)对通信卫星跟踪、遥控信号或通信网信令的干扰

在卫星发射及运行的姿态控制中,有许多关键的控制信号,干扰这些信号将使卫星姿态、轨道失控而导致系统瘫痪。在卫星通信的网络控制管理系统中有公用信道呼叫、分配信令,若公共分配信道的频率、信令格式被敌方侦察接收,对其进行干扰,将使整个卫星通信业务控制失灵而使系统混乱。

通信卫星的自爆是防止卫星发射过程发生故障,或其他偶然因素使卫星降落在敌国,或人口稠密地区造成巨大伤亡而采用的手段。自爆系统接受地面遥控的安控指令执行引爆。若"安控指令"为敌方得知,他们可以发射一个自杀的假指令,对卫星造成直接的威胁。通信卫星轨道位置的变换、太阳能电池板对大阳的跟踪、卫星天线或遥感器指向、纠正卫星定点偏离的机动发动机点火等都要受地面遥控信令的控制。若敌方侦察到这些信令,对其进行干扰,将使整个卫星系统失灵。

2. 卫星通信抗干扰的方法

卫星通信的抗干扰措施有以下几种:星上采用可控多波束天线、自适应调零天线、自适应限幅干扰抵消技术、智能自动增益控制、下行频率交链、星上再生处理、星上解扩、解调扩频、星上进行解交织、级连解码处理、地面系统冗余设计和网络备份等技术及星地一体化抗干扰等。

1)抗强信号干扰——星上干扰限幅与干扰对消

敌方对卫星通信转发器施放的强干扰,甚至可以把转发器推向饱和。对付此类干扰,星上可以采用软、硬限幅和自适应干扰对消技术。它的基本工作原理是进来的强干扰信号和有用信号一起首先经过限幅器处理,使干扰信号电平不能把转发器阻塞,然后再用干扰对消技术进一步抑制干扰信号。

在不考虑加自适应干扰对消器时,星上硬限幅器(门限固定)或软限幅器(门限可变)可保护转发器不至饱和。但是,由于干扰与信号同时被限幅,导致信噪比损失。在硬限幅时,若干扰与信号不相关,信噪比损失约 1dB ~ 6dB;若干扰信号与通信信号相关,信噪比损失更大,可能超过 6dB。在软限幅时,信噪比损失约 1dB ~ 2.5dB。限幅虽然使信噪比有损失,但却保障了系统能正常工作,因此通常作为一项有效措施应用。再配合使用自适应干扰抵消技术,对干扰的抑制将进一步提高。自适应干扰抵消有以下两种:

（1）带式干扰抵消器。以扩频接收机为例，对瞄准式的窄带强干扰，可在解扩处理前利用自适应横向滤波器产生干扰信号的复制品，再与输入信号相减，干扰被削弱或抵消。而有用的扩频信号有伪随机特性，不会被横向滤波器所复制，能无损地通过相减器，进入解扩器。这种抗干扰措施能对干扰抑制几分贝到十几分贝。

（2）宽带干扰抵消器。宽带干扰抵消的原理如图 8 - 16 所示。由于干扰 $J(t)$ 电平远大于有用信号电平，硬限幅器的输出中有用信号被大大抑制。硬限幅器输出为干扰 $J'(t)$，放大器 1 的增益 g_1 由估值电路确定，使放大器 1 输出的干扰 $g_1 \cdot J(t)$ 近似等于 $J'(t)$，则经相减抵消器，干扰得到抵消，有用信号经合理设计 $g_1 \cdot g_2$ 而不受损失。注意干扰抵消电路输出的信号与噪声之比与输入的比值相同。

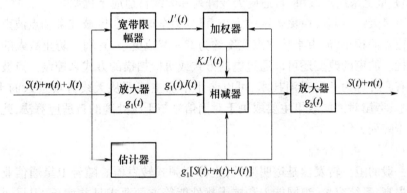

图 8 - 16　宽带干扰抑制器

星上限幅、干扰抵消器抗干扰的原理，也适用于下行线路接收机。

近几年在软限幅基础上正研究一种新型抗干扰处理器——智能自动增益控制（SAGC），其基本概念与常规处理转发器软限幅的区别在于，SAGC 把射频幅度的中间部分移走，使信号包络处于高功放的线性区。这个信号包络包含了小信号的大部分有用信息，相当于提高了有用信号的增益。SAGC 对整个输入信号是非线性的，会产生交调影响，但其性能远优于通常的软限幅。如在脉冲型连续波干扰下，当输入干信比为 10dB 时，软限幅由于对小信号抑制，输出干信比为 5.34dB；当输入干信比为 36dB 时，软限幅输出为 36dB，SAGC 输出为 8.27dB。

2）采用极高频（EHF）抗干扰技术

国外军用卫星通信由 X 波段向 EHF 波段发展。从抗干扰角度来讲，EHF 频段有以下几个特点：

(1) 具有很宽的可用频带,易于实现超宽频扩频。EHF 频带用于卫星通信的频段是 20 GHz ~ 70GHz,每个子频段可提供 1GHz ~ 5GHz 的宽度。若信息速率为 2.4Kb/s,取扩频带宽为 1GHz,在系统解调的输出 $\frac{E}{N_0} = 10$dB 时,抗人为干扰能力为 48dB,即干扰功率强于信号功率 50000 倍时,系统仍能正常工作。目前,美国最先进的战略战术卫星通信系统 Milstar 就采用上述抗干扰方式。

(2) 天线增益高、方向性很强,有利于降低敌人的截获率。

(3) 由于可利用频带宽,使得易于设置多个应急备用频段。这种备用频段平时"隐蔽"不用,在战争关键时期突然出其不意使用,增强了系统抗侦搜和抗干扰能力。

当然,在 EHF 频段,天线低仰角时降雨损耗(雨衰)较大,跟踪也较困难。

3) 星上采用点波束、自适应天线阵列和天线自适应干扰调零

卫星天线按其波束覆盖区的大小,可分为全球波束、区域波束和点波束。点波束覆盖面积小,波束半功率点宽度约为 1° ~ 2° 或更小,有利于防止敌人的截获和干扰。波束的改变还可以通过电的方式或机械扫描的方式来控制。点波束天线还有一种称为旁瓣对消技术,可以防止不从主瓣而从天线旁瓣进入的干扰。实际上,旁瓣对消的效果主要取决于对消信号与干扰处理的自适应算法,此法也适用于阵列天线。

4) 星上再生处理

一般的卫星转发器是透明型的,也称变频式转发器。随着卫星通信业务需求量提高,系统容量、组网能力和抗干扰性能等方面要求日益增长,卫星通信转发器由透明型发展为星上处理型。

星上处理技术的优点如下:

(1) 增加连通性,可改变传输路径与动态路由选择。

(2) 增加系统容量,提高传输质量,使卫星功率与频率资源得到充分利用。

(3) 使上行线路和下行线路隔离,干扰不叠加,系统有 2.8dB ~ 3dB 的性能改善。

(4) 增强系统抗干扰能力和网络灵活性。

处理型转发器具有的功能如下:

(1) 上下行调制解调方式的变化,如上行二进制移相键控(BPSK)、下行四相移相键控(QPSK),或上行移相键控(PSK)、下行移频键控(FSK)。

(2) 多址方式的变换,如上行为频分多址(FDMA),下行为时分多址(TDMA)。

(3) 星上解调/码再生/再调制。

（4）星上解码/再编码，星上去交织/再交织。

（5）星上抗干扰的解扩/再扩频。

（6）星上交换、智能化组网。

（7）星上存储转发，天线波束自适应调零。

（8）系统上、下行频率链的交链变换，如远端站上、下行频率为 L 波段，岸站上、下行频率为 X 波段或 Ka 频段等。实现星上再生处理要求处理设备小型化，尽量减轻卫星的有效载荷并有良好的电磁兼容性和可靠性。

5）直扩和跳频

FH、DS－SS、TH 及其混合形式作为地面军事通信中的抗干扰、抗截获的有效技术也广泛用于军用卫星通信，并形成军用卫星通信抗干扰的 CDMA。卫星通信系统中，CDMA 有如下几种：直扩码分多址（CDMA/DS）、跳频码分多址（CDMA/FH）和混合扩频码分多址（CDMA/DS/FH）等，其原理在这里不再介绍。

军用卫星通信码分多址系统与其他多址方式相比，其突出优点是抗干扰能力很强，具有很好的调制信号隐蔽性及保密能力，连接组网方便灵活。卫星通信 CDMA 组网中，多一个地址用户或少一个地址用户对系统性能影响很小。它不像 FDMA 要求对各载波的功率和频率严格控制，以免因互调失真使系统恶化；也不像 TDMA 方式要求网内严格的定时与同步。CDMA 常用 DS－SS、FH 等抗干扰相结合的技术。

6）星上交换与星上编解码技术

星上交换与星上编解码是指星上采用多波束、点波束天线时，采用动态接续短阵进行波束间交换。可以按需要把相应的上行波束（点波束、多波束）和下行波束互相连接，以增加通信容量和增强抗干扰的能力。

8.4　小　结

本章主要介绍通信对抗的基本概念和技术体系，然后分别对通信对抗技术体系中的通信干扰技术与抗干扰技术作了详细说明，同时介绍了通信干扰的工作原理和主要技术指标，其具体内容如下：

（1）无线电通信对抗就是为削弱、破坏敌方无线电通信系统的使用效能并保护己方无线电系统使用效能的正常发挥所采取的措施和行为的总和，简称通信对抗。从技术的角度来看，一个完整的通信对抗系统应该由通信（反）侦察系统、通信测向系统、通信（抗）干扰及控制系统组成。

（2）通信干扰技术是指运用无线电干扰设备发射适当的干扰电磁波，破坏和扰乱敌方无线电通信的通信对抗技术。无线电通信干扰可由专用的干扰机产生,也可由装有附加监控设备(又称干扰附加器)的一般无线电通信电台产生。

(3)通信抗干扰则是保护己方通信不被截获、干扰。通信抗干扰的基本方法有智能天线技术、信道估计技术、扩频通信技术、猝发通信技术和自适应抗干扰技术等。

思 考 题

1. 通信对抗的定义是什么?
2. 通信对抗技术体系有哪些?
3. 什么是最佳干扰?
4. 画出通信干扰系统的一般原理图。
5. 通信干扰设备的主要技术指标有哪些?
6. 信号检测的常用方法有哪些?
7. 卫星通信的弱点是什么?
8. 画出扩频通信系统工作原理示意图。
9. 扩频系统的干扰模式有哪些?
10. 自适应干扰抑制滤波器的基本原理是什么?
11. 自适应天线如何抗干扰?
12. 卫星通信抗干扰的方法有哪些?

参 考 文 献

[1] 蔡凤震,等. 空天战场与中国空军[M]. 北京:解放军出版社,2004.

[2] 李荣常,等. 空天一体信息作战[M]. 北京:军事科学出版,2003.

[3] 童志鹏,等. 综合电子信息系统[M]. 第2版. 北京:国防工业出版社,2008.

[4] 陈树新,等. 现代通信系统建模与仿真[M]. 西安:西安电子科技大学出版社,2007.

[5] 闵桂荣,等. 航空航天科学技术(航天卷)[M]. 济南:山东教育出版社,1998.

[6] 王细洋,等. 航空概论[M]. 北京:航空工业出版社,2006.

[7] 褚桂柏. 航天技术概论[M]. 北京:中国宇航出版社,2002.

[8] 王细洋,等. 航空概论[M]. 北京:航空工业出版社,2006.

[9] 丁鹭飞,耿富录. 雷达原理[M]. 西安:西安电子科技大学出版社,2002.

[10] Merrill I Skolnik. 雷达手册[M]. 北京:电子工业出版社,2003.

[11] 孙义明,杨丽萍. 信息化战争中的战术数据链[M]. 北京:北京邮电大学出版社,2005.

[12] 骆光明. 数据链—信息系统连接武器系统的捷径[M]. 北京:国防工业出版社,2008.

[13] 孙继银,付光远. 战术数据链技术与系统[M]. 北京:国防工业山版社,2007.

[14] 吕辉,贺正洪. 防空指挥自动化系统原理[M]. 西安:西安电子科技大学出版社,2003.

[15] 张多林,吕辉,王刚. 防空指挥自动化指挥控制系统[M]. 西安:西北工业大学出版社,2006.

[16] 夏克文. 卫星通信. 西安:西安电子科技大学出版社,2008

[17] 吴诗其,等. 卫星通信[M]. 第2版. 成都:电子科技大学出版社,2006

[18] 李跃,等. 导航定位[M]. 第2版. 北京:国防工业出版社,2008.

[19] 袁建平,等. 卫星导航原理与应用[M]. 北京:中国宇航出版社,2004.

[20] 刘基余. GPS卫星导航定位原理与方法[M]. 北京:科学出版社,2003.

[21] 郑睿. 中国卫星导航系统的最新进展[J]. 卫星与网络,2009,(04):16-19.

[22] 陈全育. 第二颗北斗导航卫星发射成功[J]. 中国航天,2009,(05):31.

[23] Richard A Poise. 现代通信干扰原理与技术[M]. 通信对抗技术国防科技重点实验室译. 北京:电子工业出版社,2005.

[24] 《电子战技术与应用-通信对抗篇》编写组. 电子战技术与应用-通信对抗篇[M]. 北京:电子工业出版社,2005.

[25] 林卫民. 信息化战争与卫星通信[M]. 北京:解放军出版社,2005年.

[26] 姚富强. 通信抗干扰工程与实践.[M]. 北京:电子工业出版社,2008年.

[27] Anthony E Spezio. Electronic Warfare Systems[J]. IEEE Trans. on Microwave Theory and Techniques. Vol.50, NO.3, Mar.2002.

[28] Liang – Liang Xie, P R Kumar, Network Information Theory for Wireless Communication : Scaling Laws and Operation, IEEE Trans. Information Theory, Vol.⁺ 50, May. 2004.

[29] 姚富强. 军事通信抗干扰工程发展策略研究及建议[J]. 中国工程科学,2005(5).

[30] Poisel R A. Introduction to Communication Electronic Warfare Systems[M], Norwood, MA: Artech House, 2002 , P.191

[31] 侯印鸣. 综合电子战—现代战争的杀手锏[M]. 北京:国防工业出版社,2000.

[32] Schleicher, D C. Electronic Warfare in the Information Age[M]. Norwood, MA: Artech House, 1999.